凝聚隧道及地下工程领域的

先进理论方法、突破性科研成果、前沿关键技术，

记录中国隧道及地下工程修建技术的创新、进步和发展。

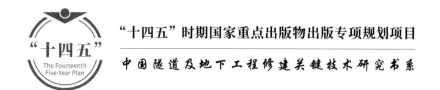

"十四五"时期国家重点出版物出版专项规划项目

中国隧道及地下工程修建关键技术研究书系

城市地下综合管廊
工程建造技术

谭忠盛　王秀英　编著

CONSTRUCTION TECHNOLOGY OF
URBAN UNDERGROUND
COMPREHENSIVE PIPE GALLERY

人民交通出版社股份有限公司
北京

内 容 提 要

本书依托中国工程院咨询项目及相关重大科研项目的研究成果,结合大量典型工程实践经验,从规划设计、施工建造技术等方面系统总结了城市地下综合管廊工程建造技术体系。本书主要内容包括:城市地下综合管廊概况及发展现状、城市地下综合管廊投资运营模式、城市地下综合管廊规划、城市地下综合管廊设计、城市地下综合管廊施工方法、城市地下综合管廊结构防水。

本书可供从事城市地下综合管廊设计、施工的技术人员和高等院校相关专业的师生参考。

图书在版编目(CIP)数据

城市地下综合管廊工程建造技术/谭忠盛,王秀英
编著.—北京:人民交通出版社股份有限公司,2022.9
ISBN 978-7-114-18205-1

Ⅰ.①城… Ⅱ.①谭… ②王… Ⅲ.①市政工程—地
下管道—管道施工 Ⅳ.①TU990.3

中国版本图书馆 CIP 数据核字(2022)第 165203 号

Chengshi Dixia Zonghe Guanlang Gongcheng Jianzao Jishu

书　　名:**城市地下综合管廊工程建造技术**
著 作 者:谭忠盛　王秀英
责任编辑:李学会　张　晓
责任校对:赵媛媛
责任印制:刘高彤
出版发行:人民交通出版社股份有限公司
地　　址:(100011)北京市朝阳区安定门外外馆斜街 3 号
网　　址:http://www.ccpcl.com.cn
销售电话:(010)59757973
总 经 销:人民交通出版社股份有限公司发行部
经　　销:各地新华书店
印　　刷:北京印匠彩色印刷有限公司
开　　本:787×1092　1/16
印　　张:21.75
字　　数:543 千
版　　次:2022 年 9 月　第 1 版
印　　次:2022 年 9 月　第 1 次印刷
书　　号:ISBN 978-7-114-18205-1
定　　价:128.00 元

(有印刷、装订质量问题的图书,由本公司负责调换)

前言

城市地下综合管廊也称共同沟,是指在城市地下用于集中敷设电力、通信、广播电视、给水、排水、热力、燃气等市政管线的公共隧道,是一种现代化、科学化、集约化的城市基础设施。城市地下综合管廊解决了反复开挖路面、架空线网密集、管线事故频发等问题,有利于保障城市安全、完善城市功能、美化城市景观、促进城市集约高效和转型发展,有利于提高城市综合承载能力和城镇化发展质量,是功在当代、利在千秋的城市基础设施。

近年来,众多学者和建设者对管廊的施工建设、智能运营、融资定价等方面开展了大量研究,国家层面密集出台了关于推进城市地下综合管廊建设的相关政策文件和规范标准,对城市综合管廊建设的支持力度也在加大,我国城市地下综合管廊建设进入了一个新的发展时期。

本书依托课题组所承担的中国工程院重点咨询项目"城市地下空间开发规划战略研究(2015-XZ-16)"以及相关重大科研项目的研究成果,并结合大量调研和工程实践经验总结编撰而成。全书详细介绍了综合管廊在投资、规划、设计、施工、防水等方面的国内外研究成果,汇编了国内外已经建成的典型工程案例,系统归纳了综合管廊各种施工方法及其适用性,可为城市地下综合管廊的建设者提供较为系统的指导。

本书的编写得到了中国工程院的大力支持，在此表示特别感谢！感谢人民交通出版社股份有限公司对本书出版发行的大力支持以及所做的辛勤工作，由衷感谢王恒栋、油新华、薛伟辰等所有参考文献的作者，感谢杨积凯先生提供了珍贵的移动支护研究资料。本书编写过程中，陈雪莹、周振梁、杨旸、赵金鹏、李宗林、李林峰、张宝瑾、王健、来海祥、李宁等研究生进行了大量的资料收集、文档整理和绘图工作，在此一并感谢。

城市地下综合管廊建设在我国正处于高速发展时期，新技术、新工艺不断出现，限于作者水平有限，书中难免有疏漏和不足之处，恳请读者批评指正，以便后续修改完善。

编　者

2022 年 4 月

目录

第1章 城市地下综合管廊概况及发展现状

1.1 概述

地下综合管廊是建于城市地下用于容纳两类及以上城市工程管线的构筑物及附属设施,可容纳给水、雨水、污水、热力、电力、通信、燃气等管线,简称"综合管廊"。综合管廊按照实际需求组织规划、设计、建设和后期运营管理,设置专门的配套系统。地下综合管廊是保障城市运行的重要基础设施和"生命线"。

综合管廊在日本称为"共同沟",在我国台湾称为"共同管道",在加拿大和美国叫作"Common Utility Duct(公用工程管道)",其他一些国家和地区也有不同的叫法。2012年,我国颁布的《城市综合管廊工程技术规范》(GB 50838—2012)对综合管廊做出了明确的定义。通常,综合管廊底部距离地面平均深度超过5m,有的达到8m甚至更深,其顶部距离地面也有2~3m。一般的综合管廊舱高3~4m,宽接近8m。在这个隧道空间中,人和小型机械可以进入廊内作业。综合管廊实景如图1-1所示。

图1-1 综合管廊实景

在世界管廊建设180多年的历史中,创新是贯彻始终的词汇,主要体现在理念创新、体系创新、功能创新、工法创新、材料创新、运维创新等方面,如东京临海副都心的综合管廊规划建设中,重构了道路下市政管网规划铺设及综合管廊的干支缆体系,科学有效地实现污水、垃圾、燃气等9类管线入廊及对每座建筑配管配线,很好地实现了各类市政管线及综合管廊的安全高效运行。国外综合管廊已经经历了"下水道+市政管线+人工巡检"的综合管廊V1.0时代、"预制+多舱+市政管线+人工巡检+分项检测"的综合管廊V2.0时代以及"与地下街、地铁、地下道路、地下雨水调储池等整合建设+人工巡检+分项自动监测"的综合管廊V3.0时代。我国城市地下综合管廊建设的最高目标是,开创"国际先进+中国创造"的"体系完整+近远结合+整合一体+科学经济+安全防灾+绿色建造+智慧运维+永续发展"的综合管廊 V4.0 时代。

综合管廊可为城市各种管线提供储存空间,具有以下优点:

(1)合理规划利用城市地下空间

综合管廊可更加节约、有效地利用地下空间,避免传统直埋模式地下管线杂乱无章的无序状况,并为地下市政管线的远期扩容提前预留空间。

(2)管线维护管理更便捷

管线在管廊内架设铺装,维护维修人员及机械等在不破坏道路、不影响正常生产生活的情况下可以直接接触到管线并完成维护维修(图 1-2),避免了直埋模式必须破坏路面才能对管线进行操作的问题。

a) b)

图1-2 综合管廊维护管理

(3)经济效益明显

综合管廊可避免管线破坏、维修、扩容、道路开挖、恢复等造成的直接浪费。同时,也可避免由此导致的商业营业损失、塞车、环境污染、噪声等间接浪费(后者造成的损失甚至比前者更大)。还可避免管线直接接触土壤及地下水,有效减少其对管线的腐蚀,能够延长管线使用寿命,降低管线成本。

(4)社会和环境效益明显

综合管廊具备一定的防灾性能,战时可作为人防工程;可避免各类管线检查井井盖失窃等造成的间接危险,提升道路美观,减少对交通的不良影响(图 1-3);能够提升城市形象,优化城市环境,同时有利于城市土地增值,使其具备较明显的社会效益和环境效益。

图1-3 建有综合管廊的道路

1.2 国外城市地下综合管廊发展现状

1.2.1 欧洲国家

欧洲城市地下综合管廊起步早,规模宏大,纳入管线种类多,早期以结合排水道的半圆形断面为主。1833 年,法国巴黎为解决塞纳河污染严重、霍乱肆虐状况,开始建设整个城市的地下排水系统,同步结合地下综合管廊以解决地下管线的敷设空间并提高城市环境质量。巴黎是世界上第一个建设地下综合管廊系统的城市,入廊管线有给水管、压缩空气管、通信电缆、交通信号灯电缆等。经过百年发展,巴黎及近郊的地下综合管廊总里程已达 2100km,建设规模位居世界城市之首。

随着巴黎地下综合管廊的成功实践(图 1-4~图 1-6),欧洲其他国家的重要城市也开始相继建设地下综合管廊系统,如英国的伦敦,德国的汉堡,俄罗斯的莫斯科、彼得格勒,乌克兰的基辅,西班牙的马德里、巴塞罗那,瑞典的斯德哥尔摩,挪威的奥斯陆等。经过几十年甚至上百年的探索发展,这些城市都建成了较为成熟和完善的地下综合管廊系统。

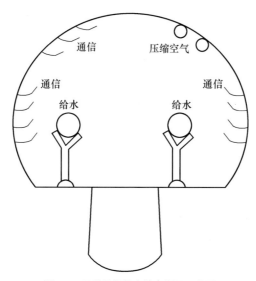

图 1-4 巴黎早期综合管廊断面示意图

英国于 1861 年在伦敦市区内开始建设综合管廊(图 1-7),采用宽 12ft(约 3.66m)、高 7.6ft(约 2.32m)的半圆形综合管廊断面形式,其收容的管线除包括燃气管、给水管、污水管外,还收容连接用户的供给管线,以及其他电力、电信等管线。1928 年以后,由于发现燃气管道通风不良,故不再收容燃气管线。伦敦市区综合管廊如图 1-8、图 1-9 所示。

联邦德国于 1893 年,在汉堡市的 Kaiesr Wilheim 街两侧人行道下方建设宽 4.5m 的综合管廊(图 1-10),用于收容热力管、给水管、电力电缆线、电信电缆线及燃气管,但不收容下水管。1959 年又在布佩鲁达尔市建设了约 300m 长的布佩鲁达尔综合管廊,用以收容燃气管和给水管;综合管廊宽 3.4m,高度随所收容的管道而变化,为 1.8~2.3m。

图 1-5　巴黎地下管廊实景 1

图 1-6　巴黎地下管廊实景 2

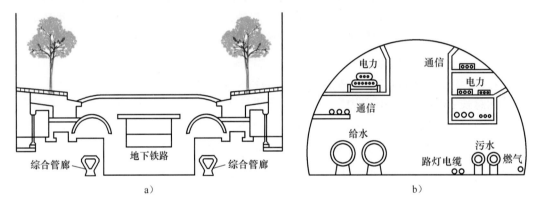

图 1-7　伦敦 1861 年综合管廊断面示意图

图 1-8　伦敦综合管廊实景 1

图 1-9　伦敦综合管廊实景 2

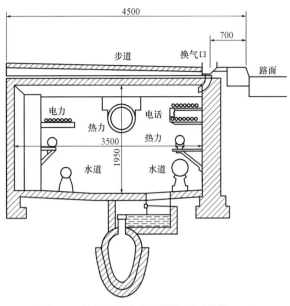

图 1-10 汉堡 1893 年综合管廊(尺寸单位:mm)

　　1945 年德国耶拿建成第一条综合管廊,管廊内置蒸汽管道和电缆。目前耶拿共有 11 条综合管廊,通常在地下 2m 以下深处,最深的一条位于地下 30m 处。耶拿市政设备服务公司经营的管廊总长 15km,共有 10 个用户。该公司已更换了管廊内大约 1000m 长的饮用水管道,接入网络光缆也很方便快捷。德国综合管廊收容的管线包括雨水管、污水管、饮用水管、热水管、工业用水干管、电力电缆、通信电缆、路灯用电缆及燃气管等。德国布佩鲁达尔综合管廊如图 1-11 所示。

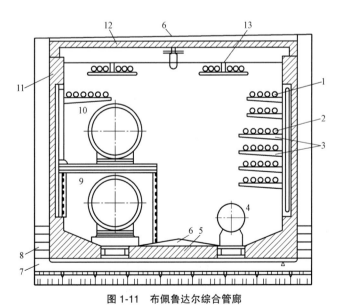

图 1-11 布佩鲁达尔综合管廊

1-电力电缆;2-通信电缆;3-托架;4-给水管;5-钢筋混凝土底板;6-隔水层;7-混凝土地坪;8-砖混凝土防护层;9-供热管
(去);10-供热管(回);11-钢筋混凝土壁板;12-钢筋混凝土顶板;13-内部缆线

芬兰的赫尔辛基综合管廊(图 1-12、图 1-13)主要位于市中心区,收容的管线主要为给水管以及供热管、供能管、电缆等。北欧国家将其埋设于岩层中,埋深达30~80m。由于综合管廊的选线可不沿道路建设而取直线线路,因此线路的长度可减少 30%,综合管廊的造价可达每米3500~5000 英镑。

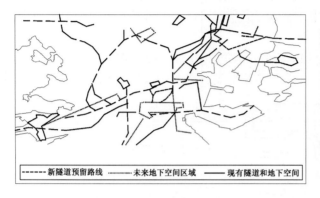 

图 1-12　赫尔辛基城市地下空间规划　　　　图 1-13　赫尔辛基建在岩层中的综合管廊

俄罗斯也是对地下空间利用较先进的国家。莫斯科在 20 世纪中叶时,地铁系统就已经非常发达,1933 年在配合地铁建设时开始兴建综合管廊,随后全国其他地方在新建或改建街道时也建设了综合管廊,而且研制了预制构件现场拼装的装配式地下综合管廊。莫斯科已建的综合管廊除燃气管外,各种管线均有。其特点是大部分的综合管廊为预制拼装结构,分为单舱与双舱两种。综合管廊单舱断面图同布佩鲁达尔综合管廊,如图 1-11 所示,双舱断面如图 1-14所示。

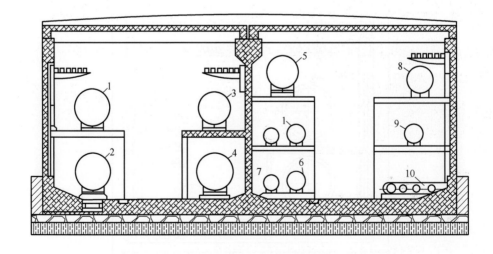

图 1-14　莫斯科综合管廊双舱断面图

1-蒸汽管;2-预备蒸汽管;3-送风管;4-供热管(去);5-供热管(回);6-压力凝扁管;7-软化管;8-通风管;9-热水管;10-保温燃料油管

1.2.2 新加坡

新加坡是地下综合管廊发展最快的国家之一。20 世纪 90 年代末,新加坡首次在滨海湾(中央商务区)推行地下综合管廊建设,在滨海湾一带建设了一条地下综合管廊,为保障滨海湾成为世界级商业和金融中心的"生命线"。这条地下综合管廊距地面 3m,全长 3.9km,工程耗资 8 亿新元(约合人民币 35.86 亿元),集纳了供水管道、电力和通信电缆以及垃圾收集系统。

滨海湾地下综合管廊建设是新加坡地下空间开发利用的成功实践(图 1-15~图 1-17)。滨海湾综合管廊总长 20km,廊内集纳了供水管道、电力和通信电缆、气动垃圾收集系统及集中供冷装置等。

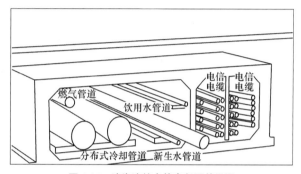

图 1-15　滨海湾综合管廊断面效果图

图 1-16　滨海湾综合管廊实景 1

图 1-17　滨海湾综合管廊实景 2

1.2.3 日本

日本综合管廊建设开始于 1926 年,在关东大地震之后,日本政府针对地震导致的管线大面积破坏,在东京都复兴计划中试点建设了三处综合管廊。

(1)九段坂综合管廊。位于人行道下净宽 3m、高 2m 的干线综合管廊,长度 270m,为钢筋混凝土箱涵构造。

(2)滨町金座街综合管廊。为设于人行道下的电缆沟,只收容缆线类。

（3）东京后火车站至昭和街的综合管廊。也是设于人行道下，净宽约3.3m，高约2.1m，收容电力、电信、自来水及燃气等管线。

截至2010年，日本已有80多个城市建成综合管廊，总长度超过1000km。近年来，在新建地区如横滨的港湾，旧城区的更新改造如名古屋大曽根地区、札幌城市中心，都规划并实施了地下空间的开发利用（图1-18~图1-20）。

图1-18　仙台综合管廊

图1-19　名古屋综合管廊

图1-20　东京综合管廊

1968年建成的东京银座支线综合管廊（图1-21），断面尺寸为2.8m（宽）×2.4m（高），它不仅收容了电力、电信、电话电缆，给排水、城市燃气管道，而且收容了交通信号灯及路灯的电缆。

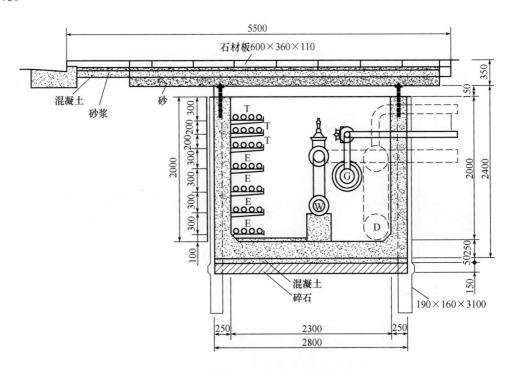

图1-21　东京银座支线综合管廊标准断面（尺寸单位：mm）

T-电信、电话电缆；E-电力电缆；G-燃气管道；W-给水管道；D-下水管道东京大手町干线综合管廊(图1-22),主要收容电话、电力的主缆线及压送排水管道,断面尺寸为7.5m(宽)×3.6m(高)。

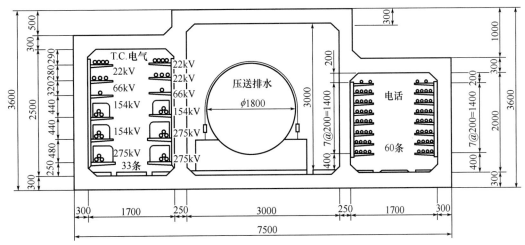

图1-22　东京大手町干线综合管廊标准断面图(尺寸单位:mm)

东京市一般国道254号线上板桥—练马区间内的综合管廊(图1-23),其断面尺寸为(4+2+1.8)m×5.65m,断面的大小接近于地铁隧道断面,为三舱矩形结构,其中容纳了通信电缆、电力电缆(包含高压电缆)、燃气管道及直径达2.6m的给水管道。

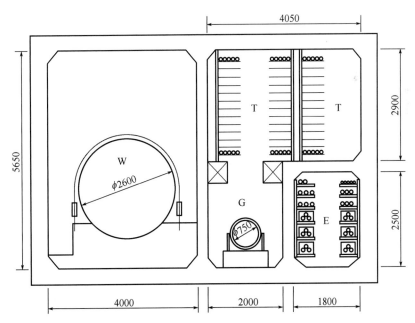

图1-23　上板桥—练马区间内的综合管廊标准断面图(尺寸单位:mm)
T-电信、电话电缆;E-电力电缆;G-燃气管道;W-给水管道

大阪市479国道综合管廊(图1-24)是在国道下结合综合管廊建设雨水储流管(调蓄池),将防涝水道与综合管廊整合建设的典型例子,该综合管廊外径8.6m,内径7.1m,全长1.1km。

该管廊分上下两层,上层分为三个舱,从左至右分别为电话线舱、污水污泥舱和电缆舱,其中,中间舱敷设有两条 DN600 污水输送管,两条 DN200 污泥输送管;下层为雨水储流管(调蓄池),储流管内储存的雨水旱季送入污水处理厂处理。

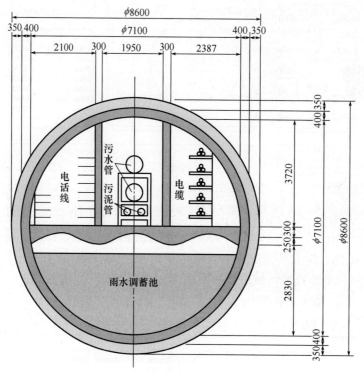

图 1-24　479 国道综合管廊断面图(尺寸单位:mm)

　　麻布—日比谷综合管廊(图 1-25 ~ 图 1-28)于 1989 年开始建设,进行了 17 年不间断施工。最终麻布综合管廊与日比谷综合管廊相连,总长度超过 4km,采用盾构法施工。管廊修建于地下 30 余米深处,直径约为 5m。

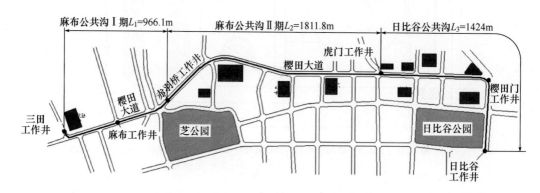

图 1-25　麻布—日比谷综合管廊平面布置图

图1-26　麻布综合管廊

图1-27　日比谷综合管廊

图1-28　麻布—日比谷综合管廊实景

1.3　国内城市地下综合管廊发展现状

1.3.1　国内城市管线敷设现状

国内城市地下管线的建设大多始于新中国成立初期,由于经历多年战争,城市建设和功能需要恢复,开始了大规模的城市扩容改造。截至2015年底,我国的各类市政地下管线长度已超过172万km,是1990年的9.48倍,而且仍以每年10万km的速度递增。地下管线长度巨大,导致地下管线底数不清、分布不明等问题,老城市的问题更加突出,其中最明显的便是"马路拉链"和"空中蜘蛛网",维修直埋管线对道路和交通的影响如图1-29、图1-30所示。

(1)马路拉链

案例一:根据《广州市中心城区2012年城市道路挖掘计划》,2012年9月—11月,广州中心城区将实施279项道路挖掘项目,占提出挖掘申请的1426项(涉及供电、燃气、供水等30余个民生项目类别)的19.56%,挖掘道路总面积(含直接许可项目面积)约占中心六区道路总面积的6.3%。

a)　　　　　　　　　　　　　b)

图1-29　维修直埋管线对道路和交通的影响

a)　　　　　　　　　　　　　b)

图1-30　"空中蜘蛛网"的安全隐患

案例二:2015年武汉市青山区吉林街到南干渠路一段,刚刚修好还没投入使用,就被再次开挖。洪山区北洋桥路建成一年多,因为供电管网铺设滞后,无法通车。城建部门工作人员反映,路好建,网难通,很多道路刚刚建好,没有多长时间,由于水电气等管网施工,不得不再次开挖。

(2)空中蜘蛛网

案例一:安徽阜南县张寨镇小汪庄,狂风把电线刮落。2016年6月22日上午12:00左右,3名青年骑摩托车经过碰到落下的高压线,其中2人触电身亡。

案例二:2016年6月14日凌晨一场大风,郑州市桐柏南路与航海路交叉口向南200m帝湖花园西门口,一栋楼顶的简易房被刮落,掉至桐柏路中间,压坏十余辆汽车。掉落的简易房砸断高压线,烧毁路边3辆汽车。

1.3.2　我国城市地下综合管廊发展现状

(1)发展历程

我国的城市地下综合管廊建设,从1958年北京市天安门广场下的第一条管廊开始,经历了四个发展阶段,见表1-1。从2018年以后,我国城市地下综合管廊的建设进入有序推进阶段,各个城市向社会广泛征求意见,根据当地的实际情况陆续编制了更加合理的管廊规划,制订了切实可行的建设计划,有序推进了综合管廊的建设。

我国城市地下综合管廊发展阶段 表 1-1

概念阶段 (1978 年以前)	外国的一些关于管廊的先进经验传到中国,但由于特殊的历史时期使得城市基础设施的发展停滞不前。而且由于当时我国的设计单位编制较混乱,几个大城市的市政设计单位只能在消化国外已有的设计成果的同时摸索着完成设计工作,个别地区(如北京和上海)做了部分试验段
争议阶段 (1978—2000 年)	随着改革开放的逐步推进和城市化进程的加快,城市的基础设施建设逐步完善和提高,但是由于局部利益和全局利益的冲突以及个别部门的阻挠,尽管有众多知名专家呼吁,管线综合的实施仍极其困难。在此期间,一些发达地区开始尝试进行管线综合,建设了一些综合管廊项目,有些项目初具规模且正规运营起来
快速发展阶段 (2000—2010 年)	伴随着当今城市经济建设的快速发展以及城市人口的膨胀,为适应城市发展和建设的需要,结合前一阶段消化的知识和积累的经验,我国的科技工作者和专业技术人员针对管线综合技术进行了理论研究和实践工作,完成了一大批大中城市的城市管线综合规划设计和建设工作
赶超和创新阶段 (2010 年至今)	由于政府的强力推动,在住房和城乡建设部做了大量调研工作的基础上,国务院连续发布了一系列的法规,鼓励和提倡社会资本参与到城市基础设施特别是综合管廊的建设上来,我国的综合管廊建设开始呈现蓬勃发展的趋势,大大拉动了国民经济的发展。从建设规模和建设水平来看,已经超越了欧美发达国家,成为了综合管廊的超级大国

(2)发展规模

2015 年以前,我国已建成的地下管廊不足 100km。2015 年,全国共有 69 个城市在建综合管廊,约 1000km,总投资约 880 亿元。2016 年一年完成综合管廊开工建设 2005km,2017 年完成开工建设 2006km。截至 2018 年 4 月,综合管廊拟在建里程已超 7800km,全国各省(区、市)综合管廊建设里程如图 1-31 所示,国内主要城市综合管廊建设里程如图 1-32 所示。

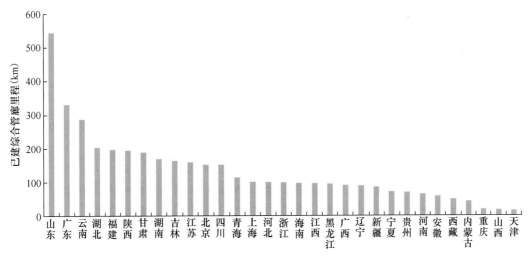

图 1-31 各省市综合管廊建设里程(截至 2018 年 4 月)

(3)政策法规

早在 2005 年建设部在其工作要点里就提出:"研究制定地下管线综合建设和管理的政策,减少道路重复开挖率,推广综合管廊和地下管廊建设和管理经验";为配合城市综合管廊的建设,国务院、住房和城乡建设部(简称"住建部")、财政部、国家发展和改革委员会(简称"国家发改委")等部委相继颁布了一系列的政策法规,对我国的综合管廊建设起到了极其重要的推动作用。近年来出台的综合管廊相关政策见表1-2。

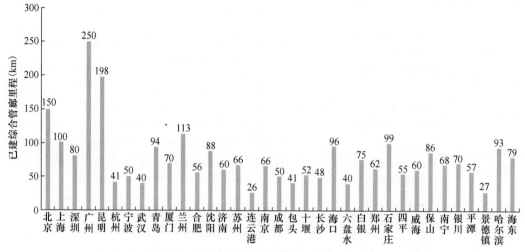

图1-32 国内主要城市综合管廊建设里程(截至2018年4月)

我国综合管廊相关政策一览表

表1-2

时　间	事　件	主　要　内　容
2013年09月	国务院发布《关于加强城市基础设施建设的意见》	用三年左右时间,在全国36个大中城市全面启动地下综合管廊试点工程;中小城市因地制宜建设一批综合管廊项目。新建道路、城市新区和各类园区地下管网应按照综合管廊模式进行开发建设
2014年06月	国务院办公厅发布《加强城市地下管线建设管理的指导意见》	2015年底前,完成城市地下管线普查,建设综合管理信息系统,编制完成地下管线综合规划;力争用5年时间,完成城市地下老旧管网改造,用10年左右时间,建设较为完善的城市地下管线体系
2015年01月	财政部、住建部联合下发《关于开展中央财政支持地下综合管廊试点工作的通知》和《关于组织申报2015年地下综合管廊试点城市的通知》	中央财政对地下综合管廊试点城市给予专项资金补助:直辖市每年5亿元,省会(自治区首府)城市每年4亿元,其他城市每年3亿元
2015年04月	国家发改委印发《城市地下综合管廊建设专项债券发行指引》	鼓励各类企业发行企业债券、项目收益债券、可续期债券等专项债券,募集资金用于城市地下综合管廊建设
	财政部公布2015年地下综合管廊试点城市	包头、沈阳、哈尔滨、苏州、厦门、十堰、长沙、海口、六盘水、白银共10城市入围,计划未来3年将合计建设地下管廊389km,总投资351亿元
2015年05月	住建部发布《城市地下综合管廊工程规划编制指引》	指导各地科学合理地规划综合管廊建设区域及布局,要求管廊工程规划期限应与城市总体规划期限一致
2015年06月	住建部标准定额司等单位编制完成《城市综合管廊工程投资估算指标》	给出了城市综合管廊工程前期编制投资估算,根据该估算,管廊主体根据断面面积和舱数不同,投资从0.5亿元/km到3.6亿元/km不等

续上表

时　间	事　件	主　要　内　容
2015 年 07 月	国务院常务会议部署推进城市地下综合管廊建设	确定要求地方政府编制地下综合管廊建设专项计划,在年度建设中优先安排;对已建管廊区域,所有管线必须入廊
2015 年 08 月	国务院发文《国务院办公厅关于推进城市地下综合管廊建设的指导意见》	提出到 2020 年建设一批具有国际先进水平的地下综合管廊并投入运营,改善城市地面景观
2016 年 01 月	住建部印发《城市综合管廊国家建筑标准设计体系》	依据我国现有标准,结合我国各地发展现状,针对综合管廊设计、施工的普遍需求,对体系总体设计、结构设计与施工、专项管线、附属设施等四部分进行构建,体系中的标准设计项目基本涵盖了城市综合管廊工程设计和施工中各专业的主要工作内容
2016 年 03 月	住建部印发《城市管网专项资金绩效评价暂行办法》	强化城市管网专项资金管理,提高资金使用的规范性、安全性和有效性
2016 年 04 月	财政部、住建部公布 2015 年地下综合管廊试点城市	石家庄、四平、杭州、合肥、平潭综合试验区、景德镇、威海、青岛、郑州、广州、南宁、成都、保山、海东和银川 15 个城市试验区入围
2016 年 05 月	住建部、国家能源局印发《推进电力管线纳入城市地下综合管廊的意见》	鼓励电网企业参与投资建设运营城市地下综合管廊,共同做好电力管线入廊工作
2016 年 08 月	《住建部关于提高城市排水防涝能力推进城市地下综合管廊建设的通知》	要求各地做好城市排水防涝设施建设规划、城市地下综合管廊工程规划、城市工程管线综合规划等的相互衔接,切实提高各类规划的科学性、系统性和可实施性,实现地下空间的统筹协调利用,合理安排城市地下综合管廊和排水防涝设施,科学确定近期建设工程
2018 年 08 月	《住房城乡建设部关于印发城市地下综合管廊工程投资估算指标的通知》	为贯彻落实中央城市工作会议精神,服务城市地下综合管廊建设,为城市地下综合管廊建设工程投资估算编制提供参考依据
	《住建部关于印发城市地下综合管廊工程维护消耗量定额的通知》	服务城市地下综合管廊建设,满足工程计价需要
2019 年 02 月	《住房和城乡建设部关于发布国家标准〈城市地下综合管廊运行维护及安全技术标准〉的公告》	为规范城市地下综合管廊的运行和维护,统一技术标准,保障综合管廊完好和安全稳定运行,制定该标准
2019 年 06 月	住房和城乡建设部办公厅建办函〔2019〕363 号《住建部印发〈城市地下综合管廊建设规划技术导则〉的通知》	为贯彻落实党的十九大提出的高质量发展要求,指导各地进一步提高城市地下综合管廊建设规划编制水平,因地制宜推进城市地下综合管廊建设,印发之日起施行。《城市地下综合管廊工程规划编制指引》(建城〔2015〕70 号)同时废止

(4)建设标准

在管廊建设的高潮到来之际,标准规范的制定有利于综合管廊建设的标准化、精细化。因此,为了更好地指引综合管廊的建设,我国也在不断地制定相应的标准规范。截至目前,我国现行的综合管廊类标准规范见表 1-3。

我国现行的综合管廊类标准规范汇总　　　　　　　　　　　　表 1-3

标准规范名称	标准规范编号	实施时间
城市综合管廊工程技术规范	GB 50838—2015	2015 年 06 月 01 日
城市工程管线综合规划规范	GB 50289—2016	2016 年 12 月 01 日
城镇综合管廊监控与报警系统工程技术标准	GB/T 51274—2017	2018 年 07 月 01 日
化工园区公共管廊管理规程	GB/T 36762—2018	2019 年 04 月 01 日
城市地下综合管廊运行维护及安全技术标准	GB 51354—2019	2019 年 08 月 01 日
管廊工程用预制混凝土制品试验方法	GB/T 38112—2019	2020 年 09 月 01 日
城市综合管廊运营服务规范	GB/T 38550—2020	2020 年 10 月 01 日
城市综合管廊防水工程技术规程	T/CECS 562—2018	2019 年 05 月 01 日
城市地下综合管廊管线工程技术规程	T/CECS 532—2018	2018 年 12 月 01 日
城市综合管廊工程技术标准	DB64/T 1645—2019	2019 年 10 月 23 日
城市综合管廊工程技术规程	DBJ/T 15-188—2020	2020 年 06 月 01 日
预制装配式混凝土综合管廊工程技术规程	DBJ61/T 150—2018	2018 年
天津市综合管廊工程技术规范	DB/T 29-238—2016	2016 年 06 月 01 日
装配式混凝土综合管廊工程技术规程	DB22/JT 158—2016	2016 年 08 月 17 日
陕西省城镇综合管廊设计标准	DBJ61/T 125—2016	2017 年 03 月 01 日
波纹钢综合管廊工程技术规范	DB13(J)/T 225—2017	2017 年 06 月 01 日
陕西省城镇综合管廊施工与质量验收规程	DBJ61/T 139—2017	2017 年 11 月 10 日
城市地下综合管廊工程设计规范	DB37/T 5109—2018	2018 年 06 月 01 日
城市地下综合管廊工程施工及质量验收规范	DB37/T 5110—2018	2018 年 06 月 01 日
城市综合管廊工程施工及验收规范	DB4401/T 3—2018	2018 年 06 月 01 日
城市综合管廊工程设计规范	DB11/1505—2017	2018 年 07 月 01 日
节段式预制拼装综合管廊工程技术规程	DB37/T 5119—2018	2018 年 08 月 01 日
陕西省城镇综合管廊建设项目管理规范	DBJ61/T 145—2018	2018 年 08 月 10 日
陕西省城镇综合管廊管线入廊标准	DBJ61/T 146—2018	2018 年 08 月 10 日
城市地下综合管廊工程设计规范	DB33/T 1148—2018	2018 年 11 月 01 日
城市地下综合管廊工程施工及质量验收规范	DB33/T 1150—2018	2018 年 12 月 01 日
城市综合管廊运行维护规范	DB11/T 1576—2018	2019 年 01 月 01 日
城市综合管廊工程施工及质量验收规范	DB11/T 1630—2019	2019 年 01 月 01 日
城市地下综合管廊工程预埋槽道应用技术规程	DB2101/T 0008—2019	2019 年 03 月 18 日
城市地下综合管廊土建工程施工质量验收规范	DB2101/T 0009—2019	2019 年 03 月 18 日
城市地下综合管廊运行维护技术规范	DB33/T 1157—2019	2019 年 06 月 01 日
城市综合管廊消防安全技术规程	DB46/T 477—2019	2019 年 06 月 01 日
城市综合管廊标识标志设置规范	DB42/T 1513—2019	2019 年 07 月 08 日

续上表

标准规范名称	标准规范编号	实施时间
综合管廊智能监控系统集成技术规范	DB42/T 1515—2019	2019 年 07 月 08 日
地下综合管廊人民防空设计规范	DB4401/T 26—2019	2019 年 10 月 01 日
城市综合管廊智慧运营管理系统技术规范	DB11/T 1669—2019	2020 年 04 月 01 日
城市综合管廊设施设备编码规范	DB11/T 1670—2019	2020 年 04 月 01 日

　　除表 1-3 中所颁布的标准规范外,相关政府职能部门于 2019 年 12 月 19 日对《城市综合管廊消防系统工程技术规范》(征求意见稿)的相应条文提出了修改意见;在标准规范的指引下,标准图集的辅助作用也不可缺少,已有综合管廊的现行标准图集统计见表 1-4。

综合管廊现行标准图集汇总　　　　　　　　　　　　　表 1-4

标准图集名称	标准图集编号	适 用 情 况
综合管廊工程总体设计及图示	17GL101	此图集主要针对综合管廊工程的初步设计阶段给出相应的设计方案和图示
现浇混凝土综合管廊	17GL201	适用于 8 度及其以下抗震设防,只针对采用明挖法施工的单层现浇混凝土综合管廊主体工程
综合管廊附属构筑物	17GL202	适用于抗震设防烈度小于和等于 8 度(0.20g)地区的现浇混凝土综合管廊附属构筑物
综合管廊基坑支护	17GL203-1	主要适用于明挖综合管廊的基坑支护;除综合管廊外,市政、冶金、化工等工程中的城市地下过街通道、工业管廊等地下建(构)物亦可参考使用
综合管廊给水管道及排水设施	17GL301、17GL302	17GL301 图集适用于城市综合管廊公称通径≤1600mm 的给水、再生水管道的安装;鉴于综合管廊现阶段发展水平的限制,此图集秉承安全及适用的原则进行编制。17GL302 图集为施工安装图集,可用于指导、规范施工和安装,适用于城市综合管廊内排水设施设计与施工
综合管廊热力敷设与安装	17GL401	此图集依据《城市综合管廊工程技术规范》(GB 50838—2015),本图集适用于供热热水介质设计压力 $P≤1.6$MPa,设计温度低于或等于 130℃,公称通径≤1200mm 钢制金属管道与供热蒸汽介质设计压力 $P≤1.6$MPa,设计温度低于或等于 350℃、公称通径≤800mm 钢制金属管道在现浇混凝土综合管廊内敷设安装
综合管廊缆线敷设与安装	17GL601	通过安装图示及零部件详图对缆线敷设的要求及施工要点进行明确,对施工安装具有指导作用,适用于综合管廊入廊缆线的敷设,设计、施工时可直接选用
综合管廊供配电及照明系统设计与施工	17GL602	主要内容包括:综合管廊的供配电方案、主体及附属设施照明方案;典型配电系统图、照明系统图、应急照明系统图、通风及排水设施控制图及其相应设备安装图;典型防火分区照明平面图及配电平面图;照明灯具安装、电缆敷设、接地系统示意、等电位连接做法及防火封堵等
综合管廊监控及报警系统设计与施工	17GL603	本图集中的系统图、平面布置图可供设计人员在进行相关系统设计时参考使用,设备安装做法可供施工人员直接照图施工安装

标准图集名称	标准图集编号	适 用 情 况
综合管廊通风设施设计与施工	17GL701	图集依据《城市综合管廊工程技术规范》(GB 50838—2015),结合部分市政设计院的工程实践经验,从通风专业的角度出发,按照满足通风专业习惯特点和要求进行编制,也属于现阶段城市地下综合管廊建设中通风技术应用的一种探索和尝试
综合管廊工程 BIM 应用	18GL102	本图集标准设计以工程实践为基础,以主编单位 BIM 技术在综合管廊项目成功运用为依托,梳理普适通用的框架与标准,以要点及注意事项为内容的方式进行编制
预制混凝土综合管廊	18GL204	本图集适用于 8 度及 8 度以下抗震设防,采用明挖法施工的单层预制混凝土综合管廊主体工程
预制混凝土综合管廊制作与施工	18GL205	本图集适用于采用明挖法施工的单舱、双舱预制混凝土综合管廊主体工程,本图集从预制综合管廊的制作与施工两方面阐述了预制混凝土综合管廊的制作、施工、管理以及质量验收等规定及要求
综合管廊污水、雨水管道敷设与安装	18GL303	本图集适用于抗震设防烈度不大于 8 度(0.3g)的混凝土结构综合管廊,管道公称通径≤1000mm,介质温度为 5~40℃,设计内水压力等级不大于 0.15MPa 的污水、雨水管道的敷设与安装
综合管廊燃气管道敷设与安装	18GL501	依据现行《城市综合管廊工程技术规范》(GB 50838)及《城镇燃气设计规范》(GB 50028)及相关技术规范编制。图集适用于天然气管道在现浇混凝土综合管廊内敷设与安装。天然气管道设计压力 P≤1.6MPa,公称通径范围为 150~600mm,管道安装与运行最大温差为 60℃
综合管廊燃气管道舱室配套设施设计与施工	18GL502	本图集为城市综合管廊标准设计专项系列图集之一。可为天然气管道舱室附属设施设计、施工提供指导;与 18GL501《综合管廊燃气管道敷设与安装》配套使用
城市综合管廊工程防水构造	19J302	本图集主要针对混凝土结构的城市综合管廊工程底板、侧墙、顶板以及地上部分的人员出入口、投料口、通风口、排水沟等部位的防水工程,通过梳理防水混凝土、防水砂浆、防水卷材、防水涂料、塑料防水板等防水材料在一般地区综合管廊防水工程中的常见做法,总结了通用、可行的材料选用、设置要求、施工工艺以及构造节点等,供设计和施工人员参考
室外管道钢结构架空综合管廊敷设	19R505、19G540	本图集适用于各种工艺管道、电力及通信线缆等在室外钢结构架空综合管廊上的敷设与安装。主要内容包括工艺专业管道敷设安装与钢结构综合管廊两部分

(5)建设模式

最早的综合管廊建设主要分为三种类型:一是为了解决重要节点的交通问题,如北京天安门广场和天津新客站综合管廊项目;二是为了特定区域的功能需要,如广州大学城、上海世博园等项目;三是为了城市的发展需要以及为了探索综合管廊建设经验而建的项目,如上海张杨路等。这些都是政府直接投资的施工总承包项目,约占目前总项目数量的 15%。

由于综合管廊的建设特点,后来出现了诸多采用工程总承包(Engineering Procurement Construction,EPC)模式建设和个别采用建设—移交(Build-Transfer,BT)模式的综合管廊项目,如海南三亚海榆东路综合管廊EPC项目,这些约占总项目数量的10%。2014年《国务院关于创新重点领域投融资机制鼓励社会投资的指导意见》(国发〔2014〕60号)中提出:积极推动社会资本参与市政基础设施建设运营,其中鼓励以移交—运营—移交(Transfer-Operate-Transfer,TOT)的模式建设城市综合管廊。但这项措施还没有定论的时候,紧接着《国务院办公厅关于推进城市地下综合管廊建设的指导意见》(国办发〔2015〕61号文)就提出了以政府和社会资本合作(Public-Private Partnership,PPP)的模式大力推进建设综合管廊,之后大量建设的综合管廊项目基本上都是PPP项目,约占总项目数量的75%。

(6)规划设计

规划设计的总体状况是:任务繁重、规划不够严格、规范尚待完善、防水尚存争议。针对这些问题,相关部门出台了一些具有引领性的规范。2015年出台的《城市综合管廊工程技术规范》(GB 50838—2015)就综合管廊工程规划提出了要坚持"因地制宜、远近结合、统一规划、统筹建设"的原则,集约利用地下空间,统筹规划综合管廊内部空间,协调综合管廊与其他地上、地下工程的关系。2019年6月出台的《城市地下综合管廊建设规划技术导则》提出了关于综合管廊规划的方向及方法,统筹新老城区、地下空间及管线三大部分,促进城市地下空间的科学合理利用;规划也应及时根据城市规划和重要管线规划进行修编和调整,原则上5年进行一次修订。此外,在技术路线的基础上,做好规划衔接能更好地布局城市建设、明确发展目标。2019年10月实施的《城市地下空间规划标准》(GB/T 51358—2019)也提出了关于地下市政管线及管廊的相关规划。

(7)土建施工

综合管廊工程的埋深和断面尺寸,处于地铁工程和市政管涵工程之间,总体来讲施工技术难度不高,但单个项目的体量较大,且又有各自特点。经过近几年的不断发展,行业内出现了越来越多的创新技术和设备,总体状况可以总结为:以现浇法施工为主,以滑模法施工为辅,以预制拼装法为发展趋势。

(8)运营管理

在运营管理方面的总体状况表现为:经验不足、法规不全、平台不专、标准不一。经过多年的努力,到2015年前后,管线入廊难的问题基本已经解决,但当时关于收费的问题仍困扰着许多以PPP模式进行项目运作的公司;目前,关于收费方面的相关规范有所颁布但依然较少,《城市综合管廊工程技术规范》(GB 50838—2015)、《城镇综合管廊监控与报警系统工程技术标准》(GB/T 51274—2017)、《城市地下综合管廊运行维护及安全技术标准》(GB 51354—2019)和《城市综合管廊运营服务规范》(GB/T 38550—2020)很好地解决了之前所遇到的很多问题;目前规范在综合管廊的后期运营管理上的总原则是追求系统化、规范化、智慧化和市场化的相对统一,尤以智慧化为热点话题,更加提倡在运营和服务方面充分利用大数据、云计算、物联网、建筑信息模型(Buliding Information Modeling,BIM)和增强现实(Augmented Reality,AR)等信息技术,在运营服务方面提出要遵循市场发展规律,引导运营商创新发展政府和社会资本多元化投资建设、运营管理和维护,按照市场竞争规则,优胜劣汰。

1.3.3 典型城市及地区综合管廊现状

(1)北京

北京市目前建成各种市政管线近1.3万km,绝大多数管线采用直埋建设方式,空间位置安排在城市道路下10m内的区域,仅有一小部分采用了市政综合管廊的方式,长度约150km,占五环路内道路长度的9.08%。

北京近几年已建、在建与规划建设的综合管廊(图1-33)主要分为两类:

①功能区型:地下空间一体建设,如中关村西区、奥体南区、中央商务区(Central Business District,CBD)核心区、通州运河核心区等。

②独立型:市政道路下建设,如昌平未来科技城鲁疃西路、广华新城等。

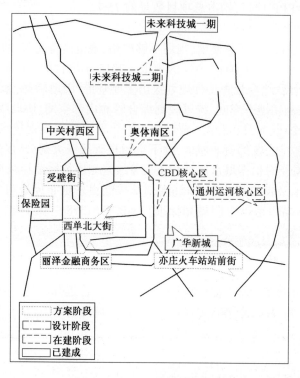

图1-33 北京综合管廊规划布置图

1958年北京市为配合建国门内大街道路的拓宽改造在东单、方巾巷和建国门三个路口建设了过街性质的综合管廊。

1959年在北京天安门广场下建设的长1070m综合管廊是我国第一条地下综合管廊。1977年,为配合"毛主席纪念堂"施工又建设了数条长500m的综合管廊。

1985年,北京市建设中国国际贸易中心综合管廊,其中容纳服务于两幢公寓大楼、一幢商业大厦、一幢办公楼的公用管线,管廊内有电力、通信、供热管。

1995年王府井地下商业街规划进行综合管廊研究。2000年修建两广路的同时提出随路敷设综合管廊的设想。

2000年北京某道路改造工程在道路两侧的非机动车道和人行道下建造了600m的地下综合管廊。南侧断面为矩形,宽为11.15m,高为2.7m,埋深约2.0m,采用明挖法施工,内设电信电缆、热力管道、给水管道、电力电缆;北侧断面为圆形,直径为3m,采用暗挖法施工,内设电信电缆、天然气管道、给水管道。

2006年建成的北京中关村西区地下综合管廊(图1-34),是我国第二条现代化的地下综合管廊。中关村西区地下综合管廊及空间开发工程位于北京市海淀区海淀镇南路以北,北四环路以南,白颐路以西,彩和坊路以东范围内。该工程地下部分分为两部分,一部分为地下管廊,另一部分为空间开发。综合管廊为地下3层,主线长1.9km,支线总长1.1km,结构底板埋深为-9.55~-12.1m;空间开发为地下两层,局部三层,结构底板埋深-4.7~-11.4m。地下综合管廊总建筑面积95090m²,其中环形汽车通道及连接通道为29865m²,支管廊层为39972m²,主管廊层为25253m²。该管廊集中铺设了自来水、雨水、污水、中水、供电、通信和天然气等多种市政管线,由中关村科技园有限公司投资建设,并实现了自己投资自己管理,土建及设备总投资约3.2亿元。

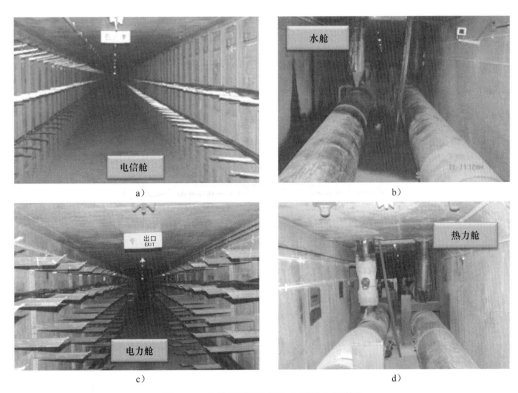

图1-34　中关村西区地下综合管廊内部实景

北京昌平未来科技城综合管廊(图1-35)位于昌平区鲁疃西路,工程分为两期进行,一期工程位于鲁疃西路北段(定泗路—顺于路西延),主沟约长2.175km;二期工程位于鲁疃西路西南段(七北路—定泗路),主沟约长1.705km。采用四舱结构,主沟宽14.2m、高2.9m,总投资约7.1亿元,管廊收纳220kV电力电缆、110kV电力电缆、10kV电力电缆、2-DN900热力管、DN600给水管、DN900再生水管、24孔电信管线等管线,总投资7.1亿元(18.2万元/m)。

通州运河核心区综合管廊项目(图1-36、图1-37)位于北环交通环形隧道下方,与环形隧道共构结构,全长2.3km。入廊管线涵盖110kV及10kV电力电缆、2-DN500热力管、DN400给水管、DN400 再生水管、DN500 气力垃圾输送管、24 孔电信管线等管线并预留管位。该管廊项目属干支线混合综合管廊。

图 1-35　未来科技城地下综合管廊

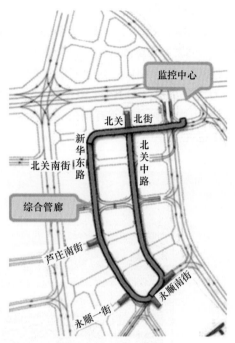

图 1-36　通州运河核心区综合管廊布置示意图

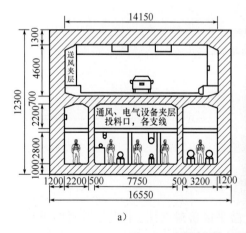

a)

b)

图 1-37　通州运河核心区综合管廊标准断面图(尺寸单位:mm)

　　广华新城综合管廊工程位于北京市朝阳区百子湾地区(图 1-38),综合管廊沿前程路、前程南路、锦绣东路、锦绣西路等,呈井字形布局。广华新城综合管廊全长 4.5km,总投资约 2.3 亿元(约 5.5 万元/m)。入廊管线有 DN500 热力管、DN400 给水管、DN300 再生水管、DN500 气力垃圾输送管、15 孔电信管线等管线,并预留管位。设计断面采用单舱与双舱两种形式,分为水信舱与热力舱,水信舱收纳给水管、再生水管、电信电缆;热力舱内为热力供回水管。

　　奥体南区综合管廊(图 1-39、图 1-40)与早期的地下综合管廊规划与建设不同。奥体南区

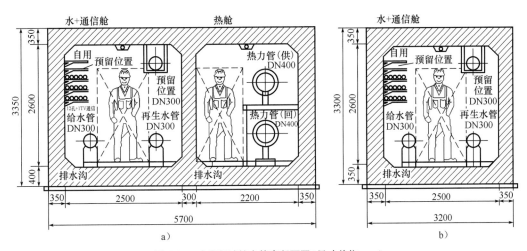

图1-38 广华新城综合管廊断面图(尺寸单位:mm)

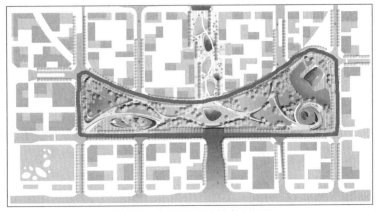

图1-39 奥体南区综合管廊示意图

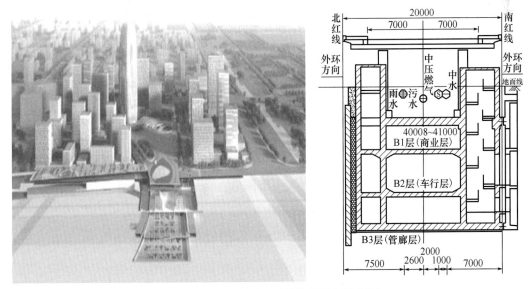

图1-40 奥体南区综合管廊布局及结构断面图(尺寸单位:mm)

的地下综合建设功能性更为复杂,使用强度更高。根据使用功能的不同,将地下区域分为三个层面。地下一层为人行通道和商业配套,层高8.2m;地下二层为地下交通联系通道(环隧)、地下车库和商业,层高5m;地下三层层高3.6m,为市政管廊、地下车库和设备机房,地下三层地下车库还作为六级人防物资库及二等人员掩蔽部。管廊和地下交通联系通道组成共构结构,干线管廊全长1718m。管廊分为三舱,收纳DN300给水管、DN200再生水管、24孔电信管线、110kV及10kV电力电缆、6孔有线管线等。

　　(2)上海

　　上海在地下综合管廊设计建设中具有独特优势。目前除工业用管廊系统外,上海市已建成运营的市政地下综合管廊总里程约为100km,同时在国内率先制订了首个针对综合管廊建设和管理的办法——《中国2010年上海世博会园区管线综合管沟管理办法》。该办法于2007年7月颁布实施,但适用对象较为有限,仅针对2010年上海世博会园区综合管廊。结合新城建设和旧城改造,上海正在松江新城、临港新城和桃浦智慧科技城三个地方继续试点综合管廊工程,破解市政管线施工,道路动辄就要被"开膛破肚"的难题。

　　1978年12月23日,宝钢在上海动工兴建。被称为宝钢生命线的电缆干线和支干管线大部分采用了综合管廊方式敷设(埋设在地面以下5~13m)。中冶集团在上海宝钢建设过程中,采用日本的建设理念,建造了工业生产专用综合管廊系统,长度约为15km。宝钢工业园区综合管廊属于工业用管廊系统(图1-41),由企业本身负责建设和管理。

图1-41　宝钢综合管廊

　　1994年4月12日开工建设的张杨路综合管廊是的国内第一条现代化综合管廊(图1-42、图1-43),截至2005年共建成综合管廊11.13km,其中主干线5km,支线约6km。土建项目耗资2.3亿元,配套设施安装项目耗资0.9亿元。标准矩形断面平均宽5.9m、高2.6m,顶部离地面平均为1.5m,平均造价约为2700万元/km。张杨路综合管廊工程是在次干路两侧同时建设的综合管廊,已敷设电力、通信、给水和燃气4大管线。其在软土地基上容纳燃气管道是国内首次尝试。张杨路综合管廊的设计周期和建设周期较之综合管廊建设先进国家的周期短得多,创造了综合管廊建设的"上海浦东速度"。

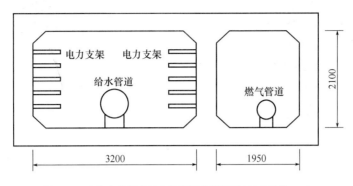

图1-42 上海市张杨路综合管廊标准断面图(尺寸单位:mm)

图1-43 上海张扬路综合管廊内部图片

2003年,上海松江大学城综合管廊建成(图1-44),长度约0.323km,投资1500万元。入廊管线有35kV电力电缆、通信电缆、有线电视光缆、DN300配水管、DN600输水管、燃气管等。综合管廊内设置了先进的通风和照明系统,所有系统由中央计算机监控系统控制。

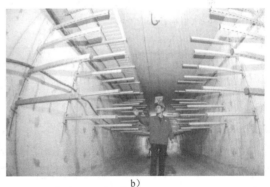

图1-44 松江大学城综合管廊

安亭新镇综合管廊(图1-45)位于环镇路、新镇路以及新镇入城段道路下,形成"日"字形系统,全长约5.78km,是国内第一条网络化综合管廊工程。该工程2002年正式开工建设,2004年建成,长度约为5.78km,入廊管线为供水管线、电力电缆、通信电缆、广播电视电缆等,燃气管道敷设在综合管廊顶端的专用管槽内,雨污水管线不纳入综合管廊。

图1-45　安亭新镇综合管廊内部

　　2009年建成的上海世博会综合管廊是我国第一条预制装配式城市市政综合管廊工程（图1-46、图1-47）。该工程总长约6.4km，标准断面埋深2.2m，北环路、西环路、沂林路下综合管廊采用单舱标准断面；南环路下综合管廊部分采用单舱标准断面，剩余采用双舱综合管廊断面。这样的设计不仅能使综合管廊线路与各专业管线规划密切地吻合，而且有效地服务了世博核心区域。

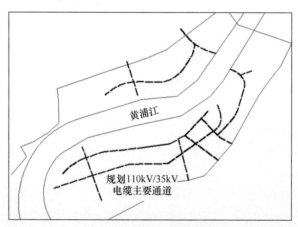

图1-46　上海世博会综合管廊

　　2016年启动的临港新城综合管廊工程结合地下空间的开发共同建设（图1-48），规划总长5.7km，呈反"C"字形。断面净尺寸$B×H=8.1m×5m$，收纳高低压电缆、通信电缆、热力管、给水管、中水管、垃圾管、排水管等管线。

　　（3）广州

　　目前广州已建成的地下管线综合管廊主要有大学城综合管沟、联邦快递广州基地综合管廊、市疾病控制中心周边道路和亚运城综合管廊等，总长度约250km，规模为华南地区最大。根据规划，未来还将在中新知识城、国际金融城和万博商务区等区域新建综合管廊16.75km，全市还在29个片区规划了综合管廊。

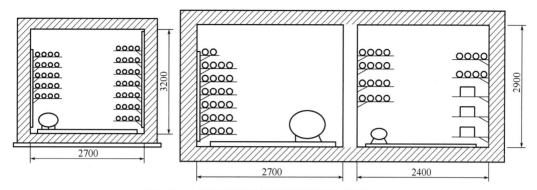

图 1-47　上海世博会综合管廊标准断面(尺寸单位:mm)

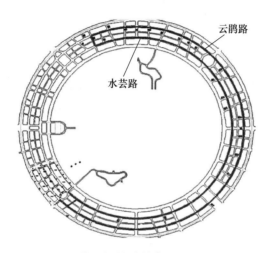

图 1-48　临港新城综合管廊规划断面示意图

广州大学城(小谷围岛)综合管廊建在小谷围岛(图 1-49),于 2005 年建成,总长约 17km,其中沿中环路呈环状结构布局为干线管廊,全长约 10km;另有 5 条支线管廊,长度总和约 7km。该管廊是广东省规划建设的第一条综合管廊,也是目前国内距离最长、规模最大、体系最完善的综合管廊,它的建设是我国城市市政设施建设及公共管线管理的一次有益探索和尝试。

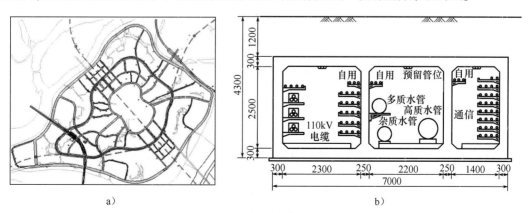

a)　　　　　　　　　　　　　　　　　　　b)

图 1-49　广州大学城综合管廊(尺寸单位:mm)

广州亚运城综合管廊于2010年建成(图1-50)。干线管廊布置在亚运城主干道一路、主干道二路、次干道一路、长南路4条主干道中央绿化带下,总长约5.1km,标准断面形式为两孔矩形(管道舱和电力舱);缆线管廊布置在支路两侧人行道下,总长约1.75km,标准断面形式为单孔矩形(电力舱)。

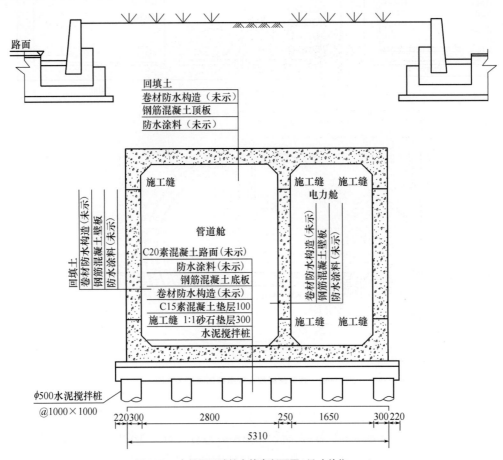

图1-50 广州亚运城综合管廊断面图(尺寸单位:mm)

广州知识城是中国和新加坡政府合作的继天津生态城、苏州工业园之后的第三个产城融合项目。该工程采用"一个中心控全线、一条轴线贯南北"的布局形式,综合管廊沿南北向布置一条主沟,沿东西向布置3条支沟,规划综合管廊总长15.8km,所有管廊由一个控制中心控制,总投资11.35亿元,是集电力、供水、供冷、电信等管线于一体的综合管廊系统(图1-51)。

(4)深圳

紧随在北京、上海等先行者之后,深圳在2003年时便启动了总投资7000万元左右,长度超过2.6km的大梅沙—盐田坳综合管廊建设。2008年8月,深圳启动了国内第一个全市层面的综合管廊系统整体规划——《深圳市共同沟系统布局规划》。2011年《深圳市共同沟系统布局规划》编制完成。根据远期规划,全市综合管廊共42条,市政道路综合管廊建设率达2.0%。

2005年贯通的大梅沙—盐田坳综合管廊,东起大梅沙外环路,西至深盐路端头,全长2.675km,全线均为穿山隧洞工程,工程总投资3700万元。该工程利用新奥法原理设计和施工,采用半圆城门拱形断面,高 2.85m,宽 2.4m(图 1-52)。管廊内设 DN600 普压给水管、DN500 压力污水管、高压输气管和 6 只电缆层架及照明、监控电缆。

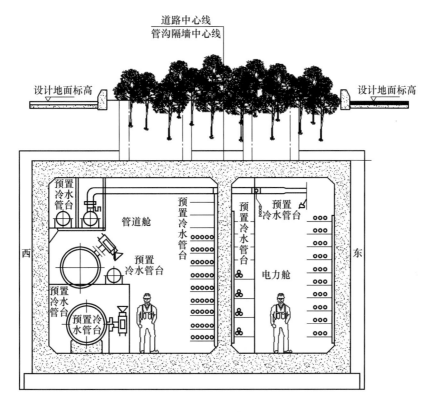

图 1-51 综合管廊断面图

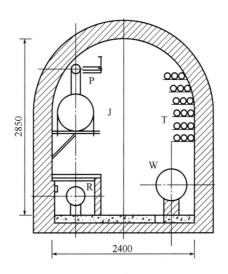

图 1-52 大梅沙—盐田坳综合管廊横断面图(尺寸单位:mm)

P-喷淋管(DN150);W-污水管(DN500);J-给水管(DN600);T-通信管线;R-高压天然气管(DN400)

2008 年光明新区率先编制完成综合管廊详细规划(图 1-53),一期工程包括光侨路、光辉大道、华夏路、光侨大道与观光路下的 5 条综合管廊,总长度为 8.422km,总投资近 7.4 亿元。二期工程结合光明中心区的民生大道、宝安路、华发路、高新产业区的松白路、同观大道、塘明路与龙大高速的建设,共建设 7 条综合管廊,总长度 22.26km,总投资约为 9.4 亿元。目前光明新区已建成并投入使用了 8.5km 城市地下综合管廊(图 1-54)。

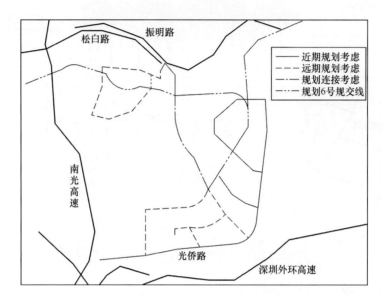

图 1-53 光明新区综合管廊系统规划布置图

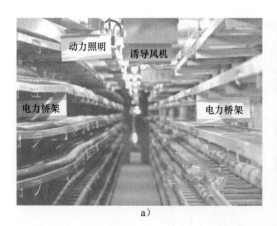
a)

b)

图 1-54 光侨路综合管廊

前海新区综合管廊线路布局为"一环一线"方案(图 1-55)。规划综合管廊总长为 12.54km;单独设置的电缆隧道长度为 8.64km(图 1-56)。"一环"位于桂湾片区,长 7.18km,主要沿桂湾一路(原双界河路)、怡海大道[原十妈湾五路(原二号路)]、前湾一路(原东滨路)以及听海大道北段成环设置,重点结合月亮湾北段现状高压线下地工程以及市政干管走廊[如从南坪快速以及前湾一路(原东滨路)引入的市政干管走廊]。"一线"位于铲湾片区与妈湾片区,长4.02km,包括听海大道南段与兴海大道组成的一条线路。该线路主要是为了结合听海大道上高压电力通道以及兴海大道上市政干管走廊而进行设置。

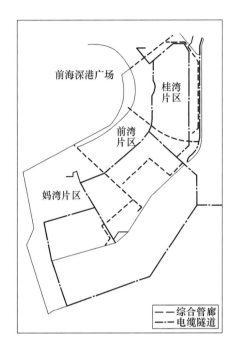

图1-55 "一线一环四段"线路规划方案图   图1-56 高压电缆通道分布图

(5)天津

天津1990年为解决新客站处行人、管道与穿越多股铁道而兴建一条长50m、宽10m、高5m的隧道,同时拨出宽约2.5m的综合管廊,用于收容上下水、电力电缆等管线。

2013年5月贯通的海河综合管廊隧道位于海河刘庄桥下游(图1-57),全长226.5m,其中穿越海河长度113m,施工总量近万个土石方。管廊断面为圆形(图1-58),直径6.34m,采用盾构法施工。

图1-57 海河综合管廊位置平面图

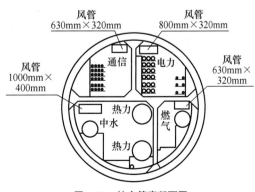

图1-58 综合管廊断面图

(6)杭州

杭州城站广场综合管廊(图1-59),建设长度1.1km,1999年完工,投资额0.149亿元。平面布置呈"Y"形,入廊管线有供水管、污水管、高压电缆、通信电缆四种管线。

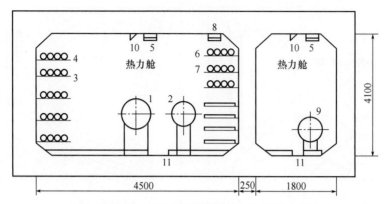

图1-59　城站广场综合管廊横断面图(尺寸单位:mm)

1-给水管;2-低压污水管;3-电力电缆;4-公交动力线索;5-照明电缆;6-电信电缆;7-铁路特殊电信电缆;8-有线电视电缆;
9-供热管;10-防爆灯;11-排水沟

钱江新城综合管廊位于钱江新城(图1-60),高3.2m,宽5.7m,总长2100m,新城所有管线都纳入其中。该管线工程全长2160m,于2005年10月完成土建。在建设这条地下综合管廊之前,一些管线已经直埋,再强制其入廊显然没有必要,所以目前管廊里面只入了供水管线,主要作用还是预留。

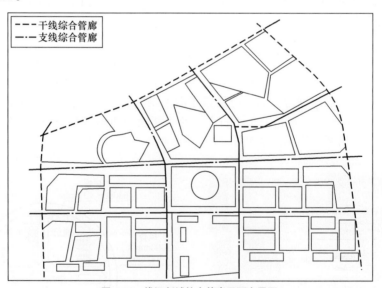

图1-60　钱江新城综合管廊平面布置图

(7)南京

浦口区商务东街地下的管廊是南京第一条综合管廊(图1-61~图1-63),于2012年5月开工建设,总长度66km,分布在10条道路下面。主要收纳管线有电力电缆、供水管、通信电缆、空调供水管等。

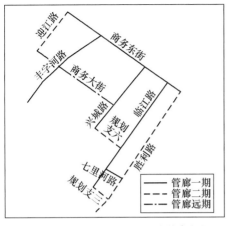

图 1-61　浦口区商务东街地下综合管廊布置图

图 1-62　浦口区商务东街综合管廊内部

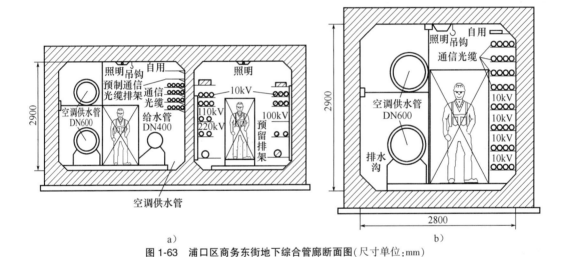

a)　　　　　　　　　　　　　b)

图 1-63　浦口区商务东街地下综合管廊断面图(尺寸单位:mm)

　　河西新区综合管廊江东南路段在红河路以东采用双舱结构(图 1-64),分别为水电舱和蒸汽舱,其中水电舱内敷设给水管线、10kV 和 220kV 的电力电缆、有轨电车供电电缆和通信电缆,蒸汽舱内敷设蒸汽管线;红河路以西段采用单舱结构,电力电缆和通信电缆布置在一个舱内。

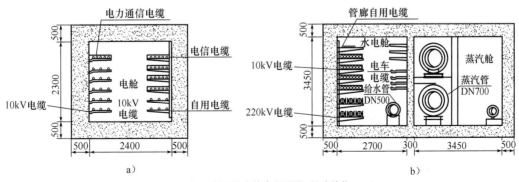

a)　　　　　　　　　　　　　b)

图 1-64　河西新区综合管廊断面图(尺寸单位:mm)

江北新区综合管廊依托丰字河路、临江大道高压电力走廊作为主轴,串联中心城区,并与已建综合管廊衔接,由此形成的井字形骨架网络和支线管廊共同辐射区域。结构分为单舱及双舱两种规格,目前主要纳入了给水、电力、联合通信及空调管 4 种市政管线(图 1-65)。

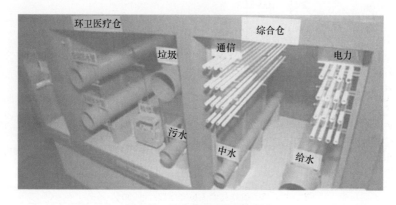

图 1-65 江北新区综合管廊断面

(8)青岛

青岛高新区综合管廊于 2008 开始建设,廊内设置管线主要包括电力、通信、给水、热力、再生水 5 种管线,断面形式主要分为单舱和双舱两种形式,高压电力一般独立成舱。标准段管廊尺寸为宽 3.1~5.9m,高 3.1~3.9m(图 1-66、图 1-67)。

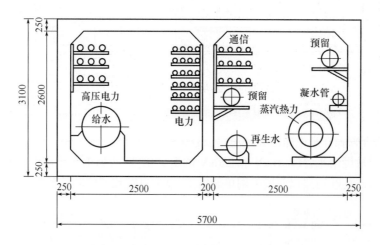

图 1-66 佛子岭路综合管廊内部(尺寸单位:mm)

华贯路综合管廊(图 1-68)位于青岛市高新区内南北向城市主干道下,贯穿高新区南北,全长约 7.8km,采用单箱双室形式,纳入管线有电力(110kV、10kV)、通信、热力、给水、中水及输送非易燃、易爆物的工业管道。

河东路综合管廊采用双室的断面形式(图 1-69),电力电缆及中水管道同舱布置,尺寸为 2.2m×2.5m,通信、给水、蒸汽及凝水管道设于另一舱,尺寸为 2.8m×2.5m。

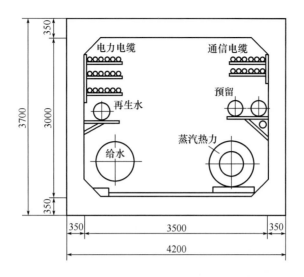

图 1-67　佛子岭路管廊人员进出口(尺寸单位:mm)

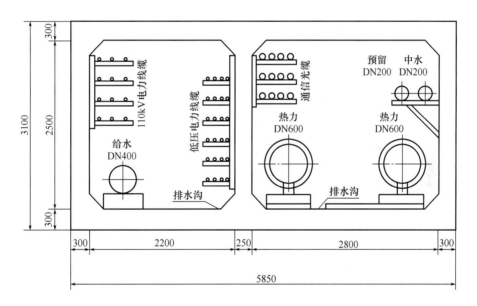

图 1-68　华贯路综合管廊标准横断面图(尺寸单位:mm)

(9)宁波

宁波东部新城地下综合管廊(图 1-70、图 1-71)总长度为 9.38km,由三横三纵组成,分为 38 个段,串联起江澄路、海晏路、河清路、宁东路、宁穿路、中山东路 6 条道路,最终形成网状。

(10)厦门

湖边水库片区综合管廊(图 1-72)全长 5.2km,从 2007 年开始设计,2009 年初开始施工,2013 年建成,收容了电力、通信、给水、有线电视、交通信号、中水管道等管线。

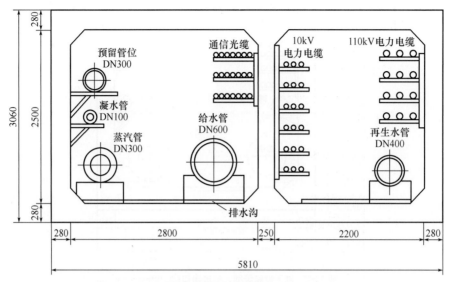

图 1-69 河东路综合管廊横断面示意图(尺寸单位:mm)

图 1-70 东部新城综合管廊内部 1

图 1-71 东部新城综合管廊内部 2

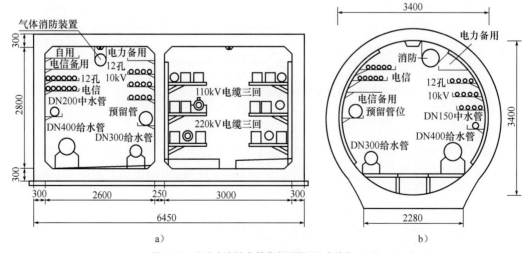

图 1-72 湖边水库综合管廊断面图(尺寸单位:mm)

集美大道综合管廊项目位于集美新城(图1-73、图1-74),建设总长度5.9km,是厦门三个试点项目中建设长度最短的,进展也最快,集美大道的综合管廊主要断面形式有单舱断面和双舱断面。单舱断面宽3m,高2.4m,双舱断面宽4.8m,高2.8m,舱内收容110kV和220kV高压电力、10kV电力、通信电缆、给水管和中水管等管线。

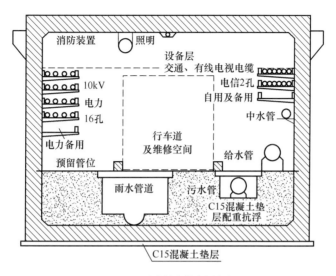

图1-73 和乐路综合管廊标准断面

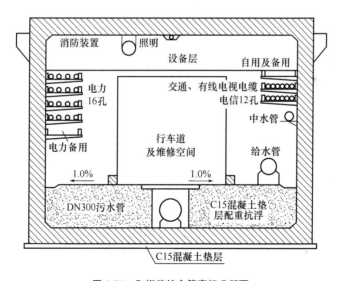

图1-74 和悦路综合管廊标准断面

翔安南路综合管廊工程结合道路建设分近远期实施,近期1km,远期9km,工程总投资4.5亿元。厦门市翔安南路综合管廊工程西起翔安大道,东至沙美路,全长约9580m,断面尺寸 $B \times H = 4m \times 3.2m$ 或 $4.7m \times 3.2m$。管廊内分设管道舱和电缆舱,管道舱收纳一条DN500给水管、预留一条DN300中水管、24孔信息管等管线,电缆舱收纳220kV和110kV高压电缆并设有备用(图1-75)。地下管廊主体结构采用工厂化预制。

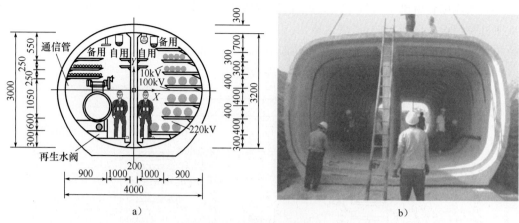

图1-75 翔安南路综合管廊标准断面图(尺寸单位:mm)

（11）成都

成都首条地下管廊大源环形通道于2015年投用(图1-76)，其中综合管廊宽8.9m、高2.2m。支管廊建筑净宽4m，结构净高2m。综合管廊进、排风亭结合下沉广场和城市绿地设置。

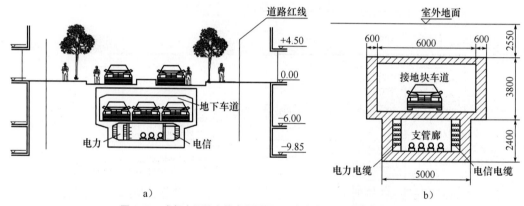

图1-76 成都大源综合管廊断面图(尺寸单位:mm;高程单位:m)

（12）武汉

武汉中央商务区综合管廊于2008年开始建设，是湖北省内第一条综合管廊。中央商务区综合管廊总长度6.2km，土建总投资3.81亿元。综合管廊主要以102号路及202号路形成"T"形干廊，再以核心区的支廊形成环状廊道，从而辐射商务区的核心区域。武汉中央商务区综合管廊采用干线综合管廊和支线综合管廊相结合的布线方式，其中干线综合管廊主要沿云飞路、振兴二路等道路布设，长3.9km;支线管廊主要沿珠江路、商务东路、商务西路、梦泽湖路等道路布设，长2.2km(图1-77、图1-78)。

光谷中心城综合管廊工程结合道路下的空间整体开发，将地铁与综合管廊一并考虑(图1-79)。主干管廊铺设于神墩三路及光谷五路，形成"T"形廊道，支线管廊铺设在朝曦路、神墩一路、神墩五路、清湾路、光谷四路、关谷六路、高科园路。工程建设规模全长20.59km，土建总投资11.92亿元，其中一期全长14.21km，土建投资8.67亿元，二期全长6.38km，土建投资3.25亿元。收容管线有给水管DN100~1200、再生水管DN100~800、热力管DN250~700、电力(20~220kV)、电信 12~24 线 φ114mm、燃气管 DN100~400、雨水管 DN600~1800、污水管 DN400~1200 等。

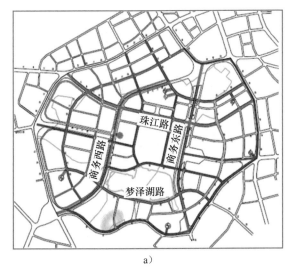 

a）　　　　　　　　　　　　　　　　b）

图 1-77　武汉王家墩商务区综合管廊

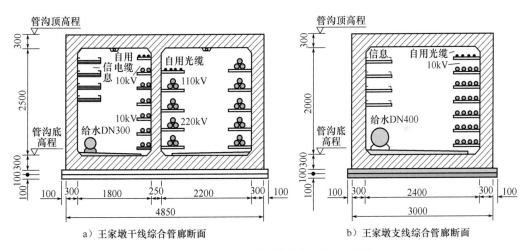

a）王家墩干线综合管廊断面　　　　　　　b）王家墩支线综合管廊断面

图 1-78　武汉王家墩商务区综合管廊断面图(尺寸单位:mm)

武汉天河机场三期项目综合管廊主要分布在南北线、南工作区及北工作区,形成"U"形廊道(图 1-80)。工程建设规模全长 5.18km,土建总投资 5.06 亿元。

(13)苏州

2011 年 11 月建成投入使用的苏州工业园区月亮湾综合管廊是江苏省首条地下综合管廊。月亮湾综合管廊(图 1-81)位于独墅湖科教创新区月亮湾区域,呈"T"形分布,全长 920m,断面尺寸为 3.4m×3m,工程造价约 4000 万元。政府建政府管。集供电、供水、供冷、通信四位一体。据了解,目前管廊内进驻的管线有:给水管一条,集中供冷管两根,高压电缆两路等。此外,管廊内安装有信息检测与监控系统、动力和照明控制系统、通风控制系统、排水控制系统、消防控制系统、安防控制系统等六大智能运行控制系统,由控制中心 24h 不间断集中监控。

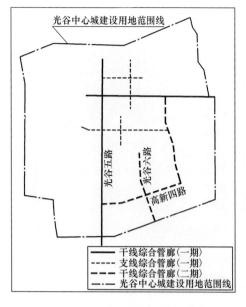

图 1-79 光谷中心城综合管廊布置图

图 1-80 武汉天河机场三期综合管廊布置图

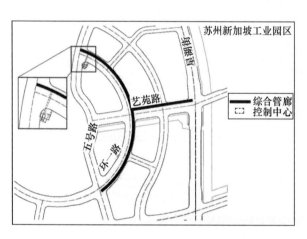

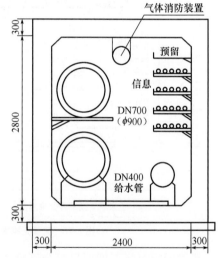

图 1-81 月亮湾综合管廊(尺寸单位:mm)

苏州桑田岛综合管廊位于苏州新加坡工业园区内(图 1-82),管廊长度 16.0km,容纳 110kV 电力、20kV 电力、通信、给水管等管线,断面为分为双舱断面和单舱断面。

(14)无锡

无锡太湖新城综合管廊工程位于无锡市太湖新城(图 1-83),全长 17.0km,2010 年建成,容纳 220kV 电力、110kV 电力、20kV 电力、通信、给水管、中水管等管线,断面分为双舱断面与单舱断面(图 1-84)。

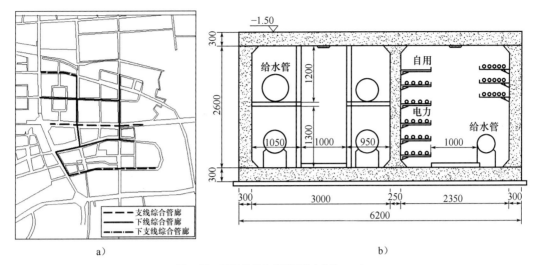

图 1-82　桑田岛综合管廊(尺寸单位:mm)

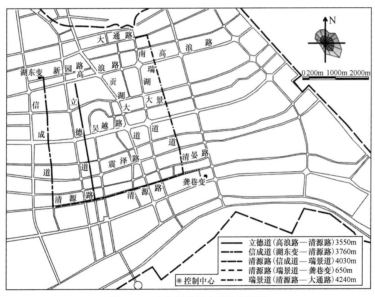

图 1-83　太湖新城综合管廊布置图

（15）南宁

北部湾科技园国凯大道综合管廊的设计范围起点为壮锦大道,终点为友谊路,东西走向,全长约 2.3km;管廊断面为 4m(宽)×3m(高)(图 1-85),入沟管线包括:给水管 DN600;电力管 220kV、2 回路,110kV、3 回路,10kV、18 回路;各类通信管线 20 管孔;综合管廊总投资约 5205 万元。

佛子岭路综合管廊是南宁市凤岭北片区在建的首条综合管廊(图 1-86、图 1-87),起于盘龙路,终点在屯里油库附近,全长约 3.36km,收纳通信、高压电缆、给水管等管线。管廊采用圆形预制管涵结构,随道路改扩建工程同步施工建设,埋深 7~8.6m,每一节管廊长 2.5m,内径 2.8m,将近一层楼高,质量约 17t。

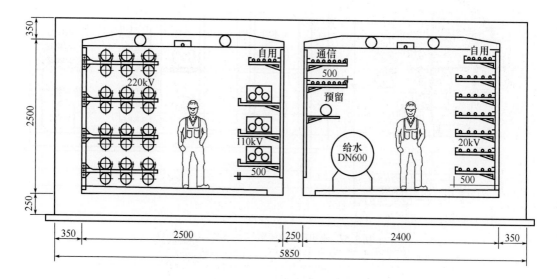

图 1-84 太湖新城综合管廊断面图(尺寸单位:mm)

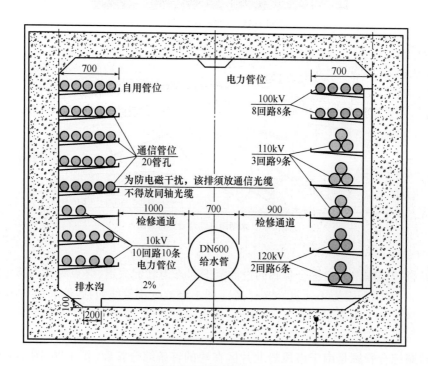

图 1-85 国凯大道综合管廊断面(尺寸单位:mm)

　　结合长堽路改扩建,南宁市从 2008 年开始建设长堽路综合管廊(图 1-88)。该综合管廊是一个外廊尺寸为 6m×3.5m 的方形双舱管廊。

图1-86 佛子岭路综合管廊内部

图1-87 佛子岭路管廊人员进出口

图1-88 长埂路管廊工程

（16）贵阳

贵安新区中心大道综合管廊项目全长约34.2km,分为电力舱、综合舱和燃气舱,于2015年开工建设,投资约32.25亿元,建设工期5年。建成的试验段是国内理念最新、断面最优、管理技术最先进的新兴城市三舱地下综合管廊,已申报专利技术16项。该管廊在国内率先提出了"智慧管网"的概念并深入研发,获得城市管廊物业服务管理体系认证(图1-89)。

a）

b）

图1-89 贵安新区中心大道综合管廊

（17）珠海

横琴综合管廊长33.4km,在2013年11月19日一次性建成,长33.4km,是当时国内建成的里程最长、规模最大、体系最完善的地下综合管廊,已安排供水、供电(220kV电力电缆)、通信、冷凝水等管线,并预留远期供水、供电、通信位置以及中水、真空垃圾系统安装空间,不仅在节约土地、美化环境、提高管线的寿命和安全等方面起到了好的作用,而且让横琴彻底告别"拉链路",降低了路面的维护保养费用,增强了城市的防灾抗灾能力(图1-90~图1-93)。

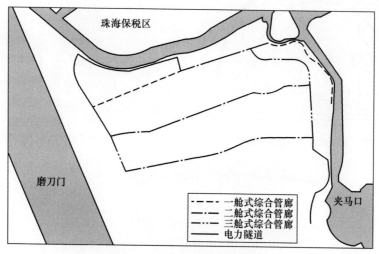

图1-90　横琴综合管廊平面规划图

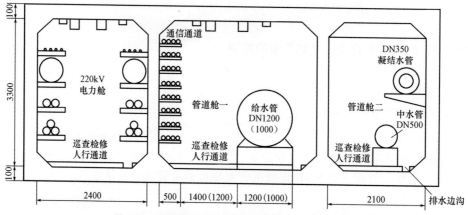

图1-91　三舱综合管廊横断面示意图(尺寸单位:mm)

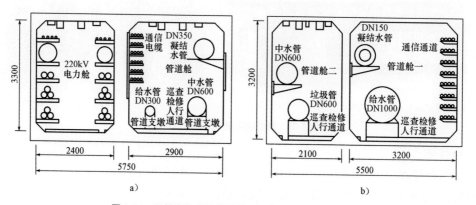

a)　　　　　　　　b)

图1-92　两舱室综合管廊横断面示意图(尺寸单位:mm)

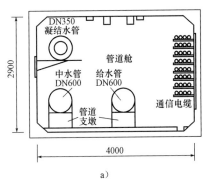
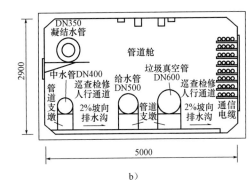

图 1-93　单舱室综合管廊横断面示意图(尺寸单位:mm)

(18)台北

中国台湾地区的共同管道工程于1990年代开工建设,以台北市居多,代表性案例包括东西向快速道路共同管道、敦化南路共同管道、基隆河裁弯取直共同管道、配合捷运线共同管道、关渡平源共同管道等。

台北市东西快速道路综合管廊全长为6.3km,其中2.7km与地铁整合建设,2.5km与地下街、地下车库整合建设,独立施工的综合管廊仅为1.1km,这种科学的决策极大地降低了共同管道的建设成本,有效地推动了共同管道的发展。

捷运信义线共同管道工程是台湾首条与捷运工程一并建构的共同管道,总投资为52亿元新台币,干管总长6km(其中3.13km为盾构施工,明挖覆盖箱涵段为1.89km),电缆沟总长为7.5km(图1-94、图1-95)。

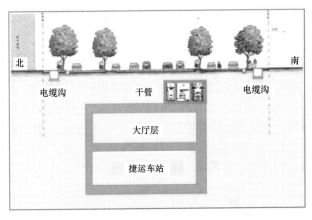

图 1-94　共管与捷运车站关系示意图

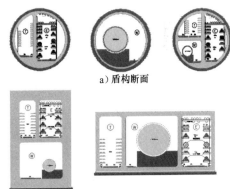

图 1-95　明挖段与盾构段标准断面

第2章 城市地下综合管廊投资运营模式

2.1 概述

综合管廊这种集约性的市政基础设施管线铺设方式为管线建成后的运营维护提供了便利条件,可保证管线安全、平稳运维。结合我国实际情况并参考国外经验,并且通过不同角度对综合管廊的建设及运营管理模式进行分析,提出切实可行的建设和管理模式,有益于促进综合管廊建管的良性发展。

综合管廊前期建设和后期运营的成本都较高,单靠政府的投资远远无法满足综合管廊庞大的建设运营资金需求。综合管廊所涉及的成本包括建设成本和运营维护成本。受益主体有两类:一是管线单位;二是公众。管线单位可以通过购买、支付租金的方式来付费,政府通过投资、补贴的方式来分摊这部分建设成本,共同实现综合管廊的社会效益。

2.2 综合管廊项目投融资模式

2.2.1 国外投融资模式

综合管廊的建设最早在经济比较发达的欧洲国家兴起。由于其政府财力比较强,法国、英国等欧洲国家的城市地下综合管廊被视为由政府提供的公共产品,其建设费用由政府承担,建成以后产权归政府所有,政府则通过出租的形式实现投资的部分回收。但是国家对于收取租金的数额没有明确的规定,并且租金的额度不是固定的,可以根据每年的实际运营情况进行调整,最终由管廊所在地的议会进行听证来确定。但是采取这种形式必须有较完善的法律体系进行保障,通过法律程序以及行政约束力保证管线单位必须使用综合管廊,具有行政约束力的法律为综合管廊的后期运营提供了保证。

德国综合管廊投资模式有政府投资和企业投资两种,其东部城市耶拿共有 11 条综合管廊,其中 8 条归耶拿市政设备服务公司所有并经营,2 条在私人投资者手中,1 条属于一个科技园区。新加坡综合管廊的建造费用由新加坡政府承担,作为城市基本建设之一,管线单位免费入廊,但需要分担管廊的运营与维修费用。

日本综合管廊的投资有政府或道路建设者投资、管线单位租用以及政府与管线单位合建、共同维护两种基本的投资模式。政府与管线单位合建时有两种资金筹措方式:一种是政府将各管线单位用于管线建设的资金集中起来使用,而综合管廊造价与各管线单位所出的资金总和的差额部分则由政府补足;另一种则是政府按综合管廊建设投资的一定比例出资,各管线单位则根据其在综合管廊中所占的体积或面积出资,由政府及管线单位共同建设。

综上所述,目前国外对综合管廊的建设主要有三种投资模式:一是政府投资;二是企业投资;三是多方投资。

2.2.2 国内投融资模式

国内综合管廊投融资模式主要有6种,分别是政府全额出资、政府与管线单位共同出资、股份制合作、特许经营、建设—移交(Build-Transfer,BT)和公私合伙制(Public-Pril-Partnershi,PPP)模式。

1)政府全额出资模式

政府全额出资模式是指综合管廊的主体设施以及附属设施全部由政府投资,管线单位租用或无偿使用综合管廊空间,自行敷设管线(图2-1)。政府全额出资模式下,资金来源主要由政府财政资金投入、以土地为核心的经营性资源融资、发行市政专项债,或由政府下属国有资产管理公司直接出资、申请金融机构贷款和发行企业债等。项目建成后由国有企业为主导并通过组建项目公司等具体模式实施项目的运营管理。

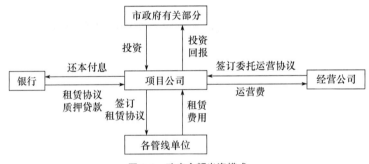

图 2-1 政府全额出资模式

政府全额出资的建设模式是国内普遍采用的传统投资模式。该模式的核心在于建设项目的投资、建设、运营三位一体,全部由政府或政府组建的国有独资公司包揽。一般在财政状况较好的地区较为适用。

2)政府与管线单位共同出资模式

政府与管线单位共同出资模式如图2-2所示,政府与管线单位共同投资建设综合管廊的模式大致分为以下两种。

(1)"管线单位出资,政府补足"模式

综合管廊的建设资金不是单纯由政府或者是管线单位其中任何一方单独承担,而是首先由将来使用综合管廊的各管线单位根据传统直埋形式下的建造与运营成本、本单位自身的资金能力、管线占用空间的比例和未来的经营收益先提供部分综合管廊建设资金,剩余建设资金的不足部分由政府机构补齐。

(2)"比例分摊"模式

首先,政府和各管线单位按照约定确定各自的投资比例;其次,各管线单位之间按照一定的方式分配投资比例,可以由政府出面结合传统埋设条件下不同管线的单位成本不同以及未来的经营收益等指标,综合考虑确定各管线单位之间的出资比例。

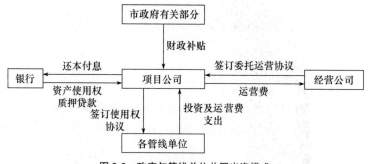

图 2-2　政府与管线单位共同出资模式

我国台湾地区城市地下综合管廊是由主管机关和管线单位共同出资建设的,其中主管机关承担 1/3 的建设费用,管线单位承担 2/3 的建设费用,其中各管线单位以各自所占用的空间以及传统埋设成本为基础,分摊建设费用。同时,还成立了公共建设管线基金,用于办理综合管廊及多种电线电缆地下共管工程的需要。

政府与管线单位共同出资的优点:

①"政府管线单位共同出资"的投融资方式下,建设综合管廊的资金由原来仅依靠政府转变为政府和各管线单位共同投资建设。这种模式保证了建设资金的按时供给,可以减小政府的财政压力,对于政府和管线使用单位都是比较有利的,因此在实施上也较为顺利。

②前期管线单位已经投入了一定数量的资金来建设综合管廊,所以建成后必定会将管线进廊,这样也就可以解决综合管廊将来的租用问题。

政府与管线单位共同出资的缺点:

①政府与管线单位共同出资这种模式虽然在一定程度上减轻了政府财政负担,但却加重了管线单位的前期投入。经过数据分析可知,综合管廊的前期建设成本要比传统直埋形式下的建设成本高出了将近一倍,所以管线单位就眼前的利益来看,可能更倾向于采用传统直埋的形式。

②对于政府和各管线单位共同出资,能否制定出均衡双方利益的分配方式是这种模式得以实现的关键所在,也是管线后期运营能否达到效益的关键所在,但是现阶段我国还没有出台相应的法律体系来加以规定,也没有相应的模型来进行推测。如果管线单位把管线的成本转嫁到用户身上,那么综合管廊就达不到其所期望的社会效益。

③因为政府和各管线单位共同参与了投资建设,会造成综合管廊的所有权不清楚。

3)股份制合作模式

股份制合作模式(图 2-3)是由政府授权的国有资产管理公司代表引入社会资本方,共同组建股份制项目公司,以股份公司制的运作方式进行项目的投资建设以及后期运营管理。这种模式有利于解决政府财政的建设资金困难,昆明、南宁采取的就是这种运作模式。

这种模式下把民间资本引入综合管廊的建设,有利于缓解政府的财政压力,同时引进了企业先进的管理经验与技术,所以公司的运行比较高效,实现了政府与企业的互惠互利。但是在这种模式下,由于企业进行投资是为了获得回报,而政府部门作为基础设施的提供者其更看重社会效益,所以企业与政府的目标存在一定差距,在企业运行过程中存在一定的矛盾。政府应该把综合管廊这种特殊的公共基础设施进行分割,分为公益性部分和可经营性部分,对于公益性部分由政府进行投资,对于可经营性部分可引入民间资本。

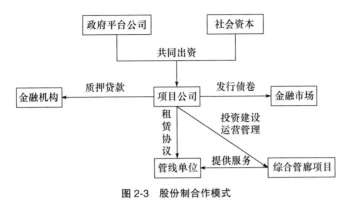

图 2-3　股份制合作模式

4)特许经营模式

特许经营模式(图2-4)是指政府授予投资商一定期限内的收费权,由投资商负责项目的投资、建设以及后期运营管理工作,政府不出资。具体收费标准由政府在考虑投资人合理收益率和管线单位承受能力情况下,通过土地补偿或其他政策倾斜等方式给予投资运营商补偿,使运营商实现合理的收益。运营商可以通过政府竞标等形式进行选择。这种模式为政府节省了成本,但为了确保社会效益的有效发挥,政府必须加强监管。佳木斯、南京、抚州等城市采取了这种运作模式。

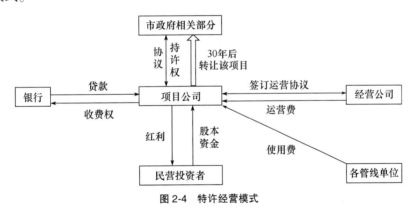

图 2-4　特许经营模式

5)BT 模式

BT 模式一般由投资方或承建方出资建设综合管廊项目后,由政府在其后 3~5 年内逐年购回,投资方不参与综合管廊的运营,通过项目投资获得一定的工程利润,项目建设期利息一般由政府来偿付。

采用 BT 模式进行融资建设综合管廊,可以发挥投资商的投资积极性和项目融资的主动性,缩短项目的建设期,保证综合管廊项目尽快建成、移交,能够尽快见到效益,解决项目所在地就业问题,促进当地经济的发展。但是由于 BT 模式中政府只与项目总承包人产生直接联系,而项目的落实需要细化,项目的分包情况严重。同时,项目投资方不参与综合管廊的运营,管廊工程质量得不到应有的保证。目前国内不鼓励单独采用 BT 模式,若必须采用 BT 模式修建综合管廊,建议采用 BT+EPC(Engineering Procurement Construction,设计—采购—施工)的模式。

目前国内采用 BT 模式的有珠海横琴新区综合管廊和石家庄正定新区综合管廊等。珠海横琴新区综合管廊通过 BT 模式委托中国二十冶集团有限公司建设,项目建成后,由横琴新区管委会委托珠海大横琴投资有限公司负责运营、维护和管理。

6)PPP 模式

PPP 模式(图 2-5)通常由社会资本负责项目的设计、建设、运营、维护工作;社会资本通过"政府付费""使用者付费""使用者付费+可行性缺口补助"的方式获得合理投资回报;政府部门负责基础设施及公共服务价格和质量监管,以保证公共利益最大化。

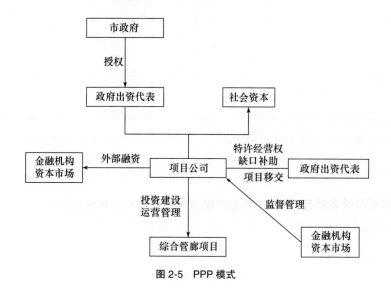

图 2-5　PPP 模式

PPP 模式不仅引入了社会资本和市场机制,缓解了短期财政资金压力的问题,而且可以提升项目运作效率。因此,在综合管廊中使用 PPP 模式是实现综合管廊健康可持续化发展的有力手段。

2.2.3　投融资建设模式对比分析

不同投融资建设模式下,对地方城市经济发展、政策支持、财政收入水平要求不一样。政府全额出资模式适用于财政收入水平较高的城市,股份制合作模式要明确资产的产权关系,特许经营和 PPP 模式要求政府在政策上给予支持,综合管廊投融资建设模式的对比分析见表 2-1。

综合管廊投融资建设模式对比分析　　　　　　　　　　　　　　　　表 2-1

序　号	建设模式	出 资 人	所 有 权	优　点	缺　点
1	政府全额出资	政府	政府	全权控制;产权清晰;谈判时间短	财政压力大;经营风险高
2	政府与管线单位共同出资	政府、管线单位	产权界限模糊	减轻政府负担;建成后不存在租赁风险	产权难以界定;出资比例难以确定;加重管线部门的财务负担;需完善的配套法规

序 号	建设模式	出资人	所有权	优 点	缺 点
3	股份制合作	政府、社会资本	产权界限模糊	减轻财政负担;引入市场机制、降低经营风险	产权难以界定;出资比例难以确定;项目公司内部管理难度大
4	特许经营	社会资本	社会资本	政府不承担建设费用;引入市场机制、降低经营风险	政府失去对项目的控制;要求相关政策支持;公共利益或将受损
5	BT	社会资本	政府	产权清晰;谈判时间短;政府融资渠道更加灵活	经营风险高;项目建成后付款压力大
6	PPP	社会资本和政府	项目公司	引入市场机制、降低经营风险;减轻财政负担;政府对项目具有监督权和一定的控制权	谈判时间长;公共利益或将受损

地下综合管廊项目是非经营性项目,通过采用PPP模式建设综合管廊,鼓励非政府平台出资建设,可以建立政府与社会资本"利益共享、风险共担"的关系,实现政府和社会资本之间的互补机制,减轻政府负担,同时通过社会资本参与提高项目投资和管理效益,实现双方互惠互赢。因此从综合管廊可持续发展角度出发,各地方城市可以通过在新区试点示范的方式,逐步建立以企业为主,投资建设和运营管理地下综合管廊的新型投融资建设模式——PPP模式。

2.2.4 融资渠道和工具

1)综合管廊项目融资渠道

项目融资渠道包括直接融资渠道和外部融资渠道。直接融资与间接融资的区别主要在于是否存在融资中介。直接融资即企业直接从市场或投资方获取资金,而间接融资是指企业的融资是通过银行或非银行金融机构渠道获取。

(1)直接融资渠道

综合管廊受益方主要是社会公众和管线单位,政府需要对公众利益负责,有主动发起和承担建设综合管廊的责任和义务。管线单位作为综合管廊的使用者,也有动力向综合管廊项目提供资金支持。

除了政府方和管线单位外,其他社会资本方也有动力参与。承建单位和管网运营单位可以通过向项目提供资金支持来发展自身业务;管道制造以及上游机械行业公司、仪器仪表以及其他公司是综合管廊的建设材料供货商,也有一定的动力通过参与项目建设来发展自身业务。

除了寻找合适的投资人外,还要充分利用资本市场,适时发行企业债、项目收益债、可续期债。

(2)间接融资渠道

间接融资渠道是比较传统的融资渠道,主要是通过政策性银行贷款、商业银行贷款、信托贷款获得资金。此外,金融机构也可以作为项目的直接投资者来规避放贷额度的限制,但由于受到监管机构对投资总额的限制和对风险的较严格控制,金融机构一般组成产业基金,以明股实债的形式参与项目投资。目前,国家正在酝酿养老基金和保险基金参与基建投资的政策,养老基金和保险基金的性质决定其具有追求规模大、期限长、收入稳定的投资,这和管廊项目融资需求相匹配。

2)综合管廊项目融资工具推荐

(1)城市发展投资基金

城市发展投资基金是将基金募集的资金投入到城市的建设发展中,包括 PPP 项目。

城市发展投资基金的交易结构和期限都比较灵活。期限一般在 3~7 年之间,期满可以再次募集。基金设有优先级、劣后级和赎回机制,优先级一般由金融资本认购,享有基金收益的优先分红权,一般按照商业银行同期利率上浮 2 个百分点(8%~10%)固定支付,期满由政府出资赎回或资产证券化;劣后级一般为财政资金和产业资本,享有基金收益的剩余分红权。在基金回报机制上,劣后级投资人作为优先级资产的担保方,增加项目信用,降低融资成本。

(2)企业债

企业债券的期限一般较长,为 5~30 年以上,目前多为 7~10 年;募集金额较大,一般在 10 亿元以上,期满可以再次募集,降低公司偿债压力;资金使用灵活,受监管和限制较少;发行条件宽松,没有担保物的强制性要求;融资成本较低,AAA 级发行成本和银行同期贷款利率相当,AA 级发行成本高出银行同期贷款利率 0.5~1 个百分点(发行成本会随着发行单位的累计债务增加而增加)。企业债主要在银行间市场交易,少量在交易所债券市场交易。

(3)可续期公司债

可续期公司债是指发行人在债券期满后有权选择续期,或是全额兑付。可续期债券在融资期限上更加灵活,如武汉地铁发行的"13 武汉地铁可续期债"(AA+)是我国首单可续期债券,发行利率为 8.5%,基本利差为 5.61%,债券以每 5 个计息年度为一个周期,即在本期债券每 5 个计息年度末,发行人有权选择将本期债券期限延续 5 年,或选择在该计息年度末到期全额兑付本期债券。可续期债的发行成本要高出普通债,15 京投可续债(AAA,5 年期)发行利率为 5.5%,基本利差为 2.1%,15 温州铁投(AA,5 年期)发行利率为 7%,基本利差为 3.37%。

(4)项目收益债

项目收益债券是由项目实施主体或其实际控制人发行的,与特定项目相联系的,债券募集资金用于特定项目的投资与建设,债券的本息偿还资金完全或主要来源于项目建成后运营收益的企业债券。项目收益债是针对有稳定收益的项目,且项目投资内部收益率原则上应大于8%;对于无收益的公益性项目,不满足发行项目收益债的条件(财政补贴超过项目收入的 50%)。

(5)金融机构贷款

金融机构贷款是城市建设发展最常见的融资方式,主要以银行贷款为主。政策性银行贷款成本相对较低(5 年期贷款基准利率),但是具有政策倾斜性和额度限制。

商业银行贷款、信托贷款、保险机构贷款和其他金融机构对贷款的审核比较严格,一是企业的信用评级,二是担保抵押物的要求。

(6)融资租赁

融资租赁是指出租人向承租人提供其所需要的设备或基础设施,承租人向出租人支付租金。在承租人还清本息之后,出租人将设备或基础设施的所有权转移给承租人。融资租赁的实质是以设备或基础设施为抵押的贷款,相比银行贷款而言,不需要提供较高的资信担保,也没有资本市场融资所要求的门槛限制,对于那些不能从银行或是资本市场获得融资的企业来说,融资租赁是较好的选择。

3)综合管廊项目融资模式

地下综合管廊的使用单位主要是电力、通信、广播电视、给水、排水、热力、燃气等市政管线单位。为鼓励七大管线单位付费入廊,政府需要加大力度协调管线单位,但由于管线单位往往属于省政府管(如电力、通信等),可能会造成阻力,政府可以允许管线单位入股项目公司。在采用PPP模式时建议政府以政府背景公司联合当地管线单位组成联合体,再引入具备资金实力、建设能力和经验的社会资本成立项目公司,作为综合管廊项目融资主体。地下综合管廊建设的不同阶段,可以采取不同的融资模式。

(1)初级建设阶段

建议先从产业园区试水,采用PPP建设模式中的BOT模式或者建设—拥有—运营(Building-Owning-Operation,BOO)模式。即由项目公司负责建设园区中的地下综合管廊,并且提供能源供应服务(如在园区建筑物顶层布放收集太阳能的装备并转化为电能为园区供电等),通过园区中的企业与居民支付能源费用、管线单位支付入廊费用等作为项目公司的回报。这个阶段,项目公司可以向银行申请PPP贷款或项目贷款。

(2)快速发展阶段

该阶段已有若干条地下综合管廊建成或投入运营,下一步应当考虑如何由点及面推广建设。建议从城市整体布局考虑,建立地下综合管廊建设基金,由项目公司引入社会资本、保险资金、银行资金等中长期资金作为优先级,并设置"5+5+N"的期限,允许优先级投资人在每5年行使重定价权并选择是否继续持有基金,允许优先级投资人的退出和加入,优化基金的流动性。

(3)成熟运营阶段

该阶段城市地下综合管廊基本建设完毕,当地项目公司主要进行管廊的运营。这时的资金需求主要是营运资金和改扩建资金需求。由于项目公司已经具有一定规模和实力,能够获得较高的外部评级,可以通过资本市场、债券市场融资,通过首次公开募股(Initial Public Offerings,IPO)、企业债、短期融资券、中期票据、项目收益票据等直融方式筹集资金,也可以通过PPP贷款等间接方式筹集资金。具备条件的项目公司可以开始考虑参与其他城市的项目竞标,这时可以通过并购债、并购贷款等来融资。

2.3 综合管廊运营管理模式

2.3.1 国外运营管理模式

1)日本

(1)行政管理模式

日本城市地下综合管廊建设中,政府起到了主要作用。1991年日本成立了专门管理综合管廊的部门负责推动综合管廊的建设。综合管廊作为道路的一个附属工程,建设资金由政府提供,管理由交通运输省下属专职部门管理。日本国会和政府参与管理综合管廊事务,政府相关部门负责,同时借助专家委员会的咨询力量,通过健全的咨询参谋和信息组织,形成国会、政府(国土交通省)和社会专家三方共同参与的管理体制。政府采用综合管理与专项管理相结合的方式,实现行政组织的科学化、合理化和法制化。

日本在中央建设省下设了 16 个共同管道科专门负责综合管廊的建设与管理,其主要职责为:管廊建设前期,负责相关政策和具体方案的制定;建设过程中,负责投资、建设的监控;管廊建成后,负责工程验收和营运监督等。

(2)运营管理模式

日本的综合管廊建设完成后,后期运营管理采取道路管理者与各管线单位共同维护管理的模式:综合管廊设施的日常维护由道路管理者(或道路管理者与各管线单位组成的联合体)负责,而城市地下综合管廊内各种管线的维护,则由各管线单位自行负责。日本综合管廊事故应急管理机制如图 2-6 所示。综合管廊的管理费用由政府与各管线单位共同承担,各管线单位承担的费用由其所属管线在综合管廊中所占的体积或面积综合确定。

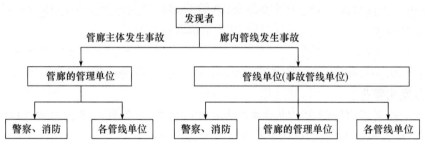

图 2-6　日本综合管廊应急管理机制

(3)管理规章制度

在日本每个存有综合管廊的地区都制定了适合自身区域特色的《综合管廊防灾安全管理手册》,该手册中一般均包含有"综合管廊管理要领"和指导日常维护管理的"综合管廊管理规则"及"综合管廊保安细则"等内容。各规则主要规定的内容有管线设备入廊的必要条件、钥匙的保管、联络及通报、应急处理、费用负担、定期巡视等。

2)新加坡

新加坡对综合管廊全程、全生命周期的管理,是新加坡综合管廊管理的最大亮点,也是它得以安全、平稳运维,令管廊投资方获得最大收益的可靠保证。

(1)管理组织结构

新加坡滨海湾综合管廊的管理组织结构(图 2-7)主要由国家发展局、市区重建局、管廊管理者(CPG FM)和管线单位组成,其中唯一业主为国家发展局,负责综合管廊建设资金的筹措;唯一管理代表部门为市区重建局,主要负责管廊建设的行政与质量管理;唯一运营管理主导公司为 CPG FM,负责管理管廊内各设施设备并收取管理费用。

(2)管线单位入廊的资格与义务

①入廊资格:只有受邀的管线单位才可加入和使用管廊,非核准及通过安全审核的人士不得进入管廊。

②入廊义务:管线单位需要分担管廊的营运与维修费用。综合管廊的建造费用由新加坡

政府承担,作为城市基本建设之一。

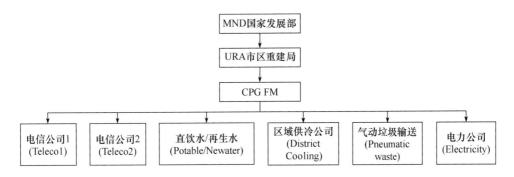

图 2-7 新加坡滨海湾综合管廊的管理组织结构图

(3)土地售卖招标文件控制管线入廊

①根据政府招标文件要求,中标者必须使用综合管廊在该区域的接驳口,而且需在投标的地块外,新建一个地下连接室能与管廊接驳口无缝对接,从而使综合管廊的公用事业能完全提供给该地块的建筑。

②根据政府招标文件,国家发展部会赋予 CPG FM 一定的权利以保证综合管廊不间断的正常运营。例如,中标者在建筑施工时影响到综合管廊的结构时,CPG FM 可以代表国家发展部给施工方发出警告。

③所有中标者不可以随意更改沙井或者安装口位置,如果沙井或者安装口高度影响到建筑发展,中标者需向国家发展局提出申请和上交设计图纸,直到拿到国家发展部的更改许可证,才可以更改沙井或者安装口的高度。

(4)管廊收费及费用分摊

①制定合理的收费标准,避免各方矛盾,保证管廊运维顺利进行。

CPG FM 提出每月收取的管廊运维费用需分为固定和特例费用两部分。每月固定运维费用由 CPG FM 核算出总数,并平均分摊给各个管线单位,再根据各个管线单位所占管廊空间的大小在每月平摊费用的基础上进行微调,尽量让所有管线单位达成共识。特例运维费用会根据每个管线单位的使用情况而定。

②采用银行自动划账的形式进行收费。

CPG FM 建议业主建立一个银行账户,然后用银行自动划账的形式,根据每个管线单位自己设定的时间,每个月自动从各个管线单位户头划账。这种方式节省了业主收费的人力和时间,而且确保了每个管线单位每月能按时交钱。

(5)全生命周期管理确保运维的可持续性

CPG FM 是新加坡管廊运营管理唯一主导公司,它以编写亚洲第一份保安严密及在有人操作的管廊内安全施工的标准作业流程(Standard Operation Process,SOP)手册为基础,建立起亚洲第一支综合管廊项目管理、运营、安保、维护全生命周期的执行团队,实现对综合管廊全程、全生命周期的管理。

其在管廊建设不同阶段的主要职责为:

①设计阶段。审查管廊安全系统设计、评估控制系统是否适应未来科技、评估管控运维平

台 IT 方案。

②施工阶段。审查将要施工的图纸,经过分析,批准施工。

③运维阶段。

a. 接管期:确认管廊范围、更新管理方法、更新存储资料。

b. 缺陷责任监测期:找出管廊缺陷、确认缺陷责任人、编写缺陷管理机制。

c. 运营维护工作期:系统运维管理、定期更新运维。

（6）系统运维确保管廊安全与效率

在综合管廊运维管理所涵盖的接管期、缺陷责任监测期、运营维护工作期等三个阶段,运维管理所包括的人员管理、设施硬件管理、软件管理三部分,均有标准流程手册进行指导和严格的考核机制作为保障。系统的、精细化的管理方法,有利于提前预测、排查、解决故障,延缓了设备、设施老化,延长了设备、设施的寿命,为投资方带来了更好的回报。

（7）运营和维护的主要内容

CPG FM 公司在运维阶段的主要职责:确立综合管廊的运营和维修标准操作流程;定期审计、审查现有工作流程;进行操作安全和安保的风险评估;确保完善的安全管制和管理体系到位;在接管新一段综合管廊时,先检验或测试综合管廊的设施质量;确保综合管廊的日常运作正常(维修及服务);确保综合管廊的结构得到妥当保护;综合管廊的用户和承包商的出入安全管理;开展年度风险评估、审计、培训和应急演练;审查电气装置和特低电压(ELV)安装的安全许可证等。

①综合管廊危机管理

建立火灾和水淹应急预案、停电应急预案、暴力事件应急预案、传染病应变计划、烟霾(严重空气污染)应急计划、事故报告模式等应对综合管廊突发事件。

②综合管廊安全管理

a. 管廊内的安全考量

由于 CPG FM 拥有多年的管理经验,政府负责部门邀请 CPG FM 帮助规划编写一个标准操作流程,其中包括有人操作管廊的安全措施和应对措施(包括软件和硬件),以及操作人员出入管廊的各种安全考虑,建议在管廊内设置各种最新科技来全天 24h 不停监控廊内的状况。

b. 保证管内操作人员安全措施的实时监控科技和管内工作环境的安全水平

由于新加坡是亚洲首个有人的综合管廊,其操作流程比无人管廊的操作流程要复杂得多,而且通风口、安全口逃生梯、工作人员办公室、廊内空气质量等考量需要在设计阶段就要确定。CPG FM 提出需要使用实时管内环境监控软件和随身携带空气探测器,以确保管内操作人员的安全(图 2-8)。

c. 管廊外安全考量

为了解决附近土地开挖打桩而影响管廊结构稳固的问题,CPG FM 通过调查研究提出了两点解决办法:一是要求所有在管廊附近开挖的施工单位必须提交一份打桩的施工图纸给 CPG FM;二是由 CPG FM 的管理人员进行专业的分析后,才能开始施工。以上办法大大减少了管廊外部维修等不必要的花费和麻烦,有效地节约了运维成本。CPG FM 曾通过审查管廊周围建筑工地的施工图纸,发现该建筑施工会破坏管廊的结构,立即给予制止从而减少了损失。

另外,由于综合管廊在地下,很多沙井进出口很容易被其他建筑施工所覆盖,如图 2-9 所示。为了避免这个问题,CPG FM 建议在沙井盖周围装上传感器,以便当沙井口被覆盖时,工作人员能在最短的时间做出反应。

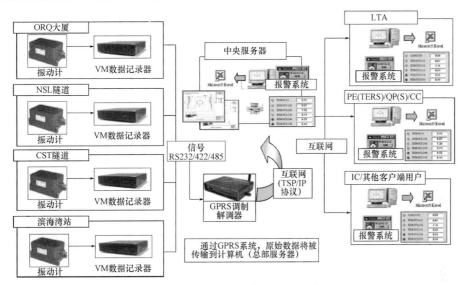

图 2-8　新加坡综合管廊实时监控系统

a)　　　　　　　　　　　　　　　　b)

图 2-9　沙井进出口被其他建筑施工所覆盖

(8)综合管廊管理的鞭策性的招标机制

因有政府每三年对管廊管理团队进行招标的鞭策机制,滨海湾管廊的运维机制、管理方法也在不断完善。

(9)打造智慧运维平台,为管廊生命注入新活力

运维智慧平台建设是个系统的研究、实施过程,将从以下四个方面展开:一是集中式的绩效管理平台,包括智能能源监测、智能照明、智能保安、智能运营等,这个平台能实时跟踪整个管廊的重要设备,减少开支、增加效率;二是可持续的管廊内部环境技术,包括环境监测、通风系统监测、空气质量、施工条件等;三是集中式数据库解决方案,包括智能数据存储、提高能效、可持续性和容量可变化性、运行速度快和系统可靠性等,可以不断分析改善管廊条件;四是智能监控仪表盘,可以融合所有监控系统,只显示管理人员所需要的信息。

此外,法国、英国等欧洲国家的综合管廊建成后以出租的形式提供给管线单位,实现投

资的部分回收。由市议会讨论并表决确定当年的出租价格,可根据实际情况逐年调整变动。这一分摊方法基本体现了欧洲国家对于公共产品的定价思路,充分发挥民主表决机制来决定公共产品的价格,类似于道路、桥梁等其他公共设施。欧洲国家的相关法律规定一旦建设有城市地下综合管廊,相关管线单位必须通过管廊来敷设相应的管线,而不得再采用传统的直埋方式。

2.3.2 国内运营管理模式

我国现阶段已经建成的综合管廊中,广州大学城综合管廊是由广州大学城投资经营管理有限公司委托广钢下属的一个机电设备公司进行管廊管理。佛山新城管廊由管委会(开发建设有限公司)下属的新城物业发展有限公司管理运营,新城物业发展有限公司再委托专门物业公司管理管廊。杭州西湖管廊是电力专门管廊,电力管廊建成后由西湖区政府无偿交杭州市供电公司管理维护。上海综合管廊采用的是政府全权出资的模式,项目建成后由政府部门直接委托专业物业公司管理,如世博会的管廊已移交市政管理局管理,安亭新镇的管廊也由市政主管部门委托专业公司管理。由此可见,现阶段综合管廊运营的模式主要有以下四种。

(1)特许经营运营管理模式

获得政府特许经营权的企业,可以采用"投资—建设—经营—移交"的运行管理模式。具体内容涉及项目投资额、建设周期、经营期、收取使用费内容及标准和核定、投资回收率及投资回收期、项目物权属性等,由授权合同内容而定。这种模式下政府不承担综合管廊的具体投资建设以及后期运营管理工作,所有这些工作都由被授权委托的企业负责。

(2)国有项目法人公司运营管理模式

按照《中华人民共和国公司法》(以下简称《公司法》)及相关各专业资质的规定出资组建综合管廊投资经营有限责任公司,并可邀请进入管廊的管线专业公司共同发起组建,或者也可邀请社会其他投资主体共同出资组建,公司独立核算、自主经营、自负盈亏、保值增值,接受国有资产管理部门的监督管理。

(3)市场化运营管理模式

由政府授权的国有资产管理公司代表政府,以地下空间资源或部分带资入股,并通过招商引资引入社会投资商,共同组建股份制项目公司。按《公司法》及相关各专业资质的规定以股份公司制的运作方式进行项目的投资建设以及后期运营管理。公司独立核算、自主经营、自负盈亏,与其他同行开展竞争,并接受政府相关部门的监督管理。

(4)特许经营与国有项目法人公司控股相结合的模式

由政府特许授权,项目法人公司牵头联合各专业管线公司,按照各自投资建设份额作为相应比例的公司股份,建立项目投资经营有限责任公司。公司独立经营、自负盈亏。项目公司以政府授权的特许经营权为保证,向商业银行筹措资金,建设综合管廊项目;各管线专业公司自行承担各自的管线建设资金;综合管廊内的管线由项目公司负责日常维护和管理,由各专业管线公司向项目公司支付使用费、维护费和更换修理费。苏州综合管廊采取的是这种运作模式。

以这几种模式为基础,各地根据自身的实际衍生出多种具体的操作方法。

2.3.3 城市地下综合管廊运营管理经验

1）台湾地区

（1）建设与使用费分摊

我国台湾地区综合管廊的建设与维护管理费用由政府和管线单位共同分担,工程建设经费分摊为工程主办单位负担三分之一,管线事业单位负担三分之二,其中各管线单位以各自所占用的空间以及传统埋设成本为基础,分摊建设费用。管理维护经费分担方式为由各管线事业机关于完工后第二年起平均分摊总管理维护费用的三分之一,另三分之二由各管线事业机关依使用时间或次数、占用的管廊空间等比例分摊。

（2）主管机构的设置与管理办法的制定

台湾地区所谓"共同管道法"规定,共同管道由各主管机关管理,必要时委托投资兴建者或专业机构代为管理。因此台湾地区各级行政机构均设立了专门的主管部门负责管廊的管理和协调工作,并负担相应的开支。

2000年之后,台北市、高雄市、台中市等地陆续制定了共同管道的管理办法,使得共同管道的使用管理逐步走上规范化的道路。管理维护的内容主要包括以下几项:维护查核、进入申请与许可、经费管理、财产设备管理等。例如,台北市的共同管道管理维护系统由11个子系统构成(图2-10),对于共同管道的进入或复原使用管理,以及设备财产的维护管理等具体工作都制定有详细的规范流程(图2-11、图2-12)。

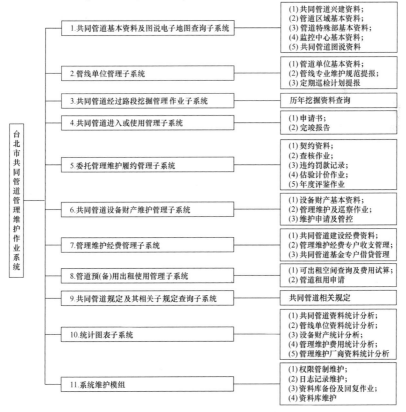

图2-10 台北市共同管道管理维护作业系统架构

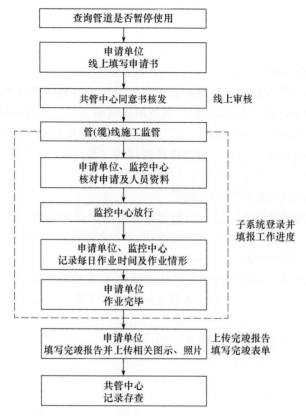

图2-11 台北市共同管道进入或复原使用管理子系统

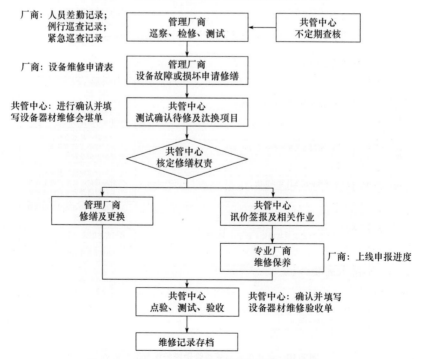

图2-12 台北市共同管道设备财产维护管理系统流程图

2）广州大学城综合管廊

广州大学城位于广州西南小围谷岛,综合管廊沿岛随道路呈环形布置,全长约18km。综合管廊总投资约4亿元,管廊容量为远期规划扩容保留了一定的预留空间。该综合管廊由广州大学城投资经营管理有限公司投资建设,该公司性质相当于政府投融资平台公司。

为合理补偿广州大学城综合管廊工程部分建设费用及日常维护费用,经广州大学城投资经营管理有限公司报请广东省物价局批准,可以对入廊的各管线单位收取相应费用。综合管廊管线入廊收费标准参照各管线直埋成本的原则确定。对进驻综合管廊的管线单位,一次性收取的入廊费按实际铺设长度计取。具体单位长度收费标准为:

（1）饮用净水水管（直径600mm）每米收费标准为562.28元。

（2）供热水水管（直径600mm）每米收费标准为1394.09元。

（3）其他用水水管（直径400mm）每米收费标准为419.65元。

（4）供电电缆每米收费标准为102.70元。

（5）通信管线每米收费标准为59.01元。

广州大学城综合管廊日常维护管理费用是根据各类管线设计截面空间比例,由各管线单位合理分摊的原则确定。具体收费标准见表2-2。

综合管廊日常维护费用收费标准 表2-2

管线	饮用水	供电	通信	杂用水	供热水	通信电缆
截面空间比例（%）	12.70	35.45	25.40	10.58	15.87	每条（现行）
收费金额（万元/年）	31.98	89.27	63.96	26.64	39.96	12.79

3）昆明市综合管廊

（1）管线入廊及收费

昆明市综合管廊按照进入管廊内的管线数量和长度进行收费,目前管廊内的管线容量约为总容量的50%,收取管线入廊费大约5亿元,其中大部分是电力部门缴纳。由于电力行业处于行业垄断的强势地位,电力管线入廊谈判的推动较为困难,昆明城投公司依托昆明市政府通过和昆明电力公司进行谈判,论证在电力管线入管廊建设成本核算、技术可行性和可靠的安全运行保障等方面电力线路在综合管廊内的优势,并积极争取南方电网公司乃至国家电网公司的支持才得以促成双方的合作。

（2）管廊产权、使用权界定及其产生的影响

昆明市的综合管廊在管线入廊前产权属国有,在收取入廊管线入廊费后,管廊的产权界定涉及了管廊运行和维护管理费用的收取问题。管廊业主昆明城市管网设施综合开发有限责任公司认为综合管廊产权国有,运营商缴纳入廊费后只拥有管廊内特定局部空间的使用权。运营商认为缴纳入廊费与管线直埋的土建成本基本持平甚至略高,却没有得到管廊的产权政策有失公平。另外,只有管廊使用权,管廊的运行维护费该不该由运营商负担需要进一步讨论,通过政策层面加以界定。这些产权政策不明确,都会在管廊业主和管线单位等利益相关方之间造成争议,从而给管廊运营管理的顺利实施造成障碍。

（3）已建成管廊的维护和巡检管理

昆明城市管网设施综合开发有限责任公司下设的管理部负责管廊的日常维护管理,管理

现场设综合管廊控制中心,控制中心由维修部、线路巡检部、网络维护三部门组成,同时建立与城市执法和公安机关实时联动机制。维修部负责日常少量的维修任务,保修期间的堵漏和设备故障由施工单位和设备供应商负责,保修期以后较大规模的维修任务采取服务外包的形式。线路巡检部由劳务公司外聘人员组成,负责管廊内巡视,在管廊自动控制系统和检查井盖防入侵系统建设完成前采取全天24h不间断人员巡检,人员成本较高。已建成的43km综合管廊进行划段巡检保证各段管廊每周巡检一次。网络维护部负责控制中心值班、自动系统的维护管理等工作。

从昆明综合管廊的运营管理经验看:一是政府应委托全资国有企业作为产权单位拥有综合管廊的产权;二是政府应从政策制定和行政领域确保综合管廊的合理使用及效率;三是综合管廊的运营,尤其是收费必须以政府政策倾斜和支持为前提。

4)苏州市综合管廊

苏州市在综合管廊建设运营过程中,根据地下公共空间基础设施的独特属性,在规范项目运作、破解资金瓶颈、强化技术保障、提高运营市场化水平等方面大胆创新,探索形成了一些有示范、复制和推广价值的经验。

(1)设立了专门机构

早在2003年,苏州市就成立了具有独立法人资格的市管线管理所,全面负责市区地下管线开挖施工的协调管理。2005年,该所启动地下管线普查工作,建立大数据库,形成地下综合管线管理信息系统。2015年2月,成立由市长担任组长的市地下综合管廊工作领导小组,负责协调和决策地下综合管廊的重大事项,小组成员39名,涵盖了辖区各板块、各相关单位主要负责人。

(2)完善制度体系

综合管廊是一项事关城市长远发展的重要工程,必须在尽可能规范、完善的制度框架内推进。

在规划方面,编制完成《苏州市地下空间专项规划(2008—2020)》《苏州市地下空间规划整合(2012—2020)》,为地上地下规划之间的协调对接和地下综合管线的统一规划做好充分准备和探索性推进。

在法规方面,颁布实施《苏州市城市管线规划管理办法》《苏州市城市地下管线管理办法》《苏州市市政设施管理条例》,统筹加强对地下管廊规划、建设和安全运行的管理。

(3)推广智能管理

地下综合管廊不但要实现各类管线的空间物理集成,更重要的是能够提供更加经济、便捷的管理运营方式,用现代科技手段支撑城市承载力的提升。苏州市在综合管廊规划设计阶段,就确立了系统化、标准化、智慧化的目标,在铺设管线时同步建设全面的监控、感知系统,并为"智慧城市"信息系统留有接入口,方便日后对大面积地下管线实施统一综合管理。建成的综合管廊囊括消防、照明、排水、通风、通信、供电、监控感知、火灾报警等系统,可以通过一个终端对所有管线进行实时监控和调度管理,并具有自动监测、定位、提醒等多种功能,真正实现了信息化、一体化、智能化管理。

2.4 综合管廊定价标准和依据

2.4.1 建设运营成本分摊

（1）成本构成

综合管廊所涉及的成本包括建设成本和运营维护成本。建设成本包括本体建设和附属设施设备、管材费用和管线安装费用、拆迁和安置等配套费用。运营维护成本主要指人员工资、设备大修、日常检修维护费用、日常管理费用和相关税费。

（2）受益主体

综合管廊建设成本按照"谁受益谁付费"的原则分摊。综合管廊的受益主体有两类：一是管线单位，管线单位可以通过购买、支付租金的方式来付费，实现综合管廊的经济效益；二是公众，政府是公众利益的代表，可以通过投资、补贴的方式来分摊这部分建设成本，实现综合管廊的社会效益。我国台湾地区是按照"谁受益谁付费"的原则来分摊建设和运营费用，见表2-3。我国大陆地区目前还没有明确综合管廊的建设和运营成本分摊原则和分摊标准，目前常用的费用分摊方法见表2-4。

我国台湾地区综合管廊建设运营费用分摊方式   表2-3

建设成本分摊	运营维护成本分摊
管线单位承担传统敷设的费用，道路管理者承担剩余建设费用	道路管理者和管线单位共同承担（比例在法规中未定）
主管机关和管线单位由法规明确按照1：2比例分摊，管线单位之间根据管线空间占比和直埋成本两个因素再分摊	全部由管线单位承担。政府部门承担运维费用的1/3，剩余部分由各管线单位按照使用频率及占用空间比例两个因素再分摊

综合管廊费用分摊方法   表2-4

费用分摊方法	分摊原理	较适用的费用类型
平均分摊法	总成本平均分摊至各相关单位	维护管理费
比例分摊法	总成本依各相关单位的分摊因子分配	主体建设费
		附属设施费
		维护管理费
修正增量配置法（有分摊因子）	各单位除负担其边际成本外，另依其分摊因子分摊共同成本	主体建设费
		附属设施费
修正增量配置法（无分摊因子）	各单位除负担其边际成本外，另平均分摊共同成本	主体建设费
		附属设施费
边际成本剩余效益法	各单位除负担其边际成本外，另依剩余效益分摊共同成本	主体建设费
		附属设施费

费用分摊方法	分 摊 原 理	较适用的费用类型
雪普利发	以各单位相对于各种管线子集 S 的边际成本平均值作为其分摊金额	主体建设费
		附属设施费
核心法	以核心解为各单位分摊金额,包括其边际成本及部分共同成本	主体建设费
		附属设施费

2.4.2 定价依据

《国务院办公厅关于推进城市地下综合管廊建设的指导意见》(国办发〔2015〕61 号)明确综合管廊有偿使用,入廊管线单位应向地下综合管廊建设运营单位交纳入廊费和日常维护费,具体收费标准要统筹考虑建设和运营、成本和收益的关系,由地下综合管廊建设运营单位与入廊管线单位根据市场化原则共同协商确定。除此之外,还需要考虑综合管廊建设区域是否已有管网存在。

(1)入廊费用

入廊费用主要依据管廊本体及附属设施建设成本,以及各入廊管线单独敷设和更新改造成本。我国大部分已建成的管廊都是参考管线单位的直埋成本定价,例如佛山入廊费用收取直埋成本的 120%。建设综合管廊成本和入廊收入之间的差额由政府补贴。

(2)运营维护费用

从综合管廊运维费用的构成来看,大体可分为管廊自身的运营费用与所收容管线的运营费用。综合管廊自身的各类运营费用由管理公司统一承担,而管线自身的安装、运营、维护费用、折旧费用由各管线单位自行承担。因此,以下讨论的运营维护费用是指综合管廊自身的运营费用,不包含管线的维护费用。

(3)综合管廊区域已有管网情况的收费依据

针对新区建设(没有敷设管网)综合管廊和老城区(已敷设管网)建设综合管廊的情况,要区别对待、公平合理。对已经敷设管网的情况,考虑到原有管网的经济价值,政府可以根据管网使用年限和折旧情况给予剩余价值补贴,或者政府对于管线由廊外移至廊内的费用给予一定补贴。

2.4.3 定价标准

我国目前还未有对综合管廊定价标准加以明确,国内大部分综合管廊免费使用,或是收取部分租金维护日常运营。借鉴日本和我国台湾地区在综合管廊运营管理方面的经验,基于我国综合管廊发展现状,按照"谁受益谁负责"的原则确定综合管廊定价标准。

(1)入廊费用

入廊费用有两种定价方式:一是直埋成本;二是按照综合管廊建设成本的 2/3 分摊。

入廊费用=各管线单位的直埋费用

或:入廊费用=[总建设成本(不包括管材费用和安装费用)+社会资本的(银行资本)要求收益率]$\times\frac{2}{3}\times$各自分摊比率

政府补贴＝总建设成本(不包括管材)+社会资本(银行资本)要求收益率−管线单位缴纳的入廊费用

(2)管线单位的分摊比例确定

管线单位的分摊比例按照管线单位直埋成本和截面空间两个因素决定,权重分别为70%和30%。

管线单位分摊比率＝管线单位直埋成本占比×70%+管线截面空间占比×30%

参照广州市2005年公布的综合管廊收费标准,经计算收费标准见表2-5。

表 2-5

广州市 2005 年综合管廊收费标准

管 线 种 类	直埋成本占比(%)	截面空占比(%)	分摊比例(%)
饮用净水水管(DN600)	14.08	12.70	13.67
杂用水水管(DN400)	10.51	10.58	10.53
供热水水管(DN600)	34.91	15.98	29.23
供电电缆(10孔)	25.72	35.45	28.64
通信管线(10孔)	14.78	25.40	17.96

可以看出,供热单位和电力单位的分摊成本较高,达到30%。随着管线单位数量的增加,各管线单位分摊比率会下降很多。

(3)运营维护费用

运营维护费用采取成本导向法计算,包括日常运营维护费用、前期建设费用未费用化部分的折旧费用和投资者要求的收益,扣除政府在运营期的补贴。

运营维护收费＝运营维护成本+综合管廊建设成本未费用化部分的折旧−政府运营补贴

综合管廊建设成本未费用化部分的折旧＝总建设成本(不包括管材)+社会资本(金融资本)要求收益率−入廊费用−政府建设投入。

2.4.4 收费方式

根据上文对综合管廊费用构成的分析,综合管廊的收费主要包括管位占用费和运营维护费,对这两种费用不同的补偿方式,就构成了综合管廊相应的收费方式。

(1)入廊费

由于其主要是为了补偿综合管廊的建设成本,其总体需要补偿的费用已经发生,因此,收费方式可采取一次性买断式和租用式两种。对于有实力的管线单位愿意一次性买断足够的管位空间以备今后扩容的需要,而对于今后扩容倾向不强的管线也可根据当前的管位空间大小按一定年限支付租用费,这样做可以减轻这部分费用对于管线单位的"脉冲"效应,是给予管线单位的优惠,以吸引更多的管线单位进入。此时,需要注意的是,如果今后有扩容需求,可能会因管位空间的稀缺性而要支付更多的费用才能取得扩容空间。

(2)运营维护费

综合管廊的运营维护费,其性质类似于物业管理费,按照其发生的性质,根据"当期发生当期收费"的原则,即在一段时间内发生的费用在这段时间的期末进行收取,对于每个管线单位需要承担的具体费用再按照分配因子进行分配。

以新加坡滨海湾综合管廊为例,CPG FM 提出每月收取的管廊运维费用分为固定和特例费用两部分,每月固定运维费根据管线单位所占管廊空间的大小在每月平摊费用的基础上进行微调,特例运维费用根据管线单位的使用情况而定。比如该月份需要增加新的水管而增加管廊的运维费用,CPG-FM 会代表业主向供给水单位收取该月额外的运维费用。

2.5 PPP 模式下地下综合管廊建设与运营管理

在我国,要想建设综合管廊也要立法先行,首先对于地下空间的所有权应该有法律规定归属国家所有,然后政府组织专门的机构对地下空间的规划、设计及建设进行统一管理,并且综合管廊建设成功后政府要利用行政手段保证各管线单位的使用。对于政府建设综合管廊可以使用寻找合作伙伴的方式,政府在深入分析综合管廊的可经营性部分及社会公益性部分的组成。对于可经营性部分引入民间资本来进行建设和经营,引进民间资本的同时可以引入私人的管理经验,使综合管廊运营更加高效。鉴于以上分析,在综合管廊的建设及运营管理过程中使用 PPP 模式是一个很好的选择,下面就对 PPP 模式下综合管廊的建设与运营管理进行分析。

2.5.1 项目运作模式

市场化进程中催生了多种 PPP 模式,私人部门参与公共项目的阶段及参与的程度不同,PPP 模式的类型就不同,根据私人部门参与项目的程度不同,PPP 模式的类型有 BOT、TOT、ROT、BOO、BTO、委托运营、管理合同、股权合资等多种形式(图 2-13)。PPP 项目没有最佳的固定模式,每个 PPP 项目都应该根据自身特点和参与者的管理、技术、资金实力等,选择合适的模式并对之进行优化调整。具体运作方式可以根据收费定价机制、项目投资收益水平、风险分配基本框架、融资需求、改扩建需求和期满处置等因素的实际情况,在 DBFRLOMT 几个模块中合理组合,即设计融资、建设、融资、更新、租赁、运营、管理、移交几个模块和重要环节。

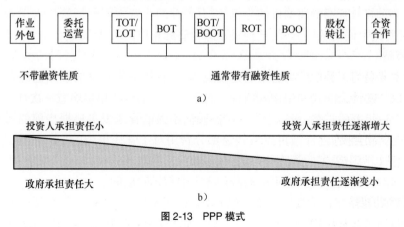

图 2-13 PPP 模式

(1)BOT 模式(建设—运营—移交)

在 BOT 模式下(图 2-14),政府与社会投资人签订 BOT 协议,由社会投资人设立项目公司具体负责地下综合管廊的设计、投资、建设、运营,并在运营期满后将管廊无偿移交给政府或政府指定机构。运营期内,政府授予项目公司特许经营权,项目公司在特许经营期内向管线单位收取租赁费用,并由政府每年度根据项目的实际运营情况进行核定并通过财政补贴、股本投入、优惠贷款和其他优惠政策的形式,给予项目公司可行性缺口补助。

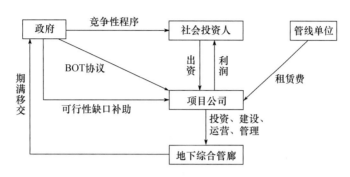

图 2-14 综合管廊 BOT 模式

其中,项目公司向管线单位收取的租赁费用可以包括两方面:一是管廊的空间租赁费用,如电力单位等管线铺设专业性要求较高的,可以租用管廊的空间,自行铺设和管理管线;二是管线的租赁费用,如供水、供热等单位可直接租用管廊内已经铺设好的管线进行使用,由项目公司进行维护和管理。

(2)TOT 模式(移交—经营—移交)

对于政府现有的存量项目,可以采用 TOT 模式进行运作。在 TOT 模式下,政府将项目有偿转让给项目公司,并授予项目公司一定期限的特许经营权,特许期内项目公司向管线单位收取租赁费,并由政府提供可行性缺口补助,特许期满项目公司再将管廊移交给政府或政府指定机构,具体模式与 BOT 类似。

(3)BOO 模式(建设—拥有—运营)

在 BOO 模式下,政府与社会投资人签订 BOO 协议,由社会投资人设立项目公司具体负责地下综合管廊的设计、投资、建设、运营,政府同时授予项目公司特许经营权,项目公司在特许经营期内向管线单位收取租赁费用,并由政府向其提供可行性缺口补助。特许期满后地下综合管廊的产权属于项目公司所有,项目公司可以通过法定程序再次获得特许经营权,或将管廊出租给其他竞得特许经营权的经营者。

(4)BLT 模式(建设—租赁—移交)

在 BLT(Build-Lease-Transfe,建设—租赁—移交)模式下(图 2-15),政府与社会投资人签订 BLT 协议,由社会投资人设立项目公司具体负责地下综合管廊的设计、投资、建设,建成后由项目公司租赁予政府或其指定实体,由政府负责经营和管理,政府向项目公司支付租赁费用。租赁期满后,项目公司将管廊移交给政府或政府指定机构。

在国务院最新规定出台之前,BLT 模式有其适用空间,但在最新的政策环境下,《国务院办公厅关于推进城市地下综合管廊建设的指导意见》明确综合管廊有偿使用,入廊管线单位应向地下综合管廊建设运营单位交纳入廊费和日常维护费,如果出租给政府,政府收取入廊费,则和现有的规定冲突。

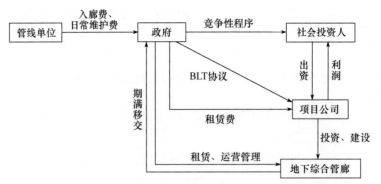

图 2-15　综合管廊 BLT 模式

2.5.2　项目操作流程

PPP 项目操作流程一般包括项目识别、项目准备、项目采购、项目执行、项目移交五个阶段,实施的流程如图 2-16 所示。

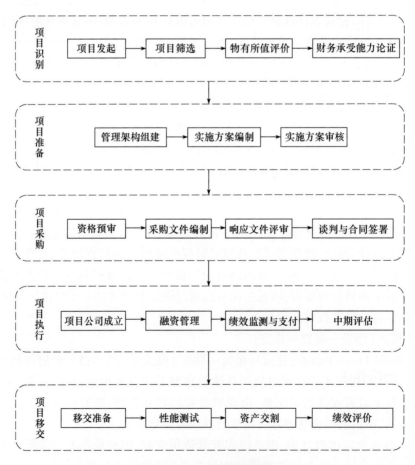

图 2-16　PPP 项目实施的流程图

以 PPP 模式运作的综合管廊项目可划分为四个阶段。

对于在每个阶段中公共部门与私人部门的职责,在表 2-6 中做了详细的讲述。

PPP 模式在综合管廊中运作流程 表 2-6

阶　段	流　程	政　府　职　责	SPC　职　责
前期分析	项目选择 → 可行性分析	(1)项目确定; (2)对公共管廊引入民间资本;进行可行性分析	
确定统计过程控制 (Statisoical Process Control,SPC)	招标 → 投标 → SPC初选 → 谈判、签约 → SPC正式注册	(1)发布招标文件; (2)对投标书进行评估; (3)SPC 初选; (4)与 SPC 谈判; (5)签订 PPP 协议	(1)筹备成立 SPC; (2)组织进行项目的可行性研究; (3)与相关单位达成合作意向; (4)投标; (5)与政府谈判签约; (6)注册成立
开发运营	项目开发 → 项目运营	监督、支持	(1)与合作单位签订正式合同; (2)组织项目开发; (3)组织项目运营
转移中止	项目移交 → SPC清算	(1)接管基础设施; (2)自己运营或重新寻找运营商	(1)项目移交政府; (2)SPC 清算解散或寻找参与新的项目

2.5.3　合同体系

PPP 的实质是政府与社会资本通过市场机制、基于特定项目、以合同形式建立的、旨在增加公共产品和服务供给的合作关系。PPP 项目的合同体系(图 2-17、表 2-7)主要包括项目合同、股东合同、融资合同、工程承包合同、运营服务合同、原料供应合同、产品采购合同和保险合同等。项目合同是其中最核心的法律文件。项目边界条件是项目合同的核心内容,主要包括权利义务、交易条件、履约保障和调整衔接等边界。

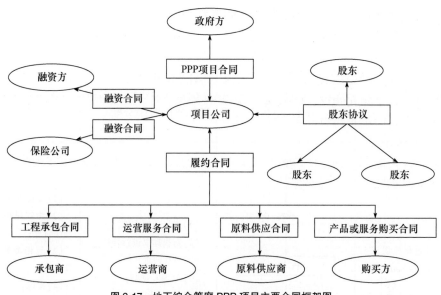

图 2-17 地下综合管廊 PPP 项目主要合同框架图

地下综合管廊 PPP 项目主要合同体系 表 2-7

类似合同名称	签约甲方	签约乙方	关键内容
合作协议	政府实施机构	中标社会资本	社会资本投资设立项目公司,提供融资、技术、管理等支持
项目投资建设运营维护服务协议	政府实施机构	项目公司	融资、建设、运营、维护、收费、移交
股东协议	中标社会资本各方(及政府出资方,如有)		投资设立项目公司
公司章程	项目公司股东(中标社会资本各方(及政府出资方,如有))		设立项目公司及法人治理结构
融资合同	项目公司	债务资金提供方	融资
设计合同	项目公司	设计单位	设计
施工合同	项目公司	施工单位	施工建设及交付
采购合同	项目公司	供应商	货物和服务提供
保险合同	项目公司	保险公司	相关保险
	施工单位	保险公司	建设过程中各项保险

2.5.4 运营管理

地下综合管廊的管线包含了不同的拥有主体,各管线的拥有者在使用管道时会涉及不同主体的权益,所以要想管理好地下管廊的运营,就需要建立一个强有力的管理主体。在运营期,不论是对地下综合管廊的运营采用建设补偿期模式还是运营补偿期的运营模式,地下综合管廊的拥有者都可以自己组建运营管理公司,也可以委托专业的管理公司对地下管廊进行运营管理。

1)地下综合管廊运营管理公司的职责与管理组织结构

综合管廊运营管理公司成立的目的是在综合管廊建设和运营过程中承担综合管廊内设施设备的维护管理、技术管理等工作以确保综合管廊内所有设施、设备安全顺利地运行,并且作为资产经营的代表,与各专业管线单位签订管廊使用协议和管理服务协议,收取综合管廊的使用费和运行服务的物业管理费,以确保综合管廊的良性发展,使其在城市发展的过程中发挥其作为城市基础设施的重要作用。

(1)公司的职责

管理运营公司的职责就是维护和保障地下综合管廊在整个寿命期内的正常运行,因此运营管理公司应有如图2-18所示的职责。

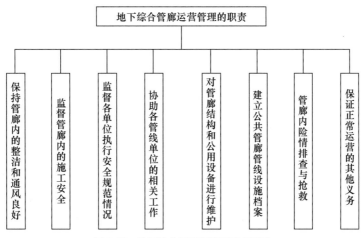

图2-18　地下综合管廊运营管理的职责

(2)公司的组织结构

地下综合管廊运营公司的部门设定及人员的确定应本着机构精简、责任明确、满足公司的正常运营要求来设置,其主要部门设置如图2-19所示。

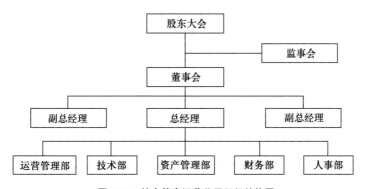

图2-19　综合管廊运营公司组织结构图

2)公司运营的财务制度

若地下综合管廊的拥有者委托专业的运营管理公司对地下综合管廊进行管理,此时运营管理公司有两种财务制度可供公司选择:一种是按照地下综合管廊维护结算单位面积定额标准进行结算;另一种是地下综合管廊运营管理公司将地下综合管廊收取的使用费与物业管理费一并上交给地下管廊的所有者,对于地下综合管廊发生的费用支出均由管廊的所有者支付,并且向运营公司支付一定的管理费。

2.5.5 收费方式

1)影响地下综合管廊收费的因素

(1)政府给予的补贴额度

政府的补贴额度直接影响地下综合管廊收费的其他因素。通过上述分析,不同城市的地下综合管廊的建设产生的直接效益和间接效益是不同的,并且对于内部收益小,间接收益大的管廊项目,投资者要承担很大的收益风险,可能会导致投资者的巨大亏损。因此对于间接收益大的管廊项目就需要采取谁受益谁付费的原则来弥补前期的投资。所以地下综合管廊的间接收益就需要通过政府的补贴形式来完成。在财政补贴的过程中政府应本着公平公正的原则对投资者进行补贴,不能由于财政紧张压低补贴额度。日后政府在不断摸索中要建立对地下综合管廊的费用补贴政策机制,推动地下综合管廊的健康发展。

(2)管廊使用者对综合管廊收费的要求

对于管廊的使用单位来讲,使用地下综合管廊的目的在于后期对管线的维护、维修、扩展更加方便和经济,减少了管线后期运作的开挖和由于突发情况带来损失的费用。但是相对于管廊的方便性而言,管线单位更注重的是:使用管廊后的成本是否增加,增加后的成本是否能在短期内补偿回来。因此在制定管廊使用费用时一定要考虑管线单位的经济承受能力。另外,各管线单位产生的效益不同,对管廊使用的频率不同,所以在制定收费标准时,应综合考虑这些因素。

(3)管廊投资者对投资收益率的要求

任何投资的目的都是获得一定的收益与回报,对于地下综合管廊也是如此。投资者最看重的是投资收益率,投资收益率越高对投资者越有利。但是对于市场经济规律而言,投入的项目会根据资金投资的额度、期限、性质的不同,对投资收益率高低产生不同的影响。因此要根据资金的结构比例考虑投资者的风险收益率,确定一个合理的投资收益率。

(4)地下综合管廊特许经营年限的长短

地下综合管廊运营公司从政府手中获得的运营年限越长,所获得的投资收益就会越大、越稳定。企业的投资收益期就会长一些,对管线单位而言每年投入的成本就会降低一些。如果运营管理公司获得的运营年限较短,投资者为了尽快收回投资,会出现企业经营短期化,导致管廊使用单位的成本压力增大。因此对于管廊经营年限的确定,政府部门应该综合考虑各方利益,制定合理的管廊经营年限。

2)PPP 模式下地下综合管廊收费思路

PPP 模式下地下综合管廊收费可以采取"双租金+政府补贴"的模式。综合管廊在 PPP模式下收费时需要考虑各方面的因素并权衡各方的利益,首先投资者投资综合管廊是为了获得预期的收益,投资者根据资金的来源及项目风险的大小综合制定了项目投资的收益率,在管廊的规划设计期对管廊未来使用者的数量进行了预测,由于各种管线的专业性较强,所以在进行综合管廊设计时也是在与各管线单位充分沟通的前提下进行的。投资者在考虑自己的建设及运营成本后,确定可以接受的收费价格。但对于管廊的使用者管线单位在考虑自身直埋成本的因素下有一个自己愿意支付的价格。本着谁受益谁承担费用的原则,公共管廊的费用承担主体是政府部门和管线单位,如果让管线单位承担全部的建设费用,会打击管线单位进入管廊的积极性,所以定价的过程需要政府部门参与协调,并且在定价过程中要考虑政府部门应该承担的费用部分。综合管廊的建设具有一定的社会效益和环境效益,政府部门应该为管廊的这些外部效益部分付费,如果政府部门补贴的力度合适,管线单位就不用为政府的外部效益买单,仅对管廊产生的对自身有影响的内部效益付费,所以政府愿意支付的补贴水平对于公共管廊的定价及管线单位的入廊积极性具有明显的影响。

综上,PPP模式下的"双租金"收费制的租金差值应由政府部门来补足。政府的补贴方式可以有两种:一种补贴方式是直接补贴运营管理公司,可以为直接现金流形式的补贴,也可以为期权式的补贴。政府可以把公共管廊带来的沿线的利益以优先开发权的形式给予PPP公司中的私人单位优先开发。另一种补贴方式是直接给予管线使用单位,每年把使用公共管廊造成的年费用增加额直接给予管线使用单位,这样使管线使用单位在其成本增加不太多的情况下,后期管理还可获得较大的方便及较多的隐形收益。

2.5.6 应用案例

六盘水市是"全国10个首批地下综合管廊试点城市"之一,获得中央9亿元的资金支持。实施综合管廊试点项目总长39.69km,由14条路的17段管廊组成,位于六盘水市中心区。为解决管廊建设所面临的资金、技术及将来的运营管理问题,六盘水市采用PPP模式面向全社会公开招标,招募潜在社会投资人。项目总投资29.94亿元,建设期为两年,由六盘水市保障性住房投资公司(即住投公司)代表政府与中标社会投资人组建项目公司共同投资、建设、运营、维护管廊项目。项目公司通过向入廊企业收取廊位租赁费、管廊物业管理费以及获得政府可行性缺口补贴等方式取得收入,以补偿经营成本、还本付息、回收投资、应缴税金并获取合理投资回报。项目运作结构如图2-20所示。

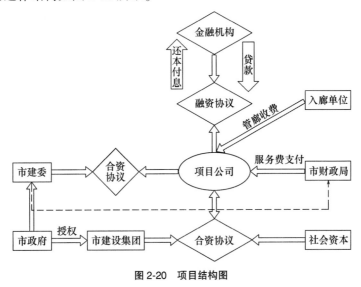

图2-20　项目结构图

管廊建成后的运营与收费方式如下：

（1）廊位租赁费定价机制。廊位租赁费按各种拟入廊管线传统直埋成本，并考虑资金占用年成本（8%），分28年等额支付的办法计算得出，金额估算为7325万元/年；廊位租赁费由各管线单位按传统敷设方式土建投资的比例进行分摊。

（2）管廊管理费定价机制。参考同类项目运营费用现状，结合六盘水市实际情况，综合考虑专用截面分摊法和直埋成本分摊法，对这两种方法的结果取平均值得到本方案综合管廊管理费的分摊比例。

（3）政府可行性缺口补贴。为保证项目的财务可行性，项目运营期内，政府根据项目全生命周期成本、经营收益、价格调整机制、项目公司经营的质量等因素，每年向项目公司提供缺口补贴。政府可行性缺口补贴金额的多少，将在选择投资者时，作为招标条件或谈判条件，由各意向投资机构竞标产生。

第3章 城市地下综合管廊规划

3.1 概述

综合管廊是一种新型的集约化城市市政基础设施,具有突出的使用优点,规划是综合管廊充分发挥效益的前提和基础。综合管廊规划指的是城市各种地下市政管线的综合规划,其线路应符合城市各种市政管线布局的基本要求。

在规划编制前,应明确编制的目的、依据和原则,确保综合管廊规划与城市总体规划、管线综合规划、市政专项规划、控制性详细规划和城市地下空间规划相协调。规划的主要内容应包括规划可行性分析、目标及规模、建设区域、系统布局、管线入廊分析、断面选型、三维控制线划定、重要节点控制、配套设施、附属设施、安全防灾、建设时序、投资估算及保障措施等。

科学地确定综合管廊的建设规模,是保证规划编制的合理性及可行性的基础。综合管廊工程建设应遵循"规划先行、适度超前、因地制宜、统筹兼顾"的原则,充分发挥综合管廊的综合效益。综合管廊建设规模包括总建设规模及分期建设规模。可通过借鉴国外成功经验,采用对比法和比例法,对综合管廊建设规模进行预测,科学合理地确定城市综合管廊的建设目标和规模。综合管廊主要分布于城市的重要节点、重要线路、重要区域,可分为新城区、老城区、重要节点三类地区分类展开,并结合轨道建设、道路新建、市政管道改造、高压地下线及地下空间开发计划,选择合适的时机实施建设。综合管廊布局与城市的建设理念及路网紧密结合。应根据城市功能分区、空间布局、土地使用、开发建设等,结合道路布局确定管廊的系统布局和类型,最终在城市主干道下面形成与城市主干道相对应的地下管线综合管廊布局形态。在国内外综合管廊案例中,廊中容纳的管线数量和种类各不相同。纳入综合管廊的管线主要有电力电缆、通信电缆、给水管道、热力管道、燃气管道、排水管道、供冷供热管道及垃圾气体输送管道等。从国内外综合管廊使用情况来看,将给水管道、电力电缆、通信电缆、输水管道纳入综合管廊考虑经济且合理,而是否将雨污水管道及燃气管道纳入综合管廊还应该根据实际情况具体分析。管廊断面的类型必须依据埋置深度、地形、地貌等地质条件以及施工方法来确定。同时对于三维控制线、重要节点、配套设施和附属设施的规划也不容忽视。

3.2 综合管廊专项规划

3.2.1 编制目的、依据和原则

1）编制目的

综合管廊作为一种集合管线安置、地下空间集约利用、减少地面破挖、维持交通顺畅等多种作用于一身的管道敷设方式，涉及给水、排水、电力、通信、燃气、人防、交通等多个需要利用地下空间的行业部门。因此在大规模建设综合管廊之前应由规划部门牵头组织进行全市层面的综合管廊系统布局规划研究，并编制综合管廊专项规划，在综合管廊建设过程中科学地指导综合管廊的建设，科学预算、合理布局，合理利用地下空间，解决综合管廊立项难的问题。

2）编制依据

综合管廊专项规划是城市规划的一部分，是城市管线综合规划、地下空间开发利用规划的重要内容。综合管廊工程规划应坚持因地制宜、远近兼顾、统一规划、分期实施的原则，应根据城市总体规划、地下管线综合规划、控制性详细规划编制，与地下空间规划、道路规划等保持衔接，如图 3-1 所示。一般情况下，管线的专项规划在总体规划的原则下编制，综合管廊的系统规划根据路网规划和管线专项规划确定，在此基础上反馈给相关管线专项规划，经过多次协调最终形成综合管廊的系统规划。具体要求如下：

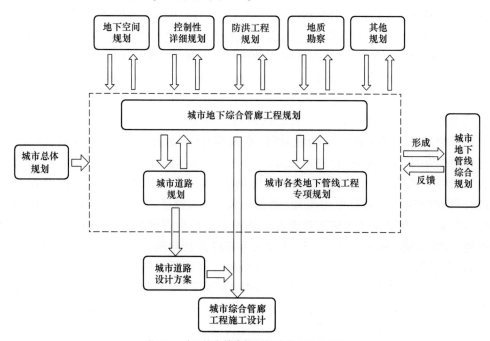

图 3-1 地下综合管廊规划与其他规划关系图

（1）与城市总体规划的协调

根据城市总体规划要求，统筹考虑综合管廊与用地布局、路网结构、人口规模、产业特点、

重点发展区域的关系。

（2）与管线综合规划的协调

根据管线综合规划,统筹考虑,合理确定综合管廊建设。

（3）与市政专项规划的协调

综合管廊的主要服务对象是各类市政管线,由于各类市政管线有不同的规划布局、设置要求、服务对象,使得综合管廊的规划设计必须统筹协调各类市政管线的规划设计,并根据道路、电力、通信、供水、燃气等市政设施规划,统筹考虑综合管廊的入廊管线种类及规模、建设时序等,避免工程实施阶段的矛盾,与各类市政管线规划形成动态反馈和协调,做好管廊容纳管线的研究。

（4）与控制性详细规划的协调

根据城市控制性详细规划中的管线综合规划等内容,合理确定综合管廊平面位置和竖向控制要求。

（5）与城市地下空间规划相协调

综合管廊是城市基础设施利用城市浅层空间的新形式,在集约利用城市地下空间的同时,可能会与其他开发利用地下空间的活动产生冲突与矛盾。在目前的城市规划建设过程中,往往由于规划时序不同、缺乏规划协调机制等,导致综合管廊在规划、设计、建设、管理等各环节上与地铁、市政隧道、地下车库等城市地下空间开发活动存在不相容、不协调的情况,并由此产生较大的经济和社会损失。因此综合管廊规划建设必须与各地下设施规划建设统筹考虑,科学制定建设时序,合理利用地下空间。

3）编制原则

综合管廊专项规划应根据《城市地下综合管廊工程规划编制指引》的规定,以统筹地下管线建设、提高工程建设效益、节约利用地下空间、防止道路反复开挖、增强地下管线防灾能力为目的,遵循政府组织、部门合作、科学决策、因地制宜、适度超前的原则。

3.2.2 编制要求

（1）规划组织

综合管廊专项规划由城市人民政府组织相关部门编制,用于指导和实施管廊工程建设。编制中应听取道路、轨道交通、给水、排水、电力、通信、广电、燃气、供热等行政主管部门及有关单位、社会公众的意见。

（2）编制要点

综合管廊专项规划应合理确定管廊建设区域和时序,划定管廊空间位置、配套设施用地等三维控制线,纳入城市黄线管理。管廊建设区域内的所有管线应在管廊内规划布局。

（3）规划统筹

综合管廊专项规划应统筹兼顾城市新区和老旧城区。新区管廊工程规划应与新区规划同步编制,老旧城区管廊工程规划应结合旧城改造、棚户区改造、道路改造、河道改造、管线改造、轨道交通建设、人防建设和地下综合体建设等编制。

（4）规划期限

综合管廊专项规划期限应与城市总体规划一致,并考虑长远发展需要。建设目标和重点任务应纳入国民经济和社会发展规划。管廊工程规划原则上五年进行一次修订,或根据城市规划和重要地下管线规划的修改及时调整。调整程序按编制管廊工程规划程序执行。

3.2.3 编制内容

依据住房和城乡建设部于 2015 年 5 月印发的《城市地下综合管廊工程规划编制指引》，综合管廊专项规划的主要内容包括：规划可行性分析、目标和规模、建设区域、系统布局、管线入廊分析、管廊断面选型、三维控制线划定、重要节点控制、配套设施、附属设施、安全防灾、建设时序、投资估算及保障措施。

(1)规划可行性分析

根据城市经济、人口、用地、地下空间、管线、地质、气象、水文等情况，分析管廊建设的必要性和可行性。

(2)规划目标和规模

明确规划总目标和规模、分期建设目标和建设规模。

(3)建设区域

敷设两类及以上管线的区域可划为管廊建设区域。高强度开发和管线密集地区应划为管廊建设区域。主要是：城市中心区、商业中心、城市地下空间高强度成片集中开发区、重要广场，高铁、机场、港口等重大基础设施所在区域；交通流量大、地下管线密集的城市主要道路以及景观道路；配合轨道交通、地下道路、城市地下综合体等建设工程地段和其他不宜开挖路面的路段等。

(4)系统布局

根据城市功能分区、空间布局、土地使用、开发建设等，结合道路布局，确定管廊的系统布局和类型等。

(5)管线入廊分析

根据管廊建设区域内有关道路、给水、排水、电力、通信、广电、燃气、供热等工程规划和新(改、扩)建计划，以及轨道交通、人防建设规划等，确定入廊管线，分析项目同步实施的可行性，确定管线入廊的时序。

(6)管廊断面选型

根据入廊管线种类及规模、建设方式、预留空间等，确定管廊分舱、断面形式及控制尺寸。

(7)三维控制线划定

管廊三维控制线应明确管廊的规划平面位置和竖向规划控制要求，引导管廊工程设计。

(8)重要节点控制

明确管廊与道路、轨道交通、地下通道、人防工程及其他设施之间的间距控制要求。

(9)配套设施

合理确定控制中心、变电所、投料口、通风口、人员出入口等配套设施规模，以及用地和建设标准，并与周边环境相协调。

(10)附属设施

明确消防、通风、供电、照明、监控和报警、排水、标识等相关附属设施的配置原则和要求。

(11)安全防灾

明确综合管廊抗震、防火、防洪等安全防灾的原则，以及标准和基本措施。

(12)建设时序

根据城市发展需要，合理安排管廊建设的时间、位置、长度等。

（13）投资估算

测算规划期内的管廊建设资金规模。

（14）保障措施

提出组织、政策、资金、技术、管理等措施和建议。

3.3 建设规模的确定

综合管廊工程规划编制过程中，科学地确定综合管廊的建设规模，是保证规划编制的合理性及可行性的基础。综合管廊建设规模包括总建设规模及分期建设规模。

对于综合管廊建设规模，国内外有一些经验可以借鉴。日本东京都市区于1995年制定了综合管廊（共同沟）建设的基本计划，计划至2006年，建设综合管廊总长达到2057.5km，占市政道路的7.4%。2010年，深圳市在国内城市中最先进行了综合管廊布局规划，最终确定全市至2020年，规划综合管廊总长度163km，占市政道路的2.5%。通过分析国内外两个超大城市的综合管廊建设规划发现，这两个城市的市政道路综合管廊覆盖率在2%~8%之间。综合管廊占市政道路的比例不高，这主要是由于两个城市的城市化率已达一定水平，城市道路路网已经形成，在此基础上进行综合管廊建设比例不宜过高。

2015年，国内首批综合管廊试点城市通过审批，试点城市分别为包头、白银、哈尔滨、沈阳、苏州、厦门、十堰、长沙、海口、六盘水共10座城市。收集这10座城市的城市建成区面积、人口数量、地区生产总值（GDP）、规划综合管廊长度数据，已建综合管廊长度5组数据，和图3-2~图3-6所示。

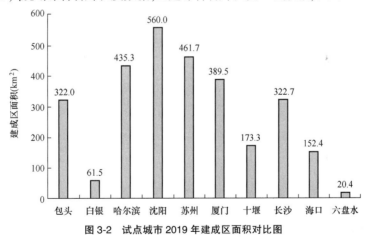

图3-2 试点城市2019年建成区面积对比图

10座城市的2019年综合管廊规划长度在23.8~330km之间。综合管廊的规划规模与城市规模及经济水平有一定关联，但并不成正比例关系。产生这种现象的原因主要有：城市用地的建设密度不同，有的城市用地集约、紧凑，有的城市由于地理位置原因，用地比较粗放；城市道路网密度不同，这也影响了综合管廊的建设规模。综合管廊试点城市设立的初衷之一，就是为各类型城市建设综合管廊提供样本和范例，因此在城市的选择上涵盖了不同地区、不同经济发展水平及规模的城市。未来城市在进行综合管廊规划时，可结合自身经济发展水平及规模，参照试点城市的综合管廊规划规模来布局。

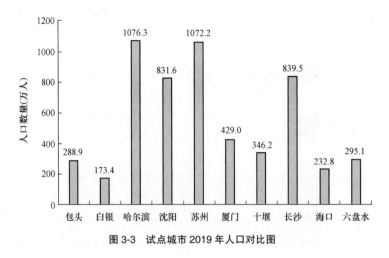

图 3-3 试点城市 2019 年人口对比图

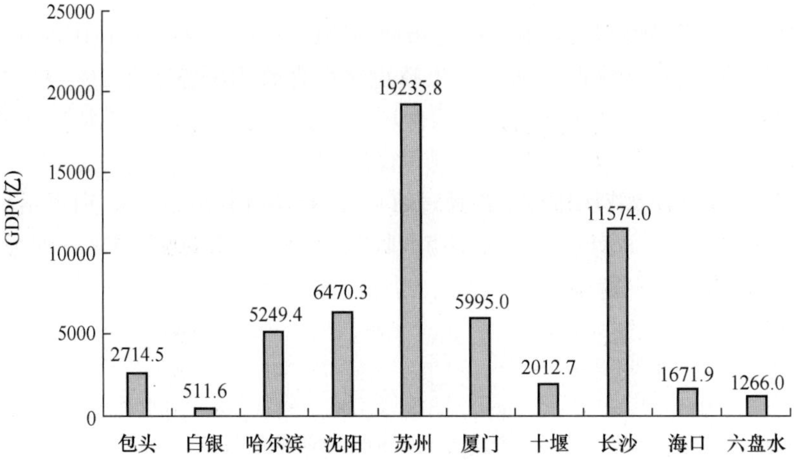

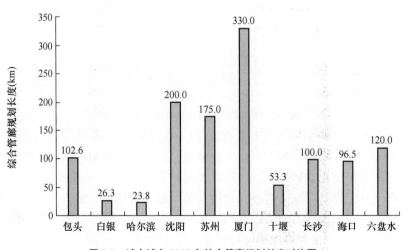

图 3-4 试点城市 2019 年 GDP 对比图

图 3-5 试点城市 2019 年综合管廊规划长度对比图

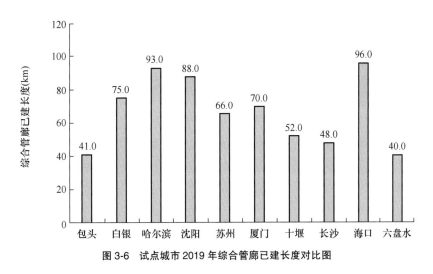

图3-6 试点城市2019年综合管廊已建长度对比图

　　综合管廊既是一种管线的敷设及管理方式,也是一种地下空间的利用方式。地下综合管廊的空间布局应结合并顺应地下空间的总体规划。地下空间按照功能与设施可以分地下交通设施、地下市政公用设施、地下公共管理与公共服务设施、地下商业服务设施、地下物流仓储设施、地下防灾设施及其他地下设施七大类。在不同的规划层面采用不同的方法对地下空间的总规模进行预测。在总体规划层面,需要确定地下空间总规模,而不同功能的地下空间在总规模中有一定的功能配比。其中其他设施包括基础设施、物流设施、人防设施等。在基础设施中又包括地下管线、地下变配电所、水泵房、地下水厂、综合管廊等设施。综合管廊在总地下空间中的比例宜参照其他设施的比例来设置,同时考虑到综合管廊只是其他设施中的一部分,应适当减小综合管廊的预测比例。

　　上述方法可概括为对比法和比例法,通过单独或结合使用,对综合管廊建设规模进行预测,可合理确定综合管廊的建设目标和规模,为综合管廊的布局奠定科学基础。

3.4　综合管廊建设区域

3.4.1　建设区域分析

　　从目前世界各国综合管廊使用情况看,综合管廊主要分布于CBD等城市人口密度较大、经济相对发达的地区,全球127个CBD中,其中建设综合管廊的有21个,占16.5%。日本是综合管廊建设里程最长,建设技术最为成熟的国家,其综合管廊也集中分布于东京、仙台、名古屋等人口密度较大的城市。我国台湾地区综合管廊一般建设在中心区、商务区、人口居住高密度区、工业园区及旧城改造区等区域。从各国综合管廊建设经验可知,在城市中心区或闹市区车流、人流密集段采用综合管廊的形式安排市政管线,可避免因经常性的路面开挖所造成的对交通、环境、经济的影响,其综合经济性是最好的。而在一般工业区或人口密度不高的地区使用时,则要慎重考虑。

3.4.2　分区规划

综合管廊具体规划工作可分为新城区、老城区、重要节点三类地区分类展开,并结合轨道建设、道路新建、市政管道改造、高压线下地及地下空间开发计划选择合适的时机实施建设。三类地区分类如下所述。

(1)新城区:率先试点示范,逐步实现新城综合管廊系统化建设

为保证新城区各系统的高效、安全运作,实现绿色低碳的建设理念,建设低碳生态之城,新城区在进行地下空间规划时,应规划构建规模化、整合化的地下市政设施,达到新城区土地节约、集约、高效利用的目的。新城区需求量容易预测,建设障碍限制较少,应统一规划,分步实施,高起点、高标准地同步建设城市综合管廊。新城区综合管廊建设应结合道路同步施工,结合地铁、地下空间开发等大型城市基础设施一体化设计、整合建设。

珠海横琴新区综合管廊沿横琴新区快速路呈"日"字形布设(图 3-7),覆盖全区,综合管廊全长 33.4km,设总监控中心 1 座。另有承担横琴新区输电功能的电力隧道全长 10km。

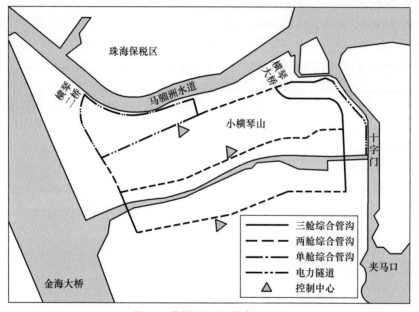

图 3-7　横琴新区综合管廊规划图

(2)老城区:配合改造工程,逐步建设管廊系统

老城区综合管廊建设应根据城市更新、道路改造以及评估管线更新扩容改造需求加建。同时城市中心区及老城区综合管廊应结合轨道交通、人防和地下综合体建设规划统筹建设,减少施工对周围环境的影响,降低建设成本。

2001 年,济南泉城路改建,在道路南北两侧各建一条综合管廊,全长 1450m,断面宽 3.2m,高 2.3m,纳入了电力、通信、供水、热力、广播电视 5 类管线。2007 年,为建设世博会园区,上海市将浦东和浦西共计 5.28km² 内土地整体拆迁后重新规划,建设了 6.4km 的地下综合管廊。

(3)重要节点:优先建设不适宜节点,后期通过支线与主体管廊连接

在车流、人流密集等不适宜开挖的城市重点地区采用支线综合管廊的形式安排市政管线,避

免因经常性的路面开挖所造成的对交通和环境的影响。新城区综合管廊建设正逐步展开,而老城区、城市中心区综合管廊建设工作开展较为缓慢。一般老城区、城市中心区地下空间管线密集且地下设施也比较发达,考虑到地下通道、地铁或其他地下建筑等占据大部分地下空间,单独立项新建综合管廊施工相对困难,经济成本也较高。城市中心区及老城区综合管廊建设结合轨道交通、人防和地下综合体建设规划,可有效推动综合管廊在城市中心区及老城区建设进程。

由于城市地下综合管廊的建设不可避免会遇到各种类型的地下空间,实际工程中经常会发生综合管廊与已建或规划地下空间、轨道交通相矛盾的情况,解决矛盾的难度、成本和风险通常很大,因此应从前期规划入手,结合地铁、人防和地下综合体、地下道路,同期规划综合管廊。综合管廊与地下空间建设统筹考虑,不但能避免后期出现的各种矛盾,还可以极大降低综合管廊的建设成本,减少分别多次施工对邻近建(构)筑物及周围环境的影响,同时可以节约地下空间资源,具有良好的经济、社会和环境效益。具体方式和案例如下:

(1)结合地铁建设地下综合管廊

对地铁建设项目来说,配套建设综合管廊成本会高出一些,但地铁线路主要沿城市主干路敷设,未来线网基本覆盖城市核心区域,借助地铁建设的绝好机遇,同步进行地下综合管廊建设,对政府来说比分别建设的费用节约很多,而且影响会更小,可达到建设成本低、社会干扰小的效果。南京下关综合管廊(图3-8)、正定新城大道综合管廊借助地铁建设机遇同步建设综合管廊,此时两者同基坑,开挖作业面小,实施期间对周边干扰次数减少,可降低建设成本、减小社会干扰。

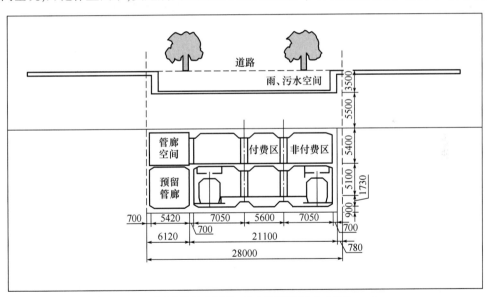

图3-8　南京下关综合管廊一体化设计断面(尺寸单位:mm)

武汉光谷结合道路下的空间整体开发,将地铁与综合管廊一并考虑,计划建设1.7km综合管廊。光谷五路综合管廊与地铁车站一体化设计断面如图3-9所示,综合管廊标准断面如图3-10所示。

(2)结合地下综合体建设综合管廊

虽然我国城市地下空间开发的规模、速度以及个别单体开发的水平已居世界前列,但大部分建成的地下空间互不连通,彼此独立、功能单一、地上地下协调不够,没有形成统一高效的地下网络。随着经济发展,城市用地的日趋紧张,地下空间的开发必须采用立体化建设,以充分利用地下空间、地上空间,节约城市用地。现阶段,我国正在积极修建城市轨道交通工程,以商业或大型综合交通枢纽为中心的地下综合体建设迅速发展,综合管廊建设应结合地下综合体一体化设计,节省地下空间。

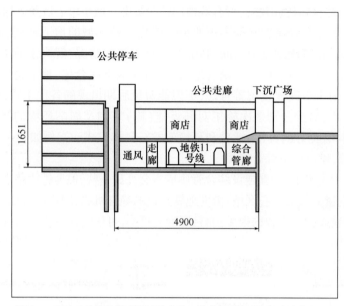

图 3-9   光谷五路综合管廊与地铁车站一体化设计断面(尺寸单位:mm)

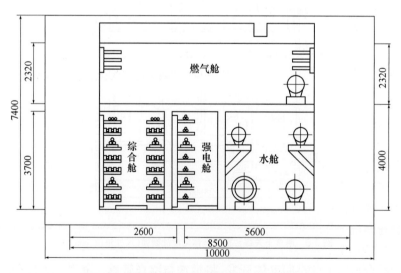

图 3-10   光谷五路综合管廊标准断面(尺寸单位:mm)

北京中关村科技园区地下综合体一共三层:地下一层为环形车道,汽车通过连接通道可与各地块的地下车库相连;地下二层为支管廊及地下空间开发层;地下三层为主管廊层。中关村西区综合管廊不是单一的管廊,是将综合管廊作为载体,将地下空间开发与地下环形车道融为一体的地下构筑物。就单一的综合管廊或单一的地下车道来看,国外发达国家应用很多,单一的地下车库和商业设计更多,但将这三种功能在地下巧妙地联结在一起,中关村西区地下空间开发却是一种全新的理念。其地下空间层次分明,功能协调统一,像一条珠链将中关村西区 27 个地块在地下串成一片。

由北京城建集团承担建设的 CBD 地下综合管廊工程,位于北京市 CBD 核心区。工程西起三环路,东到针织路,南至建国路,北到光华路,是北京市首例与地下空间一体化开发结合建设的综合管廊。CBD 核心区综合管廊入廊管线 DN400 热力、DN600 给水、DN400 再生水、DN200 地面路消防管、24 孔电信等管线以及 110kV、10kV 电力电缆。综合管廊断面效果如图 3-11 所示。

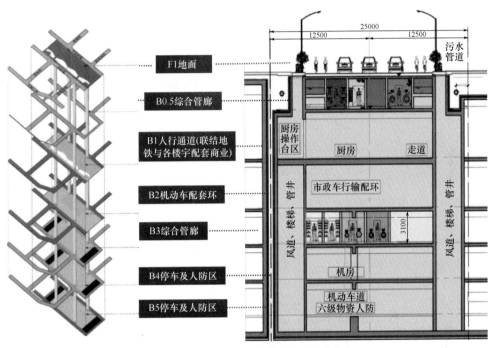

图 3-11　CBD 核心区综合管廊效果图(尺寸单位:mm)

市政管线传统的平铺直埋敷设方式,大量占用城市道路浅层地下空间,无法满足核心区地下空间整体开发的建设要求。为了能够更有效地利用城市道路地下空间,达到地下空间整体开发利益的最大化,通州运河核心区综合管廊项目建设与地下空间开发相结合。图 3-12 为通州运河核心区综合管廊效果图,地下一层为商业街及交通联系通道,地下二层为北环交通环形隧道及地下停车场,地下三层则为综合管廊和停车场。

规划综合管廊位于北环交通环形隧道下方,与环形隧道共构结构,全长 2.3km。综合管廊为双层结构,主沟高 14.15m、宽 2.8m,标准断面采用三舱结构,分别为电力舱、水+电信舱、热力舱,如图 3-13 所示。入廊管线涵盖 110kV 电力电缆、10kV 电力电缆、DN500 热力管、DN400 给水管、DN400 再生水管、DN500 气力垃圾输送管、24 孔电信等管线并预留管位,属干支线混合综合管廊。环隧下方,通过综合管廊上方设备夹层将市政管线引入周边地块,满足周边开发地块市政需求,如图 3-14 所示。

广州金融城项目也设计了集约化的地下空间,如图 3-15 所示,其在道路下方建设了地下商业街、道路、有轨电车和综合管廊等设施。

图 3-12　通州运河核心区综合管廊

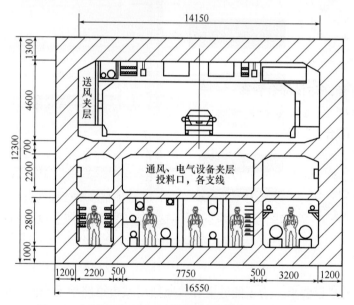

图 3-13　通州运河核心区综合管廊标准断面图(尺寸单位:mm)

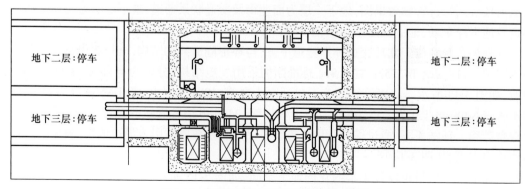

图 3-14　通州运河核心区综合管廊结构示意图

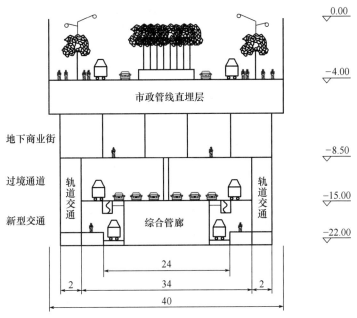

图3-15　广州金融城综合管廊(尺寸单位:m;高程单位:m)

(3)结合地下道路建设综合管廊

地下快速路以大型隧道为主体,综合管廊与大型隧道同规划、同设计、同实施,可以充分利用结构空间,省去综合管廊独立围护结构费用,减少投资;同时结合两者采光、通风、人员进出综合考虑,布局集中有序,建成后可集约化利用地下空间,对地面环境影响小。

郑东新区CBD副中心地下综合管廊是与地下道路合建的成功案例。郑东新区CBD副中心根据交通影响分析,在组团内设置地下环形车道,车道有连接各个地块的联络车道,呈放射形。因此郑东新区在进行地下综合管廊的规划时,将管廊系统布局为"环形+放射形",管廊与车道结构共构,上下排布,延伸至每一个区域,以达到集约化理念、优化功能配置、节省投资、节省用地的目的。郑东新区中环路管廊与车道结构共构标准横断面如图3-16所示。

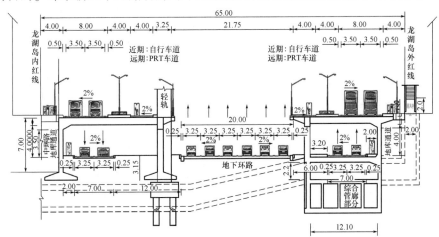

图3-16　郑东新区中环路标准断面图(尺寸单位:m)

郑东新区 CBD 副中心干线主管廊两层箱形结构:上层为通风、电气设备夹层及投料口、出支线,净高 2.3m;下层为管廊层,净高 3.2m,干线管廊总长度约为 3250.8m;支线管廊净高 2.2m,总长度约 1586m(接各市政用房专用管廊长度约 721m)。由内至外依次为:电力舱净宽 2.0m;水信舱净宽 2.7m;备用舱净宽 2.6m;能源舱净宽 4.0m,标准断面如图 3-17 所示。

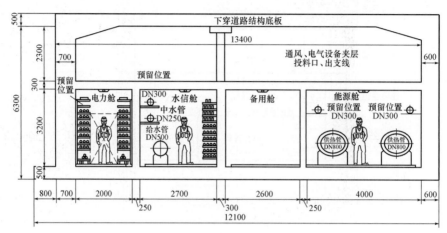

图 3-17　郑东新区综合管廊标准断面图(尺寸单位:mm)

当地下交通隧道采用盾构法施工时,综合管廊与地下交通隧道可以布置在一个隧道断面。图 3-18 为双向四车道地下交通隧道与综合管廊相结合的效果图,图 3-19 为内径 13.7m 双向六车道地下交通隧道与综合管廊结合方案示意图,图 3-20 为干线内径 13.7m 综合管廊布置图。

图 3-18　双向四车道地下交通隧道与综合管廊相结合的效果图

(4)结合海绵城市建设综合管廊

从目前政策导向看,对于具备条件的排水管道,建议纳入综合管廊,《城市综合管廊工程技术规范》(GB 50838—2015)增加了排水管道入廊的技术规定。结合地表透水路面、生物滞留设施、中央景观绿化带等低影响开发设计设施,在综合管廊内设置独立雨水舱、排放舱,将综合管廊的设计与海绵城市技术措施相结合,通过渗透、滞留、调蓄、净化利用等措施可排放地面雨水,既满足综合管廊的总体功能,又能提高排水防涝标准,提升城市应对洪涝灾害的能力,促进城市健康水循环。

将雨水调蓄功能与综合管廊功能相结合,是工程设计中比较容易实现的一种模式。雨水调蓄舱防淤积问题除控制设计坡度外,还可考虑设置复合断面和增加冲洗设备等措施。

图 3-21 为南京江北新区综合管廊效果图。

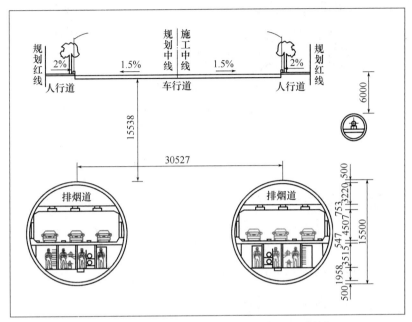

图 3-19　地下交通隧道与综合管廊结合方案示意图(尺寸单位:mm)

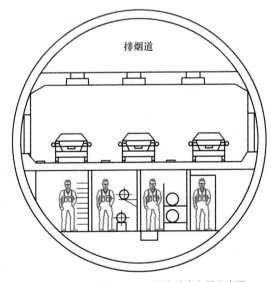

图 3-20　干线内径 13.7m 综合管廊布置示意图

(5)结合人防工程建设综合管廊

《中华人民共和国人民防空法》中规定:"城市建设的地下交通管线与其他地下设备,需要同时满足人防需要。在进行城市的建设过程中,需要结合地下建设、路面建设、人防建设、地铁建设等方面协调发展"。综合管廊建设统一进行地下管线的管理,对整个城市建设而言起到了核心保障的作用。因此综合管廊兼顾人防建设的意义是保障城市的有效运转,确保城市居民的正常所需,更深远的意义则是保障人民群众安全。

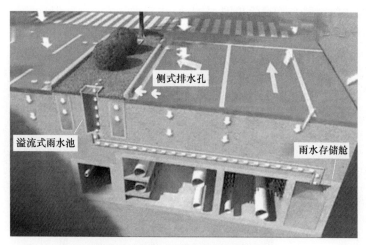

图 3-21 南京江北新区综合管廊效果图

现阶段,对于综合管廊兼顾人防的建设正处于探索与发展的初级阶段,并没有明确的建设规范,也没有相对完善的管理系统,多数设计要求都是基于已经建设位置的观察分析。金华市金义都市新区综合管廊工程(图 3-22、图 3-23)在紧急状况下可成为临时应急疏散通道,与新区地下通道一起构成地下的防灾系统网络,此设计理念全面提升了综合管廊在平时和战时的综合防灾能力,是我国综合管廊兼顾人防建设的有益探索。

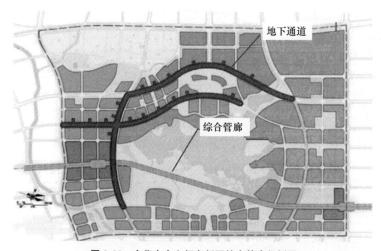

图 3-22 金华市金义都市新区综合管廊规划图

3.4.3 深圳市综合管廊建设区域规划案例

综合考虑城市建设开发强度、地质条件以及资源条件等相关因素对深圳市综合管廊建设条件进行评估,可分为两类区域:宜建区和慎建区。在宜建区基础上根据城市建设条件划分出优先建设区。根据限制条件不同,将慎建区分为地质条件慎建区和城市条件慎建区。

综合管廊的宜建区主要位于特区内和特区外城市中心区,总面积为 $220km^2$。宜建区主要包括城市新区、城市主干道或景观道路、重要商务商业区、旧城改造及其他符合市政公用管线敷设需求的区域。这些片区对综合管廊有需求,但受到一定设置条件的制约,可考虑在条件成熟时建设综合管廊。

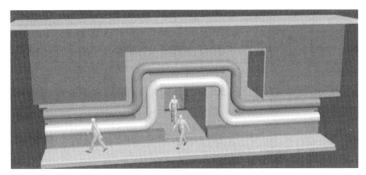

图 3-23　综合管廊与人防通道连接效果图

（1）宜建区综合管廊的规划

特区内重点结合主要道路或轨道的建设进行干线综合管廊的建设;特区外可考虑结合新区开发和旧城整体改造进行系统规划建设;商业区特别要考虑结合其余地下空间开发整合建设,降低综合管廊建设成本。

（2）慎建区综合管廊的规划

慎建区为宜建区以外的区域,总面积为 $620km^2$,其中地质条件慎建区面积 $71km^2$,城市条件慎建区面积 $549km^2$。这些片区管线稀少,不具备综合管廊建设的客观因素或地质条件恶劣（如地下水位高、处于地震断裂带、新填海区、地下流砂层等）限制了综合管廊的建设。

建议在这些区域不进行综合管廊密集化建设;在地质断裂带区域和填海区域,在进行综合管廊建设前,需要做详细的工程可行性分析和周密的技术处理;在城市非高密度区,结合轨道、交通干道、景观大道建设或改造,以及（通过型）市政干管的走向,可考虑规划建设干线综合管廊,但要经过严格的经济技术比较。

根据《深圳市 2030 城市发展策略》以及《深圳市城市总体规划（2010—2020）》（以下简称《总规》）,全市空间结构划分为中心城区（城市核心区）、西部滨海区、中部地区、东部地区以及东部滨海地区五个战略分区。分区由组团组成,实施差异化的发展策略。其中:中心城区包括福田、罗湖和南山三个行政区,其功能定位为全市的行政、文化、金融、商贸与创意中心。全市空间发展策略为"南北贯通,东拓西联,中心强化,两翼伸展",未来深圳市城市空间结构将呈现以中心城区为核心,以西、中、东三条发展轴和南、北两条发展带为基本骨架,形成"三轴两带多中心"的轴带组团结构。

综合考虑城市发展现状和趋势以及市政府有关政策和重点项目安排,《总规》确定了战略发展地区、重点开发地区、优先更新地区和生态恢复地区四类重点地区,作为规划期内市规划管理和建设工作的重点地区,其中:

①战略发展地区包括前海地区和沙井西部沿江地区;

②重点开发地区包括光明新城、龙华新城、大运新城及坪山新城;

③优先更新地区包括笋岗—清水河地区、罗湖商业中心、深圳机场周边地区、松岗—沙井中心地区、布吉中心及轨道 3 号线重要节点地区。

根据深圳市城市功能分区及城市发展策略,在适宜规划建设综合管廊的区域内可以确定全市综合管廊十大优先建设区,包括"三大中心区、三大新城、三个商业区及一个填海区"。城市地下综合管廊宜布局于包括"三个中心区、三个商业区、三个新城和一个填海区"的综合管廊优先建设区及其周边的宜建区,总面积 50km²。其中,三个中心区指福田、宝安与前海中心区;三个新城指龙华、坪山与光明新城;三个商业区指罗湖金三角、福田华强北及南山后海商业区;一个填海区指西部填海区。

(3)综合管廊优先建设区规划

新区率先试点示范,逐步实现新区综合管廊系统化建设;利用旧城整体改造机遇,积极鼓励综合管廊建设;重视与道路、轨道及其余地下空间开发等整合建设,降低综合管廊建设成本;近期以政府投资为主,远期逐步引进市场融资,实现多渠道投资方式。

深圳市综合管廊建设区位分析流程如图 3-24 所示。

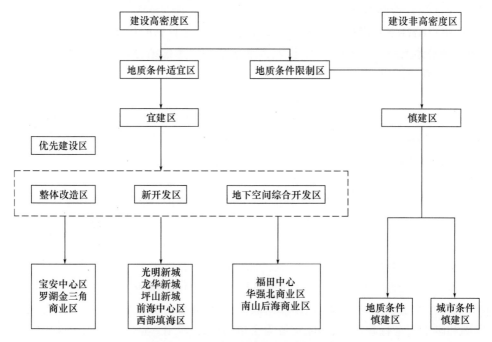

图 3-24 深圳市综合管廊建设区位分析流程图

3.5 综合管廊系统布局

3.5.1 种类

综合管廊分为干线型综合管廊、支线型综合管廊和缆线型综合管廊。综合管廊分类如图 3-25 所示,各类管廊规划要点见表 3-1。

图 3-25 综合管廊分类示意图

不同类型综合管廊规划要点 表 3-1

综合管廊种类	干线型综合管廊	支线型综合管廊	缆线型综合管廊
主要功用	负责向支线管廊提供配送服务	干线型综合管廊和终端用户之间联系的通道	直接供应终端用户
敷设形式	城市主次干道下	道路两旁的人行道下	人行道下
建设时机	城市新区、地铁建设、地下快速路、大规模老城区主次干道改造等	新区建设、道路改造	结合城市道路改造、居住区建设等
断面形状	圆形、多格箱形	单格或多格箱形	多为矩形
收容管线	电力(35kV以上)、通信、光缆、有线电视、燃气、给水、供热等主干管线;雨污水系统纳入	电力、通信、有线电视、燃气、热力、给水等直接服务的管线	电力、通信、有线电视等
维护设备	工作通道及照明、通风等设备	工作通道及照明、通风等设备	不要求工作通道及照明、通风等设备,设置维修手孔即可

(1)干线型综合管廊

干线型综合管廊用于城市主干工程管线,采用独立分舱方式建设的综合管廊。干线型综合管廊一般敷设于道路车行道下方,主要连接原站(如自来水厂、发电厂等)与支线型综合管廊,一般不直接服务于用户,经常收容的管线为电信电缆、电力电缆、燃气管道、给水管道、热力管道等,部分干线型综合管廊将雨污水管道纳入。干线型综合管廊的特点为结构断面尺寸大、覆土深、系统稳定且输送量大,具有高度的安全性,维修及检测要求高。

(2)支线型综合管廊

支线型综合管廊用于容纳城市配给工程管线,采用单舱或双舱方式建设的综合管廊。支线型综合管廊的主要作用是在干线型综合管廊和终端用户之间建立联系通道,一般敷设于道路两旁的人行道下,主要收容的管线为电信电缆、电力电缆、燃气管道、给水管道等,管廊断面以矩形居多。

(3)缆线型综合管廊

缆线型综合管廊采用浅埋沟道方式建设,设有可开启盖板但其内部空间不能满足人员正常通行要求,用于容纳电力电缆和通信线缆的管廊。缆线型综合管廊一般敷设在人行道下,一般收容的管线有电力、电信、有线电视等,管线直接连接到各终端用户,缆线型综合管廊特点为断面较小,埋深浅,不要求人可通行,不设通风、监控等设备,后期的维护及管理都简单。

3.5.2 布局形式

综合管廊是城市市政设施,本质上是要解决城市管线敷设的问题,保证城市管线及道路功能的正常运转,因此其布局与城市的理念有关、与城市路网紧密结合。因此,应根据城市功能分区、空间布局、土地使用、开发建设等,并结合道路布局确定管廊的系统布局和类型,最终在城市主干道下形成与城市主干道相对应的地下管线综合管廊布局形态。地下管线综合管廊布局形态主要有以下几种:

(1)树枝状

地下管线综合管廊以树枝状向其服务区延伸,其直径随着管廊延伸逐渐变小。树枝状地下管线综合管廊总长度短,管路简单,投资少;但当管网某处发生故障时,发生故障以下部分受到的影响较大,可靠性相对较差,而且越到管网末端,质量越差。这种树枝状的布局形式常出现在城市局部区域内的支干综合管廊或综合电缆沟中。

(2)环状

环状布置的地下管线综合管廊的干管相互联通,形成闭合的环状管网,在环状管网内任何一条管道都可以由两个方向提供服务,因而提高了服务的可靠性。环状网管路越长,投资越大;但环状网管路越长,系统的阻力越小,降低动力损耗越明显。

(3)鱼骨状

鱼骨状布置的地下管线综合管廊,以干线综合管廊为主骨向两侧辐射出许多支线综合管廊或综合电缆沟。这种布局分级明确,服务质量高且管网路线短,投资小,相互影响小。

综合管廊系统布局除了考虑城市管线需求和路网规划外,还要考虑新城建设、旧城及棚户区改造、道路建设及改造等因素。由于综合管廊实施区域和建设年代的不同,综合管廊布局形态因其区域形态、管线需求等因素衍生出多种布局形式,目前国内综合管廊布局多采用"十(口)"字形、"丰"字形及"田"字形布局三种布局形式。

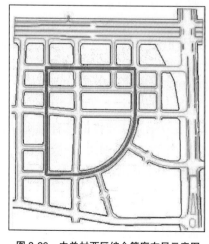

图3-26 中关村西区综合管廊布局示意图

对于老城区或节点区域,可采用"十(口)"字形布局。运用"十"字形综合管廊,梳理重要节点路口管线过街及交叉情况;或将老城区重点街区通过综合管廊提升其地下空间的使用效率,为地下空间的再次开发提供基础。对于重要节点区域,可通过"口"字形环廊将其内部管线需求进行整合,并可结合地下交通及商业共同开发建设(图3-26)。

对于狭长形态的建设区域,往往依赖一两条主要干道联通整个区域的交通,可采用"丰"字形的布局方式。通过一根主干综合管廊,串联若干综合管廊,形成完整网络,并解决狭长地区的重要道路交叉口的管线问题,避免道路开挖对其交通造成的影响(图3-27)。

图3-27　巴彦淖尔市综合管廊规划位置示意图

对于尚未建设的新区,由于其主干道路网尚未形成,综合管廊可以采用"田"字形的布局方式。通过"田"字形的布局,形成新区综合管廊网络,将各市政管线的主次干线容纳其中,并解决主次干道交叉口管线敷设及交叉的问题,保障管线安全运行,最大限度地减少道路反复开挖。

3.5.3　系统布局案例

(1)上海市临港地区综合管廊系统布局思路

为集约利用土地和空间资源,加强城市各主要组团与各类市政系统主干网络的联系,提高城市生命线工程安全保障能力,上海市临港地区结合城市基本生态网络、城市防灾隔离带等布置重大市政基础设施空间管控廊道,如图3-28所示。图中包括过境的区域联络轴、外部输入轴、输出轴和内部联络轴。

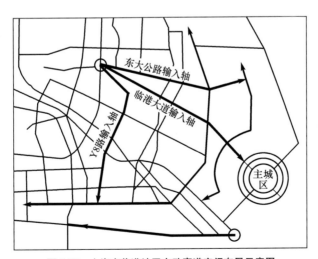

图3-28　上海市临港地区市政廊道空间布局示意图

上海市临港地区在中运量轨道交通规划图基础上结合市政廊道空间,在管线敷设空间资源有限或穿越存在管线安全风险的区域(如铁路、航道、高速公路等),布置干线综合管廊,干线综合管廊规划布局整体呈"目"字形,如图 3-29 所示。

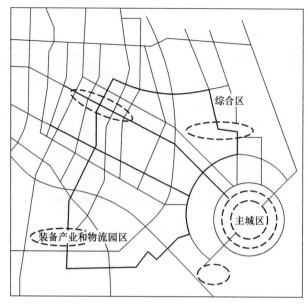

图 3-29　干线综合管廊规划布局图

　　在城市重点发展的节点地区,除通过干线综合管廊提高地区供给保障度以外,在车流、人流密集段采用支线综合管廊的形式安排市政管线,避免因经常性的路面开挖对交通和环境造成影响。

　　(2)郑东新区 CBD 副中心综合管廊

　　郑东新区 CBD 副中心地区位于郑州城区东北部,西邻中心城区,东侧为龙子湖大学园区,南侧紧邻郑东新区 CBD 成熟区域和郑州东站(高铁枢纽客运站)。CBD 副中心处于龙湖地区的核心区域,占地约 1km²,建筑面积约 318 万 m²,主要道路系统规划如图 3-30 所示。

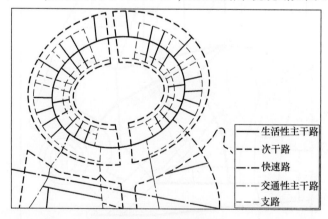

图 3-30　土地规划图

　　根据 CBD 副中心土地规划和道路系统规划,综合管廊系统共设三个主接入口与区内的综合管廊连接,综合管廊采用环形网状构架,将城市的能源输送至区内,同时保证区内能源的安全运行,形成与城市外部能输配网的联络。根据交通影响分析,在组团内设置地下环形车道,车道有连接各个地块的联络车道,也呈放射状,因此管廊的联络线与车道结构共构,上下排布,延伸至每一个区域,以达到集约化理念、优化功能配置、节省投资、节省用地的目的。

3.6 综合管廊管线入廊

3.6.1 城市地下管线种类

地下管线按其要素类型及从属关系进行分类如图 3-31 所示。

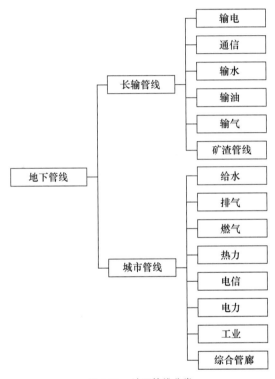

图 3-31 地下管线分类

城市地下管线从管线传输或排放物质的性质进行分类如图 3-32 所示。

3.6.2 综合管廊收容管线情况

在众多的综合管廊工程建设案例中,综合管廊容纳的管线数量和种类各不相同,见表 3-2。从国外已建成的综合管廊工程分析,直接纳入综合管廊的工程管线有电力电缆、通信电缆、给水管道、热力管道、燃气管道、排水管道、供冷供热管道及垃圾气体输送管道等。国内已建成的综合管廊工程表明,直接纳入综合管廊的工程管线同样有电力电缆、通信电缆、给水管道、热力管道、燃气管道、排水管道、供冷供热管道及垃圾气体输送管道等,但最多的是电力电缆、通信电缆、给水管道、热力管道,如图 3-33 所示。

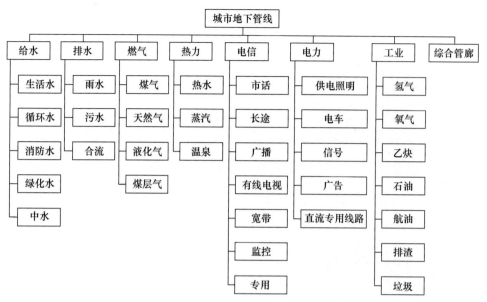

图 3-32　城市地下管线分类

国内外综合管廊收容管线情况一览表　　　　　　　　　　　　　　表 3-2

序号	综合管廊位置	建设时间（年）	长度（km）	收 纳 管 线
1	法国巴黎	1833	—	给水、通信、交通信号、电力、压缩空气
2	英国伦敦	1861	—	燃气、给水、污水、电力、通信
3	德国汉堡	1893	—	燃气、给水、通信、电力、热力
4	西班牙马德里	1933	—	给水、通信、电力、热力
5	上海张杨路	1994	11.13	给水、电力、通信、燃气
6	连云港西大堤	1997	6.67	给水、电力、通信
7	济南泉城路	2001	1.45	给水、电力、通信、热力
8	上海安亭新镇	2002	0.32	给水、电力、通信、燃气
9	上海世博园	2009	6.6	给水、电力、通信、交通信号
10	北京市中关村西区	2005	1.9	给水、电力、通信、燃气、热力
11	深圳盐田坳	2005	2.67	给水、通信、燃气、压力污水
12	兰州新城	2006	2.42	给水、电力、通信、热力
13	昆明广福路	2007	17.76	给水、电力、通信
14	广州大学城	2007	17.4	给水、电力、通信、供冷、真空垃圾管
15	厦门集美新城	2007	—	给水、电力、通信、交通信号、中水
16	大连市保税区	2008	2.14	给水、电力、通信、中水、热力
17	宁波东部新城	2009	6.16	给水、电力、通信、中水、热力
18	无锡太湖新城	2010	16.4	给水、电力、通信

续上表

序号	综合管廊位置	建设时间（年）	长度（km）	收 纳 管 线
19	珠海横琴	2010	33.4	电力、通信、给水、中水、供冷、真空垃圾管
20	深圳空港新城	2011	18.3	给水、电力、通信、中水
21	青岛市高新区	2011	40	给水、电力、通信、中水、热力、供冷
22	石家庄市正定新区	2013	24.4	给水、电力、通信、中水、热力
23	青岛市华贯路	2013	7.8	给水、电力、通信、中水、热力、工业管道
24	昌平未来科技城	2013	3.9	给水、电力、通信、中水、热力、预留热水、压力污水、直饮水
25	日本临海副都心	—	16	给水、中水、污水、电力、通信、热力、供冷、燃气、垃圾输送管道

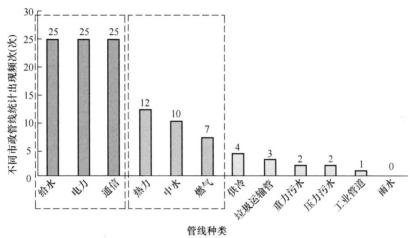

图3-33　国内外综合管廊收容管线种类统计图表（数据来源于表3-2）

（1）电力电缆

随着城市经济综合实力的提升及对城市环境整治的严格要求,目前在国内许多大中城市都在开展架空电力电缆入地工作,并建有不同规模的电力隧道和电缆廊。直接纳入综合管廊或电力隧道内的高压电缆从110kV到500kV均有大量应用实例,电力电缆从技术和维护角度而言纳入综合管廊已经没有障碍,电力电缆纳入综合管廊内的主要技术问题是解决好通风降温、防火防灾。

（2）通信电缆

传统的通信电缆敷设方式主要采用架空或直埋两种。架空敷设方式造价较低,但影响城市景观,而且安全性能较差,目前正逐步被埋地敷设方式所替代,尤其是近年来,随着光纤通信技术的快速发展,城市主干通信线路基本上实现光纤化。光纤具有传输容量大、稳定性高、抗干扰能力强等优点,直接纳入综合管廊占用空间小,可与电力电缆同舱敷设,但应注意在设计中考虑电力事故与电磁干扰的防治措施。

（3）给水管线

给水管线传统的敷设方式为直埋,管道的材质一般为钢管、球墨铸铁管等。将给水管道纳入综合管廊,有利于管线的维护和安全运行,减少给水管道的漏损率;但给水管道纳入综合管廊需要解决防腐、结露等技术问题。

（4）排水管线

排水管线分为污水管道和雨水管道两种，对于这两种管道，是否纳入综合管廊国内外都认为需要仔细研究。污水管道在一般情况下均为重力流，管道按一定坡度埋设，埋深一般较深，综合管廊的敷设一般纵坡很小，如污水管道进入综合管廊，综合管廊则必须按一定坡度进行敷设以满足污水的输送要求。另外污水管材需防止管材渗漏，同时，污水管还需设置透气系统和污水检查井，管线接入口较多，若将其纳入综合管廊内，就必须考虑其对综合管廊方案的制约，以及相应的结构规模扩大化等问题，在地势平坦的区域，污水管道进入综合管廊没有经济优势，一般情况下不建议将其纳入综合管廊内。日本是在一些采用污水压力管道的工程中将其纳入综合管廊，另外，当污水支管埋深较浅、与管廊纵坡相匹配，从及一些综合管廊埋深较大与污水管道出现竖向冲突问题时，也可以考虑将其纳入综合管廊。欧美地区主要是考虑污水管道的冻裂而将其纳入综合管廊的。

对于雨水管线，《城市综合管廊工程技术规范》（GB 50838—2015）明确规定可将重力流雨水管线纳入综合管廊，但由于雨水管线管径较大，且为重力流，因此存在与污水管道同样的技术问题。另外，雨水管线还需要预留密集的雨水收集口，同时为了考虑将雨水排入就近水系，将雨水管线纳入管廊后有时需要调整相邻地区雨水管线，因此，规范也指出，需要根据场地地势条件，通过详细的经济技术比较，确定重力流雨水管线入廊方案。刘应明在《城市地下综合管廊工程规划与管理》一书对各种管廊是否应纳入综合管廊进行了详细分析，认为某种管线是否应该入廊，应结合经济发展、地质地貌条件，并综合考虑技术、经济、安全及运维管理等因素。

（5）热力管线

在我国北方地区，热力管线是重要的城市市政公用管线，在综合管廊工程规划建设当中，热力管线应当直接纳入综合管廊内。由于热力管线温度应力较大，在综合管廊设计时，应当考虑热力管线固定支座和活动支座的受力要求、伸缩节的空间布置要求。此外，应当严格按照规范规定热力管道不能同电力电缆同舱敷设。

（6）燃气管线

目前我国规范，对于燃气管线能否进入综合管廊没有明确规定。在国外的综合管廊中，则有燃气管线敷设于综合管廊的工程实例，且经过几十年的运行，没有出现安全方面的事故。但在国内，人们仍然对燃气管线进入综合管廊有安全方面的担忧。如果仅仅从安全因素来考虑，通过采取科学的技术措施解决燃气管线的安全问题，燃气管线是可以直接进入综合管廊的。但相应会增加工程的投资，对运行管理和日常维护也提出了更高的要求。

燃气管线进入综合管廊，针对不同的敷设方式可考虑采用如下措施，以解决燃气管线的安全问题。

①燃气管线可与给水管道单独布置一舱，使之与电力电缆、通信电缆、广播电视电缆等隔舱设置。

②在燃气管线上每隔一定距离设置截止阀，当燃气管线发生泄漏等故障时，可及时关闭阀门，进行检修。

③设置燃气泄漏检测仪表，当发生泄漏时，能及时进行事故报警。

④每隔一定距离设置阻火墙及消防喷水等消防设施，当燃气管线发生泄漏等事故时，开启

机械通风设施进行排风,以降低综合管廊内燃气浓度。

尽管收容燃气管线会增加综合管廊的造价,也会使综合管廊的日常维护和管理的要求变高,但与将燃气管线直接埋地敷设相比,将燃气管线收容进综合管廊,不易受到外界因素的干扰而破坏,提高了城市的安全性,从长远来看具有更高的经济效益,所以考虑将燃气管线收容进综合管廊。

(7)垃圾输送管道

城市生活垃圾的收集与运输是指生活垃圾产生以后,由容器将其收集起来,集中到收集站后,用清运车辆运至转运站或处理场。垃圾的收运是城市垃圾处理系统中的重要环节,影响着垃圾的处理方式。其过程复杂,耗资巨大,通常占整个处理系统费用的60%~80%。垃圾的收集运输方式受到城市地理、气候、经济、建筑及居民的文明程度和生活习惯的影响,因此应结合城市的具体情况,选择节省投资、高效合理的方式,为后续处理创造有利条件。在垃圾的收运过程中,应尽可能封闭作业,以减少对环境的污染。由于目前国内进行垃圾的管道化收集尚不成熟,如果要采用生活垃圾的管道化收集方案,并将该管道纳入综合管廊内,需要增加综合管廊的结构断面尺寸,相应地将影响到工程的投资。

从国内外综合管廊使用情况来看,给水、电力、通信、中水管线纳入综合管廊可减少管线的维修次数,从技术和维护角度而言已经没有障碍,因此综合管廊建设时将给水、电力、通信、中水管线纳入综合管廊考虑是经济而合理的,而是否将雨污水管线及燃气管线纳入综合管廊仍存在较大争议。根据《城市综合管廊工程技术规范》(GB 50838—2015),给水、雨水、污水、再生水、天然气、热力、电力、通信等城市工程管线可纳入综合管廊。综合管廊容纳的管线种类和数量对综合管廊系统规模和工程投资影响很大,电力电缆、通信电缆、给水管线同舱敷设,断面尺寸比较节约。当热力管线纳入综合管廊时,要采用双舱断面来敷设电力电缆、通信电缆、给水管线和热力管线。如果再增加燃气管线,应再增加一个舱室,以保证燃气管线和其他管线的物理隔断。

3.7 综合管廊断面选型

3.7.1 断面形式

综合管廊断面形式应根据道路断面、地下空间限制、纳入管线的种类及规模、建设方式、预留空间、经济安全等因素确定。综合管廊的断面形式有多种,如矩形、圆形、直墙拱形、马蹄形等,断面的选择必须依据埋置深度、地形、地貌等地质条件以及施工方法来确定。一般情况下,地处软土、浅埋,且明挖法施工时,采用矩形断面。根据需要做成单跨、多跨、单层、多层矩形断面,有利于空间分隔,利于管线布置,综合管廊基本上以矩形结构形式为主。当覆土大于6~8m时,采用暗挖式施工方法,可采用拱形、马蹄形断面。当遇到穿越江河、铁路及一般明挖施工法较困难的情况,有时也采用圆形盾构隧道形式,在圆形断面中进行合理地分隔,敷设各类管线。矩形断面的优点是建设成本低、利用率高、保养维修操作和空间结构分割容易、管线敷设方便;当采用盾构法施工时,要考虑矩形断面盾构机。

3.7.2 分舱形式

管廊分舱形式见表3-3,管线分舱应结合各类入廊管线的性质及相互间影响因素统筹考

虑,具体要求如下:

(1)天然气管道应在独立舱室内敷设;

(2)热力管道采用蒸汽介质时应在独立舱室内敷设,热力管道不应与电力电缆同舱敷设;

(3)给水管道与热力管道同侧布置时,给水管道宜布置在热力管道下方;

(4)雨水纳入综合管廊可利用结构本体或采用管道排水方式;

(5)污水管道宜设置在综合管廊的底部。

管 廊 分 舱 形 式 表 3-3

舱 位	形 式	说 明
单舱	矩形、圆形	一般为电、信同舱;水、电、信等同舱
双舱	矩形	一般热、水同舱,水、电、信同舱或水、电同舱,燃气独舱
三舱	矩形	一般有高压电力独舱、燃气独舱等
四舱	—	管线量巨大情况
一体化	—	与地下空间、地铁结合情况
其他	—	特殊结构

综合管廊的断面大小的确定,要考虑到综合管廊的纳入的管线种类、数量及施工方法。综合管廊主要收容给水、电力、通信、中水四种管线,中压燃气管、海水利用管、热力管、供冷管、直饮水管、垃圾输送管、石油管等预留管位可根据各市用地功能和发展需求灵活选择。以下提出几种适合综合管廊建设的标准断面以供参考。

1)矩形断面

(1)矩形断面单舱综合管廊布置如图 3-34 所示。

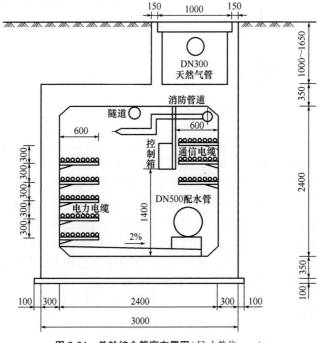

图 3-34 单舱综合管廊布置图(尺寸单位:mm)

（2）矩形断面双舱综合管廊布置如图 3-35 所示。

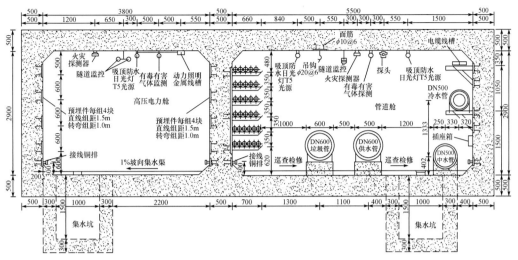

图 3-35　双舱综合管廊断面(尺寸单位:mm)

（3）矩形断面三舱综合管廊布置如图 3-36 所示。

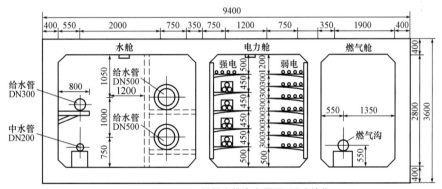

图 3-36　9.4m×3.6m 三舱综合管廊布置图(尺寸单位:mm)

（4）矩形断面四舱综合管廊布置如图 3-37 所示。

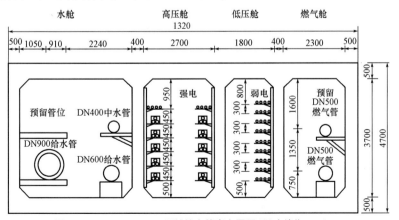

图 3-37　13.2m×4.7m 四舱综合管廊布置图(尺寸单位:mm)

2）圆形断面（盾构法施工）

圆形断面综合管廊布置如图3-38所示。

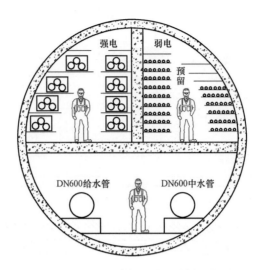

图3-38　直线5.4m圆形断面综合管廊布置示意图

3）矩形断面（盾构法施工）

6.8m×6.2m矩形断面综合管廊布置如图3-39所示。

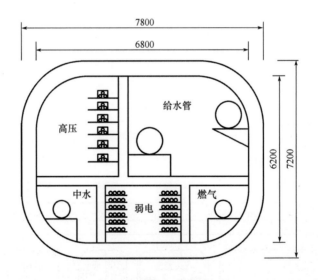

图3-39　6.8m×6.2m矩形断面综合管廊布置示意图（尺寸单位：mm）

4）马蹄形断面（浅埋暗挖法施工）

马蹄形断面9.0m×8.98m干线综合管廊布置如图3-40所示。

5）一体化断面

（1）地下道路与综合管廊一体化设计断面如图3-41所示。

（2）地铁车站与综合管廊一体化设计断面如图3-42所示。

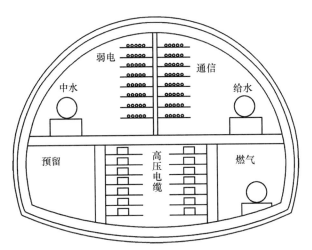

图 3-40　9.0m×8.98m 马蹄形断面综合管廊布置示意图

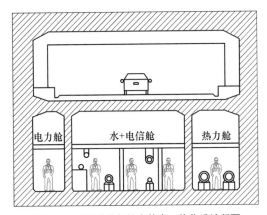

图 3-41　地下道路与综合管廊一体化设计断面

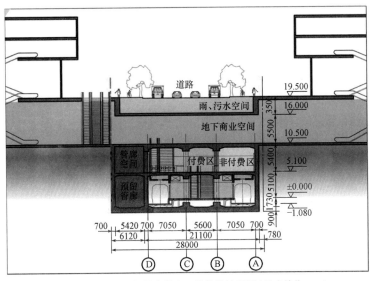

图 3-42　地铁车站与综合管廊一体化设计断面(尺寸单位:mm)

3.8 综合管廊三维控制线划定

3.8.1 平面线形及位置

（1）平面线形

综合管廊平面线形设计应该与综合管廊所通过道路平面线形保持一致。

平面线形规划主要取决于道路的平面线形，与邻近建筑物的距离，与原有地下构筑物的关系，与城市规划、地铁规划等未来规划建设设施的关系等，因此在进行管廊平面线形规划时应注意以下几点。

①当遇到地铁或高速公路建设时，最好将管廊与这些城市设施同步施工，线形规划设计也可与其他设施结合起来，并且在可能的情况下，将这些设施的结构物结合起来同时施工，这个施工方案相当经济。

②当遇到与城市规划中的道路拓宽工程同步施工时，应把综合管廊建在拓宽部位，新拓宽部位因地下较少的埋设物而便于施工和交通处理。

③考虑到施工难易程度、沿街住户上下水等地下埋设物的处理，管廊尽可能远离沿街的建筑物，其最小间隔距离限度为1.0m，是以挡土墙的施工范围为界的。

④据消防法规定，综合管廊与地下汽油油罐水平间隔10.0m以上，因此对于沿道路加油站的地下油罐位置等要认真了解，在综合管廊线形规划设计时要充分考虑。

⑤综合管廊平面线形最小半径及角度的规划设计，还要考虑到各类管线安装的可行性。

（2）平面位置

平面位置应与所通过位置的在建或规划建筑物的桩、柱、基础设施的平面位置相协调。

综合管廊的平面布置位置应充分考虑综合管廊的自身类型和所通过路段的断面形式，既要满足综合管廊自身的工程设计要求，也要尽量减少前期建设工程成本和后期维护的工程量。

对于有较宽绿化带的主干道，可将综合管廊布置于中央绿化带下，如图3-43所示。次干道下可将综合管廊布置于道路的人行道或非机动车道下方，如图3-44所示。

干线管廊一般设置于机动车道或道路中央下方，一般不直接服务沿线地区。支线管廊一般设置在人行道或非机动车道，纳入直接服务沿线的各种管道。缆线管廊一般设置在道路的人行道下面。干支线混合管廊可设置于机动车道、人行道或非机动车道下方，可结合所纳入管道的特点选择敷设位置。

（3）与邻近设施间距控制

管廊与工程管道之间的最小水平净距应符合《城市工程管线综合规划规范》（GB 50289—2016）的规定。干（支）线管廊与邻近建（构）筑物的间距应在2m以上，缆线管廊与邻近建（构）筑物的间距不应小于0.5m。

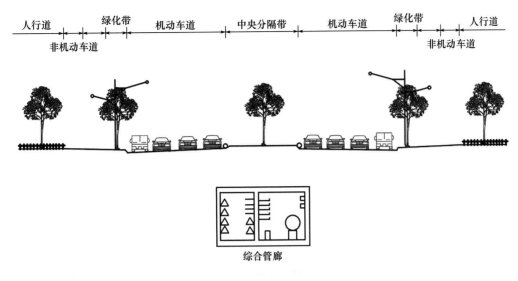

图 3-43　主干道下综合管廊平面位置图

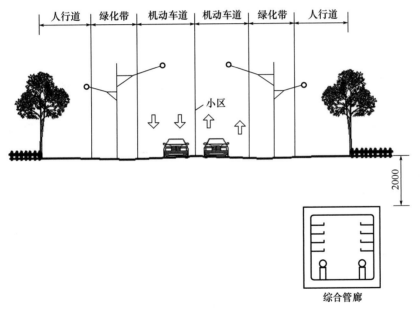

图 3-44　次干道下综合管廊平面位置图(尺寸单位:mm)

3.8.2　竖向控制

(1)综合管廊覆土深度

综合管廊的覆土应根据设置位置、道路施工、行车荷载和管廊的结构强度等因素综合确定,保证道路、管线运营的安全、经济。考虑各种管廊节点的处理以及减少车辆荷载对管廊的影响,兼顾其他市政管线从廊顶横穿的要求,综合管廊的最小覆土深度一般可以取2m,这是由管廊内管线从廊顶的穿出与廊外管线从廊顶横穿的要求及廊顶通风风道的要求等因素决定的。缆线管廊一般设置在道路的人行道下面,覆土厚度一般不宜小于 0.4m。

（2）综合管廊纵坡控制

综合管廊的纵断面应基本与通过的道路的纵断面一致,可以减少施工时的土方量,纵坡变化处应满足各类管线折角的要求,最小坡度应满足沟内排水的要求,且不小于 0.2%,最大纵坡应考虑各类管线敷设、运输方便,最大不超过 20%。综合管廊内纵向坡度超过 10% 时,应在人员通道部位设置防滑地坪或台阶。

（3）综合管廊交叉避让原则

综合管廊与非重力流管线交叉时,非重力流管线避让综合管廊;与重力流管线交叉时,应根据实际情况,经过技术比较后确定解决方案;当综合管廊穿越河道时,一般从河道下部穿越,且应选择在河床稳定的河段,最小覆土深度应满足河道整治和综合管廊安全运行的要求。

3.8.3　重要节点控制

综合管廊与综合管廊、地下交通、地下商业等其他地下设施交叉时(图 3-45、图 3-46),应明确设施之间互相协调、避让或共建的原则要求,明确管廊与管廊、轨道交通、地下通道、人防工程,以及其他设施之间的节点处理方式、控制尺寸及间距控制要求等。具体控制间距应根据地质条件、建设方式、相邻设施性质和相关规范标准等确定。

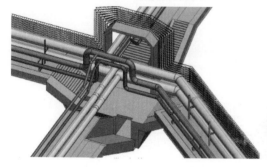

图 3-45　管廊与管廊相交节点

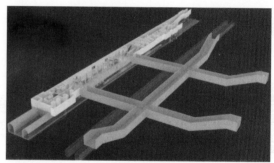

图 3-46　管廊与地铁站场交叉点

第4章　城市地下综合管廊设计

4.1　概述

综合管廊设计应符合规划的要求,管廊的分类或形式根据规划及功能确定。在进行设计之前,做好前期的资料调查和现场勘查工作,同时应考虑到道路交通以及施工工艺等,从而提高管廊的结构安全性和经济合理性。综合管廊设计主要包括平纵面设计、横断面设计、重要节点设计、附属设施设计和结构设计。

4.2　综合管廊的设计依据

4.2.1　国家政策依据

(1)《关于加强城市基础设施建设的意见》(国发〔2013〕36号);

(2)《关于加强城市地下管线建设管理的指导意见》(国办发〔2014〕27号);

(3)《关于开展中央财政支持地下综合管廊试点工作的通知》(财建〔2014〕839号);

(4)《关于推进城市地下综合管廊建设的指导意见》(国办发〔2015〕61号);

(5)《城市地下综合管廊建设专项债券发行指引》(发改办财金〔2015〕755号);

(6)《关于城市地下综合管廊实行有偿使用制度的指导意见》(发改价格〔2015〕2754号);

(7)《中共中央国务院关于进一步加强城市规划建设管理工作的若干意见》(2016.02);

(8)《关于推进电力管线纳入城市地下综合管廊的意见》(建城〔2016〕98号);

(9)《关于提高城市排水防涝能力推进城市地下综合管廊建设的通知》(建城〔2016〕174号)。

4.2.2　地方规划及文件

(1)城市总体规划;

(2)国民经济和社会发展规划;

(3)土地利用规划;

(4)城市综合管廊专项规划;

(5)城市基础设施发展规划;

(6)城市交通发展规划;

(7)城市地下空间专项规划(包括轨道交通等);

（8）各市政管线专项规划；

（9）城市市政管线综合规划（管网普查资料）；

（10）区域控制性详细规划；

（11）城市重大发展战略；

（12）城市重大建设项目；

（13）场地地形图及地勘。

4.2.3 规范规程类依据

（1）总体设计规范

《城市综合管廊工程技术规范》（GB 50838—2015）；

《城市综合管廊工程投资估算指标（试行）》（ZYA1-12（10）—2015）；

《城市工程管线综合规划规范》（GB 50289—2016）；

《城市抗震防灾规划标准》（GB 50413—2007）；

《电力电缆隧道设计规程》（DL/T 5484—2013）；

《电力工程电缆设计标准》（GB 50217—2018）；

《城市电力电缆线路设计技术规定》（DL/T 5221—2016）；

《通信管道与通道工程设计标准》（GB 50373—2019）；

《城镇燃气设计规范》（GB 50028—2006）；

《城镇供热管网设计规范》（CJJ 34—2010）；

《光缆进线室设计规定》（YD/T 5151—2007）；

《管廊工程用预制混凝土制品试验方法》（GB/T 38112—2019）；

《化工园区公共管廊管理规程》（GB/T 36762—2018）；

《城市综合管廊运营服务规范》（GB/T 38550—2020）；

《城镇综合管廊监控与报警系统工程技术标准》（GB/T 51274—2017）；

《城市地下综合管廊运行维护及安全技术标准》（GB 51354—2019）；

《竹缠绕管廊》（LY/T 3202—2020）；

《装配式钢制波纹管综合管廊工程技术规程》（T/CCIAT 0012—2019）；

《城市综合管廊防水工程技术规程》（T/CECS 562—2018）；

《城市综合管廊工程资料管理标准》（T/CECS 639—2019）；

《城市综合管廊基本术语标准》（T/CMEA 4—2019）。

（2）结构设计规范

《工程结构可靠性设计统一标准》（GB 50153—2008）；

《建筑结构可靠度设计统一标准》（GB 50068—2018）；

《建筑工程抗震设防分类标准》（GB 50223—2008）；

《建筑结构荷载规范》（GB 50009—2012）；

《建筑地基基础设计规范》（GB 50007—2011）；

《建筑地基处理技术规范》（JGJ 79—2012）；

《建筑桩基技术规范》（JGJ 94—2008）；

《混凝土结构设计规范》(GB 50010—2010);

《建筑抗震设计规范》(GB 50011—2010);

《构筑物抗震设计规范》(GB 50191—2012);

《砌体结构设计规范》(GB 50003—2011);

《给水排水工程构筑物结构设计规范》(GB 50069—2002);

《建筑基坑支护技术规程》(JGJ 120—2012);

《地下工程防水技术规范》(GB 50108—2008);

《地下防水工程质量验收规范》(GB 50208—2011);

《钢结构设计标准》(GB 50017—2017);

《湿陷性黄土地区建筑标准》(GB 50025—2018);

《湿陷性黄土地区建筑基坑工程技术安全技术规程》(JGJ 167—2009);

《盐渍土地区建筑技术规范》(GB/T 50942—2014);

《工业建筑防腐蚀设计标准》(GB 50046—2018);

《混凝土结构耐久性设计标准》(GB 50476—2019);

《岩土工程勘察规范》(GB 50021—2001);

《建筑基坑工程监测技术标准》(GB 50497—2019);

《岩土锚杆与喷射混凝土支护工程技术规范》(GB 50086—2015);

《岩土锚杆(索)技术规程》(CECS 22—2005);

《建筑边坡工程技术规范》(GB 50330—2013);

《建筑抗震设计规程》(DB62/T25-3055—2011);

《混凝土结构耐久性设计规范》(DB62/T25-3073—2013);

《建筑机电工程抗震设计规范》(GB 50981—2014)。

(3)消防设计规范

《建筑设计防火规范》(GB 50016—2014);

《火力发电厂与变电站设计防火标准》(GB 50229—2019);

《建筑灭火器配置设计规范》(GB 50140—2005);

《消防给水及消火栓系统技术规范》(GB 50974—2014);

《自动喷水灭火系统设计规范》(GB 50084—2017);

《水喷雾灭火系统技术规范》(GB 50219—2014);

《细水雾灭火系统技术规范》(GB 50898—2013);

《泡沫灭火系统设计标准》(GB 50151—2021);

《气体灭火系统设计规范》(GB 50370—2005);

《二氧化碳灭火系统设计规范》(GB 50193—1993);

《干粉灭火系统设计规范》(GB 50347—2004);

《气溶胶灭火系统技术规范》(Q/SY1112—2012);

《火灾自动报警系统设计规范》(GB 50116—2013)。

(4)暖通通风设计规范

《工业建筑采暖通风与空气调节设计规范》(GB 50019—2015);

《公共建筑节能设计标准》(GB 50189—2015);

《民用建筑供暖通风与空气调节设计规范》(GB 50736—2012);

《供热计量技术规程》(JGJ 173—2009);

《通风与空调工程施工质量验收规范》(GB 50243—2016);

《建筑给水排水及采暖工程施工质量验收规范》(GB 50242—2002);

《设备及管道绝热技术通则》(GB/T 4272—2008);

《工业设备及管道绝热工程设计规范》(GB 50264—2013)。

(5)电气设计规范

《供配电系统设计规范》(GB 50052—2009);

《低压配电设计规范》(GB 50054—2011);

《20kV 及以下变电所设计规范》(GB 50053—2013);

《民用建筑电气设计标准》(GB 51348—2019);

《电力工程电缆设计标准》(GB 50217—2018);

《建筑物防雷设计规范》(GB 50057—2010);

《建筑物电子信息系统防雷技术规范》(GB 50343—2012);

《建筑照明设计标准》(GB 50034—2013);

《火灾自动报警系统设计规范》(GB 50116—2013);

《交流电气装置的接地设计规范》(GB/T 50065—2011);

《电气装置安装工程电缆线路施工及验收规范》(GB 50168—2006);

《电气装置安装工程接地装置施工及验收规范》(GB 50169—2016);

《通用用电设备配电设计规范》(GB 50055—2011);

《3~110kV 高压配电装置设计规范》(GB 50060—2008);

《电力装置的继电保护和自动装置设计规范》(GB/T 50062—2008);

《交流电气装置的接地设计规范》(GB 50065—2011);

《爆炸危险环境电力装置设计规范》(GB 50058—2014)。

(6)监控报警设计规范

《视频安防监控系统工程设计规范》(GB 50395—2007);

《出入口控制系统工程设计规范》(GB 50396—2007);

《安全防范工程技术标准》(GB 50348—2018);

《综合布线工程设计规范》(GB 50311—2016);

《入侵报警系统工程设计规范》(GB 50394—2007);

《消防控制室通用技术要求》(GB 25506—2010);

《数据中心设计规范》(GB 50174—2017);

《建筑物电子信息系统防雷技术规范》(GB 50343—2012);

《石油化工可天然气体和有毒气体检测报警设计标准》(GB 50493—2019)。

(7)给排水设计规范

《城镇给水排水技术规范》(GB 50788—2012);

《室外给水设计标准》(GB 50013—2018);

《室外排水设计标准》(GB 50014—2021);

《建筑给水排水设计标准》(GB 50015—2019);

《现场设备、工业管道焊接工程施工规范》(GB 50236—2011);

《工业金属管道设计规范》(GB 50316—2000);

《工业金属管道工程施工规范》(GB 50235—2010)。

(8)标识系统设计规范

《安全标志及其使用导则》(GB 2894—2008);

《消防安全标志设置要求》(GB 15630—1995);

《消防安全标志第1部分:标志》(GB 13495.1—2015);

《工业管道的基本识别色、识别符号和安全标识》(GB 7231—2003);

《城镇燃气标志标准》(CJJ/T 153—2010);

《城镇供热系统标志标准》(CJJ/T 220—2014)。

(9)运行维护规范

《城镇供水管网运行、维护及安全技术规程》(CJJ 207—2013);

《城镇供水管网抢修技术规程》(CJJ/T 226—2014);

《城镇排水管道维护安全技术规程》(CJJ 6—2009);

《电力电缆线路运行规程》(DL/T 1253—2013);

《城镇燃气设施运行、维护和抢修安全技术规程》(CJJ 51—2016);

《城镇供热系统运行维护技术规程》(CJJ 88—2014);

《城镇供热管网维修技术规程》(CECS 121—2001);

《城镇供热系统抢修技术规程》(CJJ 203—2013)。

(10)相关设备要求

《阻燃及耐火电缆塑料绝缘阻燃及耐火电缆分级和要求第1部分阻燃电缆》
(GA 306.1—2007);

《阻燃及耐火电缆塑料绝缘阻燃及耐火电缆分级和要求第2部分耐火电缆》
(GA 306.2—2007);

《钢制电缆桥架工程设计规程》(T/CECS 31—2017);

《可燃气体报警控制器》(GB 16808—2008);

《防火封堵材料》(GB 23864—2009);

《铝合金电缆桥架技术规程》(CECS 106—2000);

《气体消防设施选型配置设计规程》(CECS 292—2011)。

(11)其他标准

《市政公用工程设计文件编制深度规定》;

《建筑工程设计文件编制深度规定》;

《工程建设标准强制性条文》;

其他有关国家规范及行业规程、标准。

4.3　城市综合管廊设计要点

4.3.1　设计原则

综合管廊工程规划设计应符合城市总体规划的要求,规划年限应与城市总体规划一致,并应预留远景发展空间。在进行城市综合管廊设计之前,应当做好前期资料调查和现场勘查工作,使设计方案更具有可行性和针对性,提高设计的效率和质量。同时还应当考虑到道路交通以及施工工艺等,提高管廊的结构安全性和经济合理性。

4.3.2　设计程序

首先要对管线的基本资料进行收集和分析,对于管廊的容量需求进行分析评估,进而做好短期和长期的规划研究。然后进行干线和支线综合管廊的横断面设计,再进行干线和支线综合管廊的平面线形设计和纵断面设计。定好管廊的横平纵后,依序进行管廊的结构设计和埋设施工方案设计。

4.3.3　一般规定

(1)综合管廊设计应符合相关规范的要求,其形式、规模根据规划和功能要求来确定。

(2)综合管廊平面中心线宜与道路、铁路、轨道交通、公路中心线平行。综合管廊穿越城市快速路、主干路、铁路、轨道交通、公路时,宜垂直穿越;受条件限制时可斜向穿越,最小交叉角不宜小于30°。

(3)综合管廊位置应根据道路横断面、地下管线和地下空间规划利用情况合理确定。

(4)综合管廊的断面形式及尺寸应根据施工方法及容纳的管线种类、数量、分支等综合确定。

(5)综合管廊管线分支口应满足预留数量、管线以及作业人员进出、安装敷设作业的要求,相应的配套设施布置根据管廊形式、规范要求和周边环境条件等综合确定。

(6)应保证综合管廊的安全,含天然气管道舱室的综合管廊不应与其他建(构)筑物合建。天然气管道舱室与周边建(构)筑物间距应符合现行国家标准《城镇燃气设计规范》(GB 50028)的有关规定。纳入综合管廊的管线设计应符合现行规范和相关标准。

(7)综合管廊设计使用年限应不低于100年,结构安全等级应为一级,结构中各类构件应采用与主体结构一致的安全等级。

(8)综合管廊的施工方法应该结合周边环境、地质、技术经济综合比选确定。

(9)与城市轨道交通同路由的综合管廊工程,宜结合城市轨道交通设施建设时机同步建设。毗邻规划或在建城市轨道交通设施的综合管廊建设工程,其部分附属设施可协调与车站出入口通道等共建。

(10)综合管廊在地形合适地段也可考虑与城市排水防涝结合设计。综合管廊防洪、防潮标准按200年一遇设防,防涝标准按50年一遇设防。综合管廊所有露出地面的建(构)筑物孔口应考虑防洪要求。

(11)综合管廊设计时宜考虑所在区域内海绵城市的雨水下渗通道,综合管廊可根据实际情况与海绵城市的雨水收集池及调蓄设施共同设计、共同建设。

4.4 综合管廊平纵面设计

4.4.1 平面设计

（1）平面中心线宜与道路中心线平行，一般不宜从道路的一侧转到另一侧。管廊平面线形与道路线形保持一致，如图4-1所示。图4-2为管廊平面布置受河道影响调整方案，图4-3为管廊避让远期互通匝道平面位置调整方案。

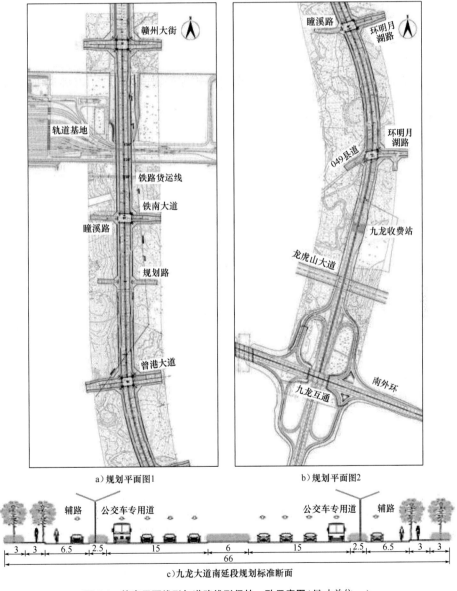

a）规划平面图1　　　　　b）规划平面图2

c）九龙大道南延段规划标准断面

图4-1　管廊平面线形与道路线形保持一致示意图（尺寸单位：m）

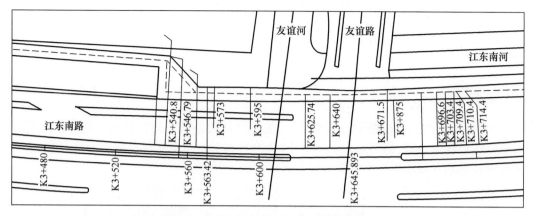

图 4-2 管廊平面布置受河道影响调整示意图

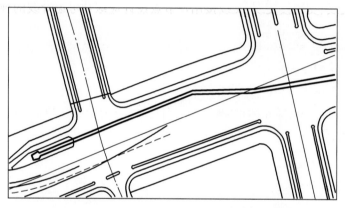

图 4-3 为避让远期互通匝道，管廊平面位置调整示意图

（2）当综合管廊沿铁路、轨道交通、公路敷设时应与其线路平行。如必须交叉，宜采用垂直交叉；受条件限制，可倾斜交叉布置，其最小交叉角宜大于 30°。

（3）对于埋深大于建（构）筑物基础的综合管廊，其与建（构）筑物之间的最小水平距离应按下式计算，并不得少于 2.5m。

$$l = \frac{H - h}{\tan\varphi} + 0.5a \tag{4-1}$$

式中：l——管线中心至建（构）筑物基础边水平距离（m）；

$\quad H$——管线敷设深度（m）；

$\quad a$——开挖管沟宽度（m）；

$\quad \varphi$——土壤内摩擦角（°）。

（4）综合管廊转弯半径应满足管廊内各种管线的转弯半径要求。

（5）综合管廊与相邻地下构筑物（管线）之间的最小间距应根据地质条件和相邻构筑物性质确定，且不得小于表 4-1 规定的数值。

综合管廊与相邻地下构筑物(管线)之间的最小间距(单位:m)　　表 4-1

相 邻 情 况	施 工 方 法	
	明挖施工	非开挖施工
管廊与地下构筑物之间的水平间距	1.0	管廊外径
管廊与地下管线之间的水平间距	1.0	管廊外径
管廊与地下构筑物之间的垂直间距	0.5	0.5
管廊与地下管线交叉垂直净距	0.5	0.5

(6)综合管廊应设置投料口通风口,其外观宜与周围景观相协调。投料口通风口等露出地面的构筑物应有防止地面水倒灌的设施。

(7)干线接支线、支线接支线、支线接用户节点设计应综合考虑管线的种类、数量、转弯半径等要求。

综合管廊的平面线形设计应对道路现状、未来周边的发展规划情况以及相应管线单位未来发展的需求,做好充分的调查研究,以作为近、远期设计方案考虑。在综合管廊平面设计过程中,应结合沿线用地情况和道路条件,根据横断面布置、容纳管线等设计条件,设计最佳的布置形式和平面走向。目前,常见的综合管廊平面布置主要有道路单侧布置(图4-4)、两侧布置和中央布置三种形式。

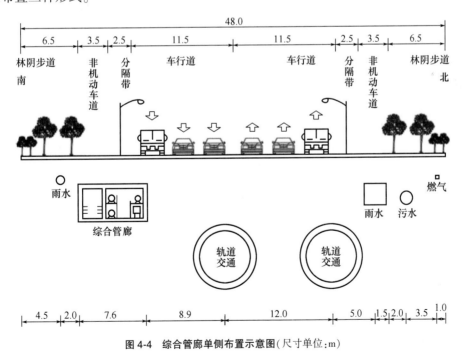

图 4-4　综合管廊单侧布置示意图(尺寸单位:m)

干线综合管廊平面线形原则上设置于道路中央的下方,其综合管廊中心线之平面线形应与道路中心线一致。干线综合管廊和邻近建(构)筑物的间隔距离,须考虑施工时挡土措施的安全距离,更要有足够的施工作业空间,一般应维持在2m以上。干线综合管廊进行平面曲线设计时,应充分了解收容管线的曲率特性及曲率限制。

支线综合管廊及电缆沟原则上应设置于人行道下方,特殊部可根据需要设在道路交叉口,通风口可设在分隔带上。电缆沟因沿线需拉出电缆接户,故其位置应靠近建(构)筑物,电缆沟外壁离周边用地地界应有30cm以上的距离以利于电缆敷设。电缆沟如需进行曲线设计时,应考虑缆沟内收容的各类缆线的弯曲曲率限制。

4.4.2 纵断面设计

1)综合管廊埋深的确定

(1)地下空间的分层区划

①地面~-15m:浅层开发深度,开发层数≤3层,主要功能为地下商业街、地下轨道车站、浅层地下轨道线路、地下通道、文化体育活动、办公、仓储、建筑设备、人防、停车、地下环路、市政管线和综合管廊等。

②-30~-15m:中层开发深度,开发层数≤6层,主要功能为地下轨道车站、地下轨道线路、停车、建筑设备、地下道路、地下物流和地下市政设施等。

③-50~-30m:深层开发深度,地下轨道线路、建筑设备、地下道路、地下物流、地下市政设施等。

④-50m以下:远期超深层开发深度,为远期地下设施发展预留。

根据国内外地下空间分层开发经验,市政管线和综合管廊一般布设于地面以下15m浅层空间最为合适。综合管廊的覆土应根据设置位置、道路施工、行车荷载和管廊的结构强度等因素综合确定,以保证道路、管线运营的安全、经济。考虑各种管廊节点的处理以及减少车辆荷载对管廊的影响,兼顾其他市政管线从廊顶横穿的要求,我国综合管廊覆土一般为1.5~2.0m。

(2)综合管廊穿越河道的最小埋深

综合管廊的最小埋设深度应根据路面结构厚度,必要的覆土厚度以及横向埋管的安全空间等因素确定。

综合管廊穿越河道时应选择在河床稳定的河段,最小覆土深度埋设深度应满足河道整治和综合管廊安全运行的要求,并应符合下列规定。

①在Ⅰ~Ⅴ级航道下面敷设时,顶部高程应在远期规划航道底高程2.0m以下。

②在Ⅵ、Ⅶ级航道下面敷设时,顶部高程应在远期规划航道底高程1.0m以下。

③在其他河道下面布设时,顶部高程应在河道底高程1.0m以下。

2)纵断面设计

(1)管廊纵断面最小坡度需考虑廊内排水的需要,纵坡变化处应综合考虑各类管线折角的要求。纵向坡度超过10%时,应在人员通道部位设防滑地坪或台阶。

(2)综合管廊的纵坡应考虑管廊内部自流排水的需要,最小纵坡坡度应不小于2‰;最大纵坡应符合各类管线敷设要求,一般控制值为20%,特殊情况例外。

3)综合管廊交叉设计

综合管廊结构体积大、距离长、变线要求高,穿越的地下空间情况复杂,特别是遇有污水重力管、河渠桥涵、地下通道等,由于综合管廊不得不避开此类交叉障碍物,需要加大综合管廊埋深,同时从投资、施工技术、管理运维等方面综合考虑,埋深又不能太深。因此综合管廊交叉口设计是影响管廊纵断面设计的一个关键因素,如何权衡,需进行技术经济比较确定。

综合管廊与其他地下埋设物相交时,其纵断面线形常有较大的变化,为维持所收容各类管线的弯曲限制,必须设缓坡作为缓冲区间,其纵向坡度不得小于1:3(垂直与水平长度比)。当遇到洞道、埋管、下水道及地铁、立体交叉的基础等,要对这些原有设施的规划与构造进行充分调查分析,并与有关管理部门充分协商后确定是否移建,确定是否从原有设施上方穿越或从其下方穿越。

当综合管廊与既有地下构筑物交叉时,可通过调整平面布局或立体穿越的方式来实施。一般情况下,当需横跨立体交叉道路、铁路、人行通道时多数从其下方穿越,如图4-5所示。当综合管廊下穿既有地下设施时,其接头处有可能产生不均匀沉降,为此也需要在接头部位做成弹性铰接,以使其能自由变形。同时综合管廊可以同立交基础和地铁等现状地下设施共构共筑。与地铁等运动设施共构时,必须验算车辆运行引起的振动对综合管廊各种管线设施的影响,如有必要需加设弹性支座等各种减振、隔振设施。

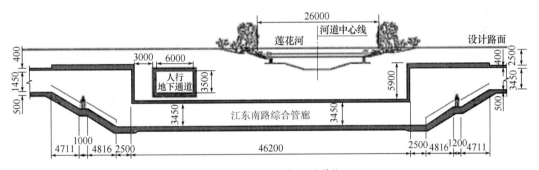

图4-5 管廊下穿人行通道(尺寸单位:mm)

当综合管廊与非重力流管线交叉时,综合管廊埋深保持不变,其他管线在综合管廊上部(下部)穿越;当综合管廊与重力流管线交叉时,重力流管线的埋深保持不变,局部降低综合管廊的埋深并在既有重力流管线的下部穿越,如图4-6所示;当综合管廊连续穿越埋深较大的重力流管线时,应综合考虑降低综合管廊的整体埋深,同时应根据实际情况,经过技术比较后确定解决方案;当综合管廊与永久沟管涵相交时,一般管廊下穿管涵较经济,如图4-7所示;综合管廊与临时管涵相交时则可采用倒吸虹的方式,如图4-8所示。

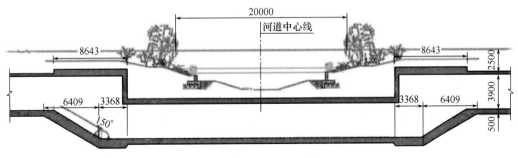

图4-6 管廊下穿河道(尺寸单位:mm)

图 4-7 综合管廊与永久沟管涵相交处理方式示意图

图 4-8 综合管廊与临时管涵相交处理方式示意图

4.5 综合管廊横断面设计

4.5.1 标准横断面结构形式

综合管廊横断面根据容纳管道的性质、容量、地质、地形情况及施工方式可分为矩形、圆形、马蹄形、拱形等形式。

(1)矩形断面

综合管廊通常采用矩形断面,其优点是建设成本低、利用率高、保养维修操作和空间结构分割容易、管线敷设方便,一般适用于新开发区、新建道路等空旷的区域。当地面有开挖条件时,采用明挖法施工,综合管廊结构采用矩形箱式断面为主,如图 4-9~图 4-11 所示。随着施工技术的发展,亦可采用矩形盾构施工。

(2)圆形断面

当综合管廊下穿河流、地铁、重要管线等建(筑)物时,要与其保持一定的距离,严格控制既有结构变形、沉降,从而确保建(构)筑的安全。该情况下,综合管廊的埋设深度较深,且需要控制掌子面压力,一般选择盾构法或顶管法施工,因而断面形式为圆形(图 4-12、图 4-13)。

圆形断面比矩形断面的利用率低,建设成本较高,而且容易产生不同市政管线之间的空间干扰,增加了工程造价成本和各管线部门之间的协调难度。一般用于支线型综合管廊和缆线型综合管廊。

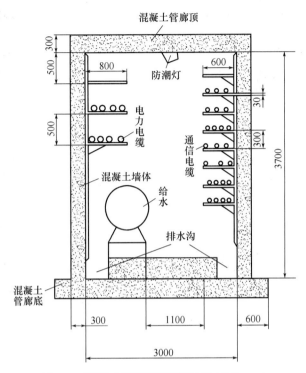

图4-9 单舱综合管廊断面示意图(尺寸单位:mm)

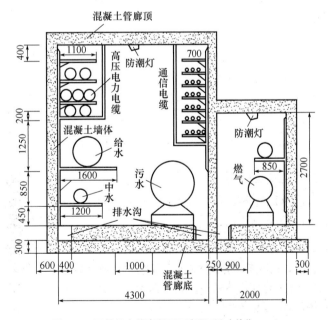

图4-10 双舱综合管廊断面示意图(尺寸单位:mm)

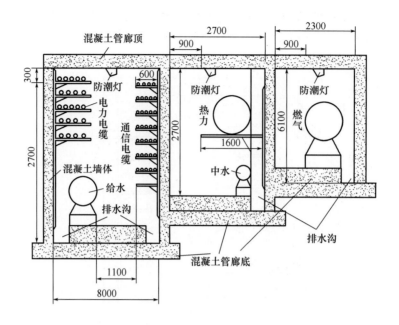

图 4-11　三舱综合管廊断面示意图(尺寸单位:mm)

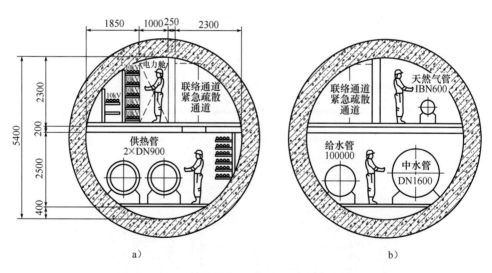

a)　　　　　　　　　　　b)

图 4-12　内径 5.4m 盾构法施工管廊断面示意图(尺寸单位:mm)

(3)马蹄形断面

当综合管廊穿越高大的岩质山体时,穿越区域多为质地坚硬的中、微风化岩地层,一般采用矿山法施工,其断面形式多为马蹄形,如图 4-14 所示。

目前,综合管廊尚没有国际通用的标准断面形式,一般根据纳入的管线、地下可利用空间、施工方法和投资等情况具体设计。图 4-15 是国外一些综合管廊的断面形式,从图中可以看出大部分国家综合管廊断面为矩形,且一般都将燃气管线单独设置在一舱中。

综上,矩形断面的空间利用率高于其他断面,因而一般具备明挖施工条件时往往优先采用矩形断面。但是当施工条件制约必须采用非开挖技术(如顶管法和盾构法)施工综合管廊时,一般需采用圆形横断面。在地质条件适合采用暗挖法施工时,采用马蹄形断面更合适。

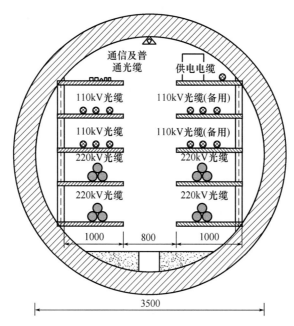

图 4-13　φ3.5m 顶管法施工管廊断面示意图(尺寸单位:mm)

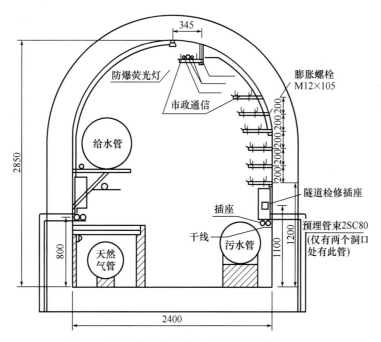

图 4-14　马蹄形综合管廊断面示意图(尺寸单位:mm)

在某些情况下,支线综合管廊横断面结构形式也可采用较为轻巧简便型结构,如图 4-16 所示;电缆沟横断面结构形式可以采用单"U"字形或双"U"字形,如图 4-17 所示。

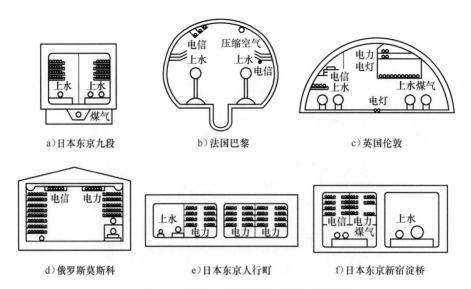

a）日本东京九段   b）法国巴黎   c）英国伦敦

d）俄罗斯莫斯科   e）日本东京人行町   f）日本东京新宿淀桥

图 4-15　国外部分城市综合管廊断面形式

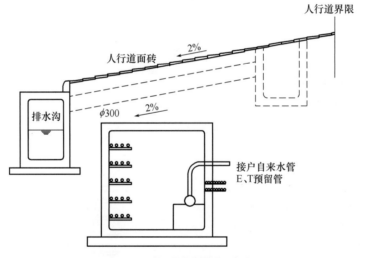

图 4-16　轻巧简便型横断面结构

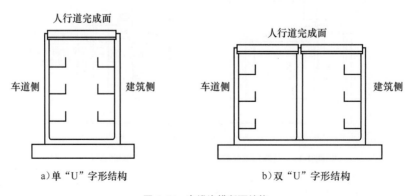

a）单"U"字形结构   b）双"U"字形结构

图 4-17　电缆沟横断面结构

4.5.2 综合管廊标准断面尺寸设计

综合管廊标准断面内部净宽和净高应根据容纳管线的种类、数量,管线运输、安装、维护、检修等要求综合确定。一般情况下,干线综合管廊的内部净高不宜小于2.4m,支线综合管廊的内部净高不宜小于1.9m,综合管廊与其他地下构筑物交叉的局部区段,净高一般不应小于1.4m。当不能满足最小净空要求时,可改为排管连接。

（1）通道宽度

综合管廊通道的净宽应满足管廊内的管道、配件、设备运输净高的要求。当综合管廊内双侧设置支架或者管道时,人行通道最小净宽不宜小于1.0m;当综合管廊内单侧设置支架或管道时,人行通道最小净宽不宜小于0.9m;配备检修车的综合管廊,检修通道宽度不宜小于2.0m。电缆沟情况比较特殊,一般情况下不提供正常的行人通道,当需要工作人员安装时,其盖板设为可开启式,电缆沟人行通道净宽不宜小于表4-2所列值。

电缆沟人行通道净宽（单位:mm）　　　　　　　　表4-2

电缆支架配置方式	电缆沟净深		
	≤600	600~1000	≥1000
两侧支架	300	500	700
单侧支架	300	450	600

（2）电缆支架空间要求

电力电缆的支架间距应符合现行国家标准《电力工程电缆设计规范》（GB 50217）的有关规定,通信线缆的桥架间距应符合现行行业标准《光缆进线室设计规定》（YD/T 5151）的有关规定。

综合管廊内部电缆水平敷设的空间要求:

①最上层支架距管廊顶板或梁底的净距允许最小值,应满足电缆引接至上侧柜盘时允许弯曲半径要求,且不小于表4-3所列数值再加80~150mm的和值。

电（光）缆支架层间垂直距离的允许最小值（单位:mm）　　　　表4-3

电缆电压等级和类型,光缆,敷设特征		普通支架、吊架	桥架
控制电缆		120	200
电力电缆明敷	6kV以下	150	250
	6~10kV 交联聚乙烯	200	300
	35kV 单芯	250	350
	35kV 三芯	300	350
	110~220kV	300	350
	330kV、500kV	350	400
电缆敷设在槽盒中,光缆		h+80	h+100
电缆敷设在槽盒中,光缆		h+80	h+100

注:h 为槽盒外壳高度（mm）。

②最上层支架距其他设备的净距不应小于 300mm,当无法满足时应设防护板。

③水平敷设时电缆支架最下层支架距管廊底板的最小净距不宜小于 100mm。

④中间水平敷设的电缆支架层间距根据电缆的电压等级、类别确定,可参考表 4-3 中各项指标。

根据日本《共同沟设计指针》的要求,不同形式的电力电缆支架排列的空间尺寸可参考图 4-18 及表 4-4。

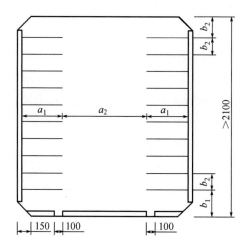

图 4-18 电力电缆标准横断面示意图(尺寸单位:mm)

电力电缆支架空间布置要求 表 4-4

电缆类型和条数		支架宽度 a_1（mm）	通道宽度 a_2（mm）	最下层支架距底板的高度 b_1(mm)	支架层间距 b_2（mm）
C. V	22kV 以下×4	600	750	300	280
	22kV 以下×3	450			280
	66kV(3C)以下×3	600			320
	66kV(3C)以下×2	450			320
	66kV(1C) 堆放	450			320
	66kV(1C) 平放	750			280
O. F	66kV(3C)×3	600			320
	66kV(3C)×2	450			320
	66kv(1C)×3	550			360
275kV×3	P. O. F	760		600	650
	O. F 水冷	600		450	480
	O. F 水冷大容量	750			520

根据日本《共同沟设计指针》的要求,不同形式的通信电缆支架排列的空间尺寸可参考图 4-19~图 4-22。

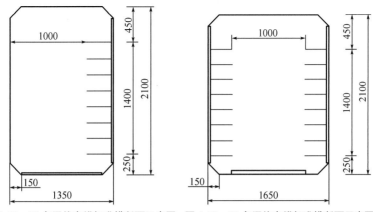

图 4-19　30 条通信电缆标准横断面示意图　图 4-20　60 条通信电缆标准横断面示意图

（尺寸单位：mm）　（尺寸单位：mm）

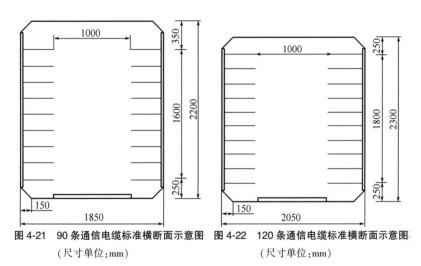

图 4-21　90 条通信电缆标准横断面示意图　图 4-22　120 条通信电缆标准横断面示意图

（尺寸单位：mm）　（尺寸单位：mm）

（3）管道空间要求

①给水和排水管道在综合管廊内敷设的空间要求如图 4-23 和表 4-5 所示。

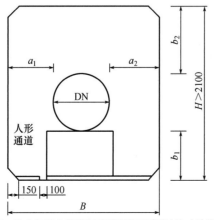

图 4-23　给水和排水管道标准横断面示意图（尺寸单位：mm）

127

给水和排水管道安装净距(单位:mm)   表4-5

公 称 直 径	铸铁管、螺栓连接钢管			
	a_1	a_2	b_1	b_2
DN<400	850	400	400	$2100-(b_1+DN)$
$400 \leqslant DN \leqslant 800$	850	500	500	$2100-(b_1+DN)$
$800 \leqslant DN \leqslant 1000$	850	500	500	800
$1000 \leqslant DN \leqslant 1500$	850	600	600	800
$DN \geqslant 1500$	850	700	700	800

②燃气管道在综合管廊内敷设的空间要求如图4-24和表4-6所示。

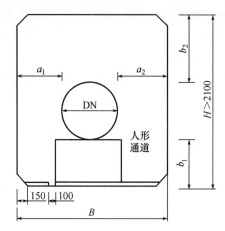

图4-24 燃气管道标准横断面示意图(尺寸单位:mm)

燃气管道安装净距(单位:mm)   表4-6

公称直径	DN300	DN400	DN500	DN600	DN750
a_1	600	600	600	600	600
a_2	750	750	750	750	750
b	650	650	650	650	650
B	1650	1750	1850	1950	2100
H	2100	2100	2100	2100	2100

(4)横断面设计其他要求

①横断面的确定与入廊管线的种类、数量、施工方法和地质条件等因素有关,横断面设计应满足各类管线的布置、敷设空间、维修空间、安全运行及扩容空间的需要。

②采用明挖现浇施工时宜采用矩形横断面;采用明挖预制装配施工时宜采用矩形横断面或圆形横断面;采用非开挖技术时宜采用圆形横断面。

③横断面内部净宽应根据收纳的管线种类、数量、管线安装、维护检修等要求综合确定。人行通道最小净宽不应小于0.9m。

④综合管廊横断面空间应能满足各类管线的敷设空间、维修空间以及扩容空间的需要;横

断面形式与各类管线的布置应满足综合管廊安全运行的要求。

⑤综合管廊特殊断面的空间应满足各类管线的支接口、分支口、通风口、人员出入口、材料投入口等孔口,以及集水井的断面尺寸的要求。

⑥综合管廊内的缆线一般布置在支架上,支架的宽度与纵向净空应能满足缆线敷设及维修需要,支架的跨距应根据计算及实际施工经验确定;大直径的管道一般安置在支墩或基座上,支墩或基座的跨距也应根据计算确定。

4.5.3 综合管廊容纳方案及断面实例

1)现浇(预制)矩形断面

矩形断面的空间利用效率高于其他断面,其特点是将各类管线均集中设置在同一沟内,并预留足够的空间放置未来发展所需的管线,避免路面的反复开挖,降低路面的维护保养费用,确保道路交通功能的充分发挥。

(1)单舱

图 4-25 所示为横琴新区综合管廊单舱断面。图 4-25a)为 4m×2.9m 断面示意图,容纳通信、给水、中水、凝结水 4 种管线;图 4-25b)为 5m×2.9m 断面示意图,容纳通信、给水、中水、凝结水及垃圾真空管 5 种管线。

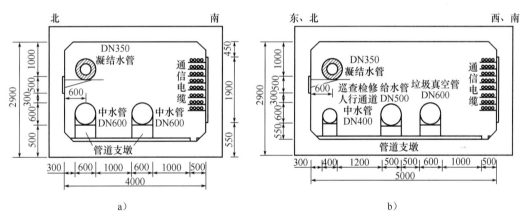

图 4-25 单舱综合管廊断面布置示意图(尺寸单位:mm)

(2)双舱

图 4-26 所示为谭西大道双舱综合管廊断面图,高压电缆单独设于一舱,综合舱则收容中水、给水、电力及通信 4 种管线。同时考虑后期检修与物资更换方便,综合舱允许检修电瓶车通行。

(3)三舱

图 4-27 所示为 9.4m×3.6m 三舱综合管廊断面,给水、中水、热力管置于一舱,用隔板将热力管线与给水、中水管线隔开,可降低热力管高温对其他管线的影响。电力、通信电缆置于一舱,燃气管线单舱敷设。

图 4-28 所示为 13.75m×4.7m 三舱综合管廊断面示意图,给水管线、中水管线、通信电缆置于一舱,同时考虑后期检修与物资更换方便,综合舱允许检修电瓶车通行。高压电力和燃气管线单独分舱敷设。

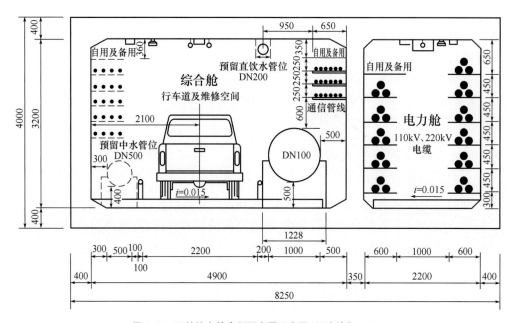

图 4-26　双舱综合管廊断面布置示意图（尺寸单位：mm）

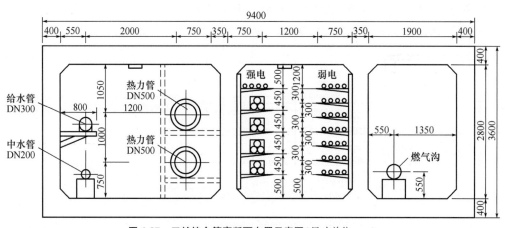

图 4-27　三舱综合管廊断面布置示意图（尺寸单位：mm）

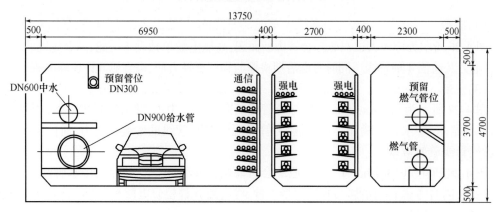

图 4-28　三舱综合管廊断面布置示意图（尺寸单位：mm）

（4）四舱

未来科技城综合管廊采用四舱结构，主沟宽 14m、高 2.9m，管廊收纳 220kV、110kV、10kV 电力电缆、DN800 热力、DN500 给水、DN400 再生水、24 孔电信等管线。管廊标准断面如图 4-29 所示。

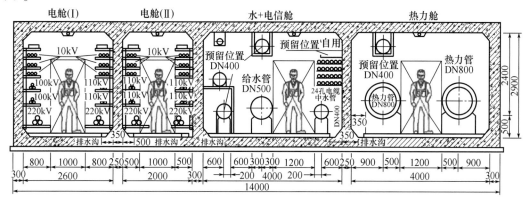

图 4-29　四舱综合管廊断面布置示意图（尺寸单位：mm）

图 4-30 所示为贵安新区欢民路综合管廊设计断面，断面尺寸为 10.91m×3.2m，采用四舱结构，分别为雨水舱、电力舱、管道舱和污水舱。电力舱收容通信、电力管线，管道舱收容了真空垃圾管、给水管、中水管和两根 DN500 的新能源管。

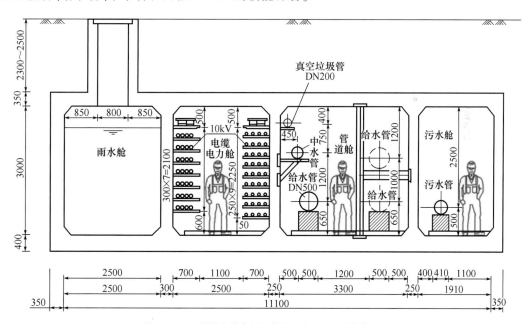

图 4-30　四舱综合管廊断面布置示意图（尺寸单位：mm）

（5）双层矩形断面

临港新城规划结合地下空间的开发建设综合管廊，断面如图 4-31 所示，断面尺寸为 8.1m× 5m，收纳高低压力电缆、通信电缆、热力管、给水管、中水管、垃圾管、排水管等管线，为双层矩形框架结构。

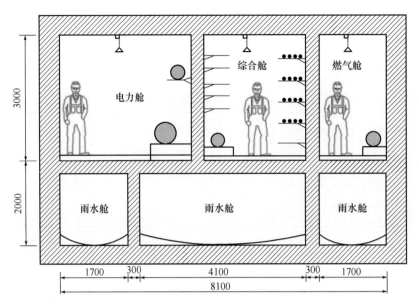

图 4-31　临港新城综合管廊规划断面布置示意图(尺寸单位:mm)

2)圆形断面

一般老城区道路狭窄,路下空间有限,道路下公用设施繁多,此种情况下多采用圆形盾构断面综合管廊。

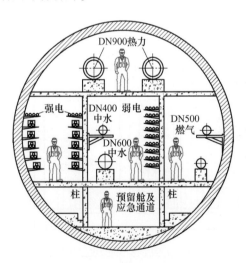

图 4-32　主干线内径 9.0m 圆形综合管廊布置示意图

综合管廊分为主干线和支干线管廊,其中雨污水管单独敷设。

(1)主干线综合管廊

如图 4-32 所示,主干线综合管廊可以采用内径 9.0m 盾构断面,布置热力管、通信电缆、电力电缆、燃气管、中水管,并设置预留舱及应急通道(该预留舱满足设置雨污水管线的条件,因重力流管道配坡要求,雨污水管单独布置,采用内径 3.5m 盾构断面)。在局部区段根据需要可设置防涝隧道。

如图 4-33 所示,主干线综合管廊采用内径 5.4m 盾构(双线)断面,一侧单线断面容纳电力电缆、通信电缆、给水管线、中水管线,另一侧单线断面容纳热力和燃气管线,仅给水、中水管线同舱敷设,其余管线均单独设置。雨污水管单独敷设,采用内径 3.5m 盾构断面。

(2)支干线综合管廊

如图 4-34 所示,支干线综合管廊可以采用内径 5.8m 盾构断面,布置热力、通信、电力、燃气、中水及给水管线。电力、通信电缆于一舱,给水、中水管线置于一舱,热力管线置于一舱,燃气管线置于一舱。雨污水管单独敷设,可采用内径 3.0m 盾构断面。

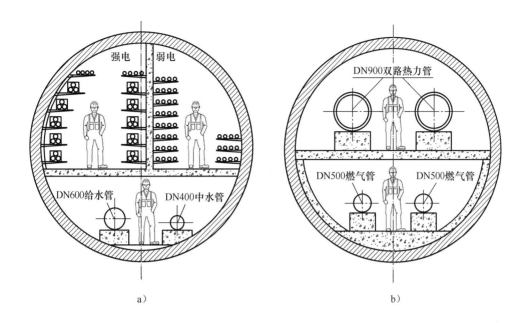

图4-33 主干线内径5.4m(双线)综合管廊布置示意图

3)矩形盾构断面

圆形断面比矩形断面的利用率低,建设成本较高。随着技术的发展,人们逐渐开始使用矩形盾构隧道解决圆形断面利用率低的问题。

矩形盾构隧道具有如下优势:

①空间利用率高。相同的必要空间要求时,矩形断面所需开挖空间比圆形断面减少20%~45%。

②浅覆土施工。由于开挖面积的减小,在满足隧道抗浮的条件下,可实现3~4m浅覆土施工,体现"资源节约"的施工理念。

③对环境影响小。避免占路施工和管线搬迁,更有利于在交通繁忙,地下管线密布的城市中心区域实施。

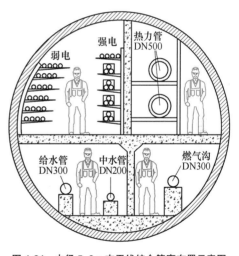

图4-34 内径5.8m支干线综合管廊布置示意图

④长距离曲线掘进。可以实现长距离、小半径曲线隧道的施工,拼装运输容易。

相比传统的圆形盾构,矩形盾构施工可使空间利用率提升20%以上,可实现埋深更浅、坡度更小,因此矩形盾构在综合管廊建设方面具有广阔前景。

(1)主干线综合管廊

如图4-35所示,主干线综合管廊可以采用9.9m×6.5m矩形盾构断面,布置热力管、通信电缆、电力电缆、燃气管、中水管、给水管及燃气管,并设置预留舱及疏散通道。

133

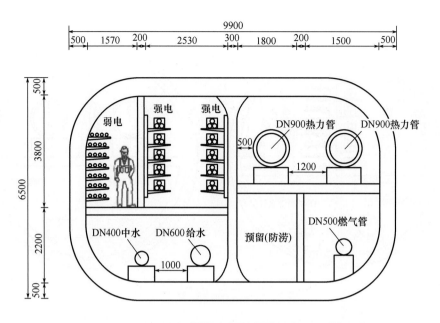

图4-35　9.9m×6.5m 矩形盾构综合管廊布置示意图(尺寸单位:mm)

（2）支干线综合管廊

如图4-36所示,支干线综合管廊可以采用7.8m×6.2m 矩形盾构断面,布置热力管、通信电缆(弱电)、电力电缆(强电)、燃气管、中水管、给水管及燃气管。

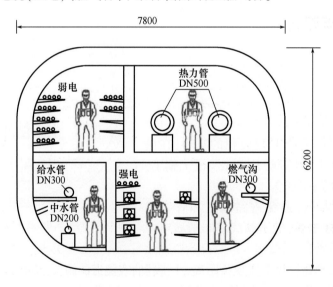

图4-36　7.8m×6.2m 矩形盾构综合管廊布置示意图(尺寸单位:mm)

4）马蹄形断面

在地质条件适合采用暗挖法施工时,采用马蹄形断面更合适。图4-37为拟采用交叉中隔墙法(CRD 法)施工的暗挖法支线综合管廊布置,断面尺寸为9.00m×8.98m。规划收容燃气管、热力管、上水管、中水管、污水管、电力电缆、通信电缆等管线,并预留防涝水道。

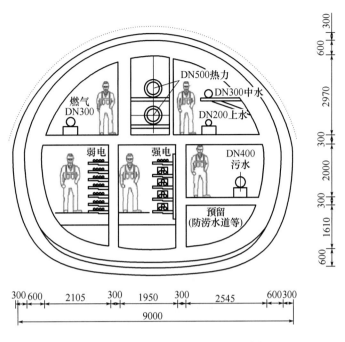

图4-37　暗挖法支线综合管廊布置示意图(尺寸单位:mm)

4.6　重要节点设计

4.6.1　节点类型及设计要求

综合管廊的重要节点主要包括综合管廊与综合管廊、地下交通、地下商业等其他地下设施交叉节点及管廊内管线的引出节点两类。节点设计是管廊设计中比较复杂的问题,既要考虑管线间交叉对整体空间的影响(包括对人行通道的影响),也要考虑进出口的处理,如防渗漏和出口井的衔接等。

综合管廊节点设计主要包括管廊内管线的引出节点、综合管廊的"十"字形和"丁"字形节点、综合管廊和监控中心的连接通道、配电设备井、人员出入口、投料口以及进风排风井等。其中,管廊投料口、通风口、人员出入口的设置位置和大小应满足管廊内所敷设管道的下管要求,均匀分布;有防火分区时,每个防火分区应分别设置,宜设置在防火分区的中段。

综合管廊的节点处理是管廊设计及施工的重点,由于管廊的相互交叉影响,为保证检修人员在综合管廊内通行,使得综合管廊的节点处理比较复杂。综合管廊节点设计需要合理分析管廊内部管线衔接和人员通行两方面内容。管廊在节点处设计类似于管线立交,从处理方法上来说,可以将综合管廊在设计高度上加高实现互通功能,也可以通过平面尺寸的加宽来实现互通功能。解决的基本思路是节点处加高、加宽和设置夹层以及增加楼梯和巡视平台,从而保证人员通行和各种市政管线的衔接。

综合管廊节点设计需要满足以下原则：

（1）节点处管廊加高、加宽及夹层的尺寸与管廊内管线的数量和规格有关；电力电缆的弯曲半径和分层应符合现行标准《电力工程电缆设计规范》（GB 50217）的相关规定；通信线缆弯曲半径应大于电缆直径的 15 倍；给水（再生水）管、空调水管应预留焊接、阀门安装等操作空间，距离管廊内壁至少应有 0.4m 以上的净距。

（2）为便于维护管理，节点处管廊内市政管线多做上跨或下穿处理，尽量保证工作人员在管廊内可直接通行。热力舱、管廊内市政管线较多及规模较大者优先考虑直接通行。无法保证直接通行时，楼梯的设置应尽量做到通行顺畅舒适。

（3）不同形式舱室之间不连通，设置夹层后，必须考虑不同舱室间防火分区的完整性，应在夹层合适位置设与管廊同等级的防火门以做隔绝。

（4）节点处逃生孔的设置应符合现行标准《城市综合管廊工程技术规范》（GB 50838）的相关要求。

4.6.2　人员逃生口和投料口

综合管廊的人员逃生口、投料口等露出地面的构筑物应满足城市防洪要求，并设置防止地面水倒灌及其他动物进入的设施，外观要与周围景观相协调。综合管廊的管线分支口应满足管线预留数量、安装敷设作业空间的要求，相应的管线工作井的土建工程宜同步实施。

1）人员逃生口

综合管廊的干线、支线均设置人员逃生口，逃生口宜同投料口、通风口结合设置（图 4-38~图 4-40），并应符合下列规定。

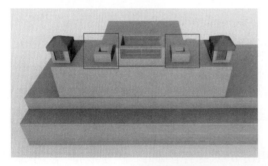
图 4-38　人员逃生口外景

图 4-39　人员逃生口内景

图 4-40　人员逃生口爬梯

（1）人员逃生口不应少于 2 个，采用明挖施工的综合管廊人员逃生口间距不宜大于200m；采用非开挖施工的人员逃生口间距应根据综合管廊地形、埋深、通风、消防等条件综合确定。

（2）人员逃生口盖板应设有在内部使用时易于开启、在外部使用时非专业人员难以开启的安全装置。

（3）人员逃生口应设置爬梯。

（4）敷设电力电缆的舱室，逃生口间距不宜大于 200m。

（5）敷设天然气管道的舱室，逃生口间距不宜大于 200m。

（6）敷设热力管道的舱室，逃生口间距不应大于 400m；当热力管道采用蒸汽介质时，逃生口间距不应大于 100m。

（7）敷设其他管道的舱室，逃生口间距不宜大于 400m。

（8）矩形逃生口尺寸不应小于 1m×1m，圆形逃生口内径不应小于 1m。

（9）当舱室逃生口受条件限制不能直通地面时，应设置能通到综合管廊内部另外防火分隔区的通道，且通道应采用甲级防火门或盖板，间距不宜大于 200m。

（10）逃生爬梯高度超过 6m 时宜设置中间平台，有条件时宜采用步梯逃生。

（11）逃生口盖板上应设置明显的警示标志，禁止盖板上面载物。

2）投料口

综合管廊每个防火分区均应设置投料口（图 4-41～图 4-43），用于管廊内管道和设备的安装施工投料使用，兼具逃生功能。

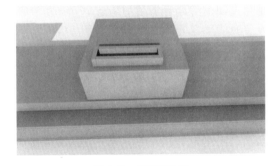

图 4-41　投料口外景

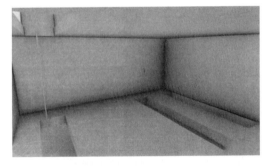

图 4-42　投料口内景

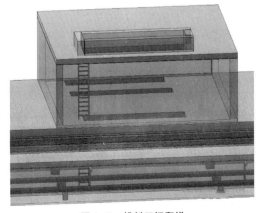

图 4-43　投料口钢爬梯

（1）投料口的位置

投料口一般设置在管廊的每个防火分区中间,具体位置应根据管廊的施工要求和设计要求确定,有的会设计在正中间,有的会靠近自然通风口。由于管廊大部分位于人行道和绿化带上,因此投料口应充分考虑对人员通行和景观的影响。

（2）投料口的设计

综合考虑管廊内管线、阀门及其他附属设备维修、更换时的空间需求。以一个四舱结构为例,雨污水舱、电力舱、综合舱这三个舱室的投料口结合在一起设计,天然气舱的投料口单独设计,而且与其他三个舱室的投料口、通风口、逃生口距离间隔 30m 以上。

（3）投料口的尺寸

投料口的净尺寸应满足管线、设备、人员进出的最小允许限界要求。投料口的尺寸应根据廊内管道等设施的施工需要来综合设计。

（4）投料口的钢爬梯

每个投料口处要设置钢爬梯,供施工投料时人员上下使用。钢爬梯一般设置为可收拉式,以便节约廊内空间;要注意钢爬梯的安放位置和方向,以方便使用为准。

4.6.3 管廊内管线引出节点

并非所有道路均设置综合管廊,在路口或者间隔一定距离,综合管廊内管道需与外部相交道路或者用户直埋管道进行衔接,从而带来内部多种管道的相互交叉及出线问题。管道交叉点和出线既是设计的重点,也是设计的难点,但其重要性只有在内部管道安装时,方能逐步显现出来。目前,管道的交叉和出线通常有支沟出线和直埋出线两种方式。

（1）支沟出线

采用支沟出线时,管道交叉处将综合管廊分为上下两层,与原综合管廊衔接层为主沟,另外一层为支沟,支沟与主沟成十字交叉,以出线井为纽带连接,如图 4-44 所示。

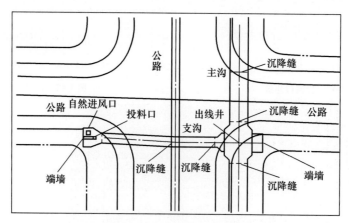

图 4-44　支沟出线平面示意图

出线井尺寸应满足综合管廊内部管道交叉布置、人员通行要求,尽量减少出线井体积,节省投资。出线井内部中隔板处根据管道交叉布置,于上下两层间的中隔板设置管道预留洞。

支沟出线及内部给水管道在出线井内具体布置如图 4-45 所示。

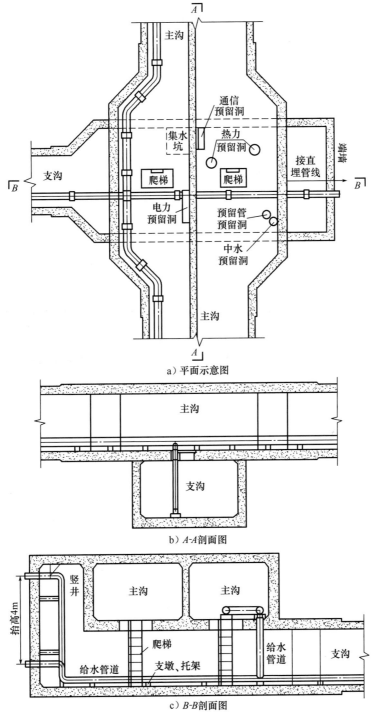

a) 平面示意图

b) A-A剖面图

c) B-B剖面图

图 4-45　出线井

各专业管道主要通过出线井支沟的端墙与外部管道进行衔接。管道通常从支沟底层直接出沟,由于综合管廊的开挖深度一般在 5m 左右,而支沟处于主沟以下,覆土已超 5m,管道出线处甚至在 6m 左右,用户管道在与综合管廊管道衔接时,挖深大、影响范围广,给外部管道衔接带来极大困难,因而可以做如下改进。

①靠近出线井一侧设置出线竖井[图 4-45c)],通过竖井来提高管道出线高度,使管道出线时覆土降低约 2m,减少了外部管道衔接时的开挖深度和对周边的影响,同时降低了防水难度。

②端墙处提高预留孔口位置,将所有管道"一"字形排列于端墙顶部,避免管道竖向重叠,减少后期开挖量(图 4-46)。

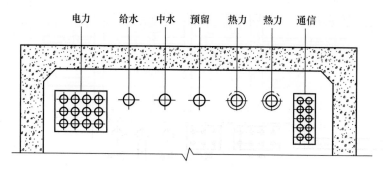

图 4-46 端墙预留孔布置示意图

如图 4-47 所示,给水管至管沟对侧支路采用从侧壁引出给水管的方法,然后在交叉点处顶层空间与对侧支路的给水管相接。支路电力电信管线则通过电力电信排管在交叉点处顶层空间与主干道相接,雨污水支管则从综合管廊侧壁接入。在重要的路口应预留分支管沟。

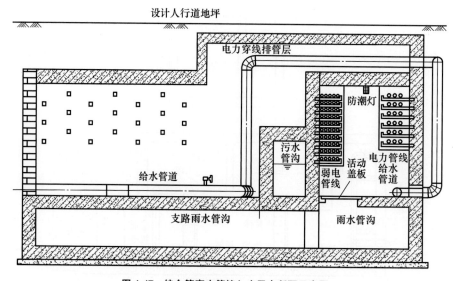

图 4-47 综合管廊支管接入交叉点断面示意图

支沟出线的优点为支沟既解决管道交叉问题,同时也可作为过路综合管廊,避免以后因新设或维修管道所带来的掘路现象;缺点为工程投资多,施工周期长,影响范围广。因此支沟出线主要适用于同时新建道路和管道时选用。

（2）直埋出线

采用直埋出线时，在管道交叉处增加综合管廊的设计高度和宽度，以满足管道交叉的空间需求，各专业管道通过综合管廊侧壁与外部相连接，管道出线后与预埋的过路套管衔接。给水管道直埋出线如图4-48所示。

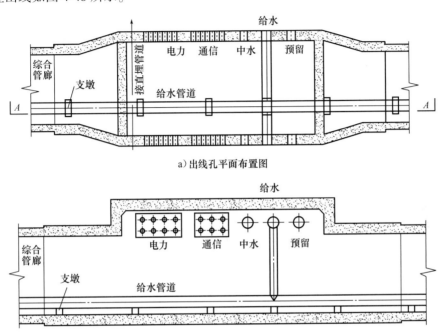

a）出线孔平面布置图

b）A-A剖面示意图

图4-48　直埋出线

直埋出线的优点为出线形式简单，投资少，施工周期短，影响范围小；缺点为过路管道更换维修时，需进行开挖，影响交通相邻设施。因此现状道路改造、新建综合管廊或综合管廊与支路管道衔接时，通常选用该出线方式。

4.6.4　管廊与管廊相交节点

综合管廊设置为环网状形式的时候具备最大功能，所以管廊与管廊之间必然存在着"十"字形和"丁"字形两种节点。现行版规范只是对上述节点做了概括性的描述，因此，这些节点的形式、位置及具体设计方法仍值得探讨，以下结合南京浦口新城核心区综合管廊工程和北京市朝阳区广华新城综合管廊工程的设计及施工配合情况，对管廊与管廊之间的3种"十"字形相交节点的设计加以总结。

（1）单舱—单舱"十"字形相交节点

单舱管廊之间交叉节点相对简单，以南京浦口综合管廊工程（图4-49）B型断面和C型断面交叉点为例，交叉节点断面设计如图4-50所示。根据节点设计原则，本节点设计的基本思路是将管廊加高，把电信、空调供回水及给水管上跨，在标准断面下设电力夹层，电力电缆通过下穿孔引入下层电力夹层。考虑日常巡视和维护便利,工作人员直接在管廊内通行。预留的人员通道高度不小于1.8m,且此处必须设置"注意碰头"、管廊名称及方向标示等指示牌;综合考虑管廊内给水管、空调水管及电力、电信电缆的规格和数量并预留相应的操作空间。南京浦口综合管廊工程中顶层增加高度为1.7m,加高部分长度为11.8m、宽度为10.4m,底部电力夹层净高为2.0m、长度为11.8m、宽度为10.4m。在电力夹层下设置集水井。

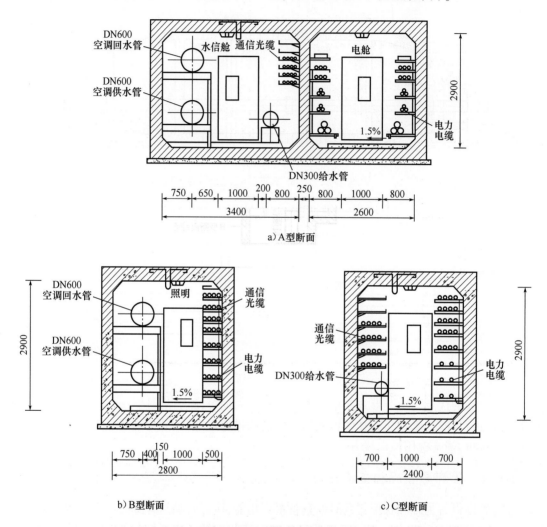

图4-49 南京浦口综合管廊标准断面(尺寸单位:mm)

(2)单舱—多舱节点

以南京浦口综合管廊工程(图4-49)A型和C型断面综合管廊交叉点为例,单舱—多舱管廊之间交叉节点的设计首先考虑双舱中的水信舱和单舱管廊之间衔接,此处也是通过加高加宽且直接跨过A型管廊的电舱,将空调供回水管和给水管上跨预留A型综合管廊水信舱人员通道,A型管廊电舱不与其连通,因此A型管廊的电舱可直接通行。在标准断面下设电力夹层,电力电缆通过下穿孔引入下层电力夹层,并将电缆下穿孔与钢梯合建(图4-51),且电力夹

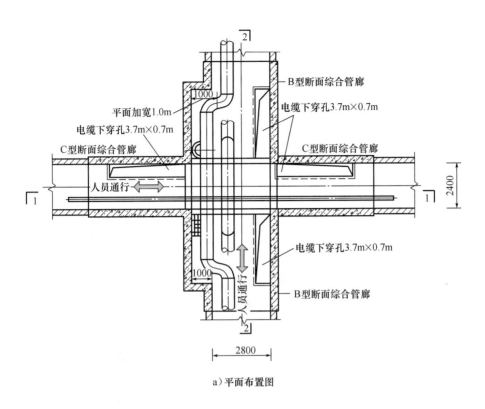

a）平面布置图

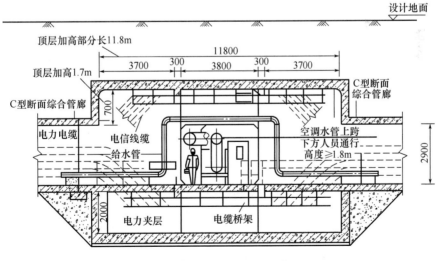

b）1-1剖面图

图 4-50

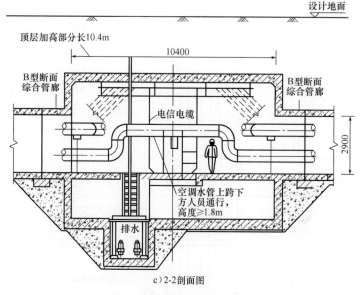

c)2-2剖面图

图 4-50　单舱—单舱交叉节点设计(尺寸单位:mm)

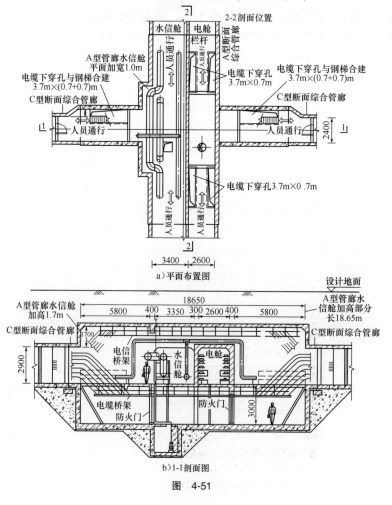

a)平面布置图

b)1-1剖面图

图　4-51

层为 C 型综合管廊的人行通道。需特别说明的是,由于不同舱室之间防火分区彼此隔绝,因此电力夹层应设置防火门以保证各舱室防火分区的独立性和完整性。

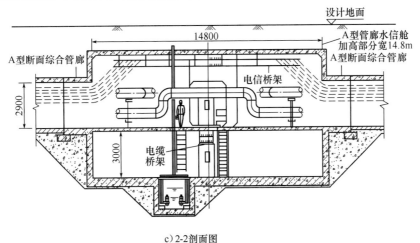

c)2-2剖面图

图 4-51　单舱-多舱交叉节点设计(尺寸单位:mm)

南京浦口综合管廊工程顶层加高部分高 1.7m、长为 18.65m、宽为 14.8m;考虑电力夹层还兼作 C 型管廊的人行通道,电力夹层净高为 3.0m、宽为 18.65m。电力夹层下设集水井。

(3)多舱—多舱节点

以北京广华新城综合管廊工程中 D 型、E 型两个双舱管廊"十"字形节点设计为例,多舱—多舱管廊之间交叉节点的设计思路进行说明,D 型管廊断面如图 4-52 所示,E 型管廊断面如图 4-53 所示,交叉节点设计如图 4-54 所示。关于人员通行问题,其一,管廊内部人员通行问题,D 型管廊在 E 型管廊下方穿行,共用顶板(底板),且 D 型管廊底部加深 0.8m,局部加宽、加高,保证了人员在各管廊自身中通行;其二,热力舱之间(热力舱和水信舱之间不通行)的通行问题,通过在 D 型、E 型管廊的热力舱之间设通行孔和钢爬梯解决[图 4-54b)、c)];其三,水信舱之间的通行问题,通过在水信舱之间设置钢爬梯和四通平台解决[图4-54d)、e)]。

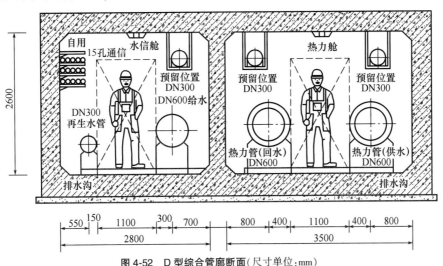

图 4-52　D 型综合管廊断面(尺寸单位:mm)

145

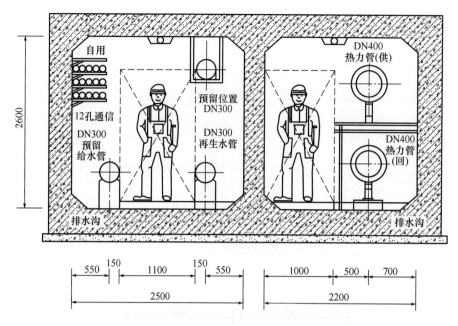

图 4-53　E 型综合管廊断面(尺寸单位:mm)

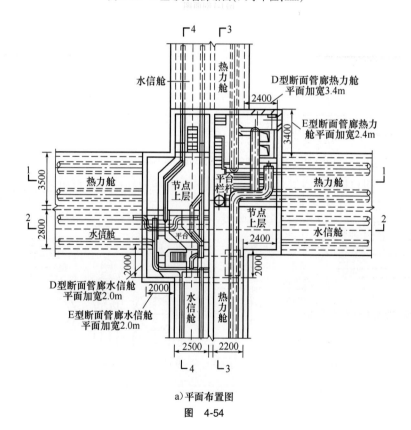

a)平面布置图

图　4-54

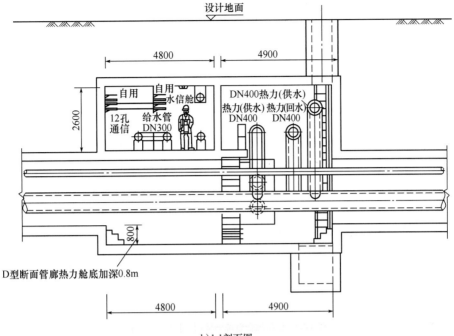

b)1-1剖面图

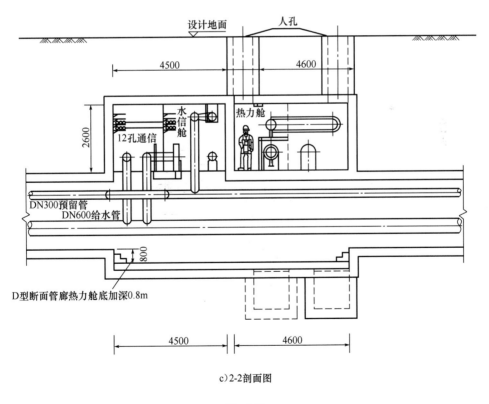

c)2-2剖面图

图 4-54

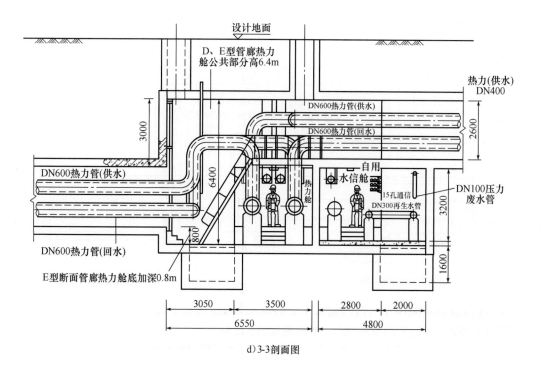

d) 3-3剖面图

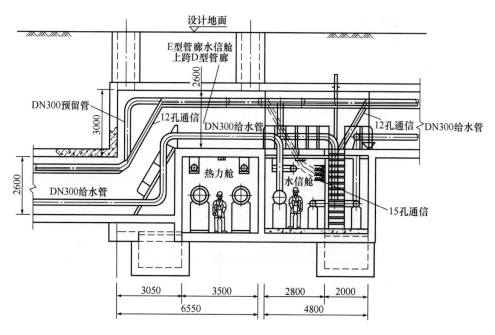

e) 4-4剖面图

图4-54 多舱-多舱交叉节点设计(尺寸单位:mm)

关于同类管道之间的衔接问题。其一,E 型管廊热力舱内 DN400 热力管道穿过共用中间隔板开孔与 D 型管廊内 DN600 热力管道连接(连接处设三通和 U 形弯,以减少管道由于热胀冷缩对管道本身的影响);其二,E 型管廊水信舱内 DN300 给水管和电信线缆均在节点上层,穿过 D 型管廊的顶板与 D 型管廊内 DN600 给水管和电信线缆连接(图 4-52、图 4-53)。

北京广华新城综合管廊工程中 D 型管廊两侧分别加宽 3m 和 2m;E 型管廊两侧分别加宽了 2m 和 2.4m。并在热力舱和水信舱下分别设置了集水坑,不同舱室之间设置与综合管廊同等级防火门以保证防火分区的完整性。

4.6.5 监控中心与管廊的连接通道

监控中心是整个管廊系统监控和管理的中枢,其作用主要是采集处理综合管廊内各系统的运行数据并提出监控方案,下发控制指令、信息给相应的监控设备,负责整个综合管廊的运行管理及监控。监控中心和管廊之间的连接通道,既是管廊内各种监控信号缆线和电力缆线的通道,也是巡视和参观人员进出管廊的主要通道。连接通道的设计原则如下:

(1)为便于监控线缆和电力线缆布置,连接通道宜布置在管廊平面的中部位置。

(2)连接通道断面尺寸与进入监控中心的线缆数量、种类和通行楼梯有关,作为日常维护和参观的主要出入口,考虑双向通行,楼梯宽度宜>1.5m。

(3)常见的连接通道有上入式(图 4-55)和下入式两种(图 4-56),可根据连接处管廊覆土情况选择通道形式。若覆土较深宜选择上入式;若覆土较浅宜选择下入式。

(4)在连廊和管廊之间应设置与管廊同等级防火门,以保证管廊防火分区的独立和密闭。

(5)由于连接通道的接入,为了不影响管廊内的管线的敷设和人员的通行,此处的综合管廊断面应适当加宽。

南京浦口综合管廊工程因管廊覆土较浅,采用下入式连接,通道宽度为 2.0m(楼梯宽 1.5m,单侧桥架宽 0.5m),高度为 2.4m。水信舱加宽 1.7m,电舱加宽 1.2m,且在此节点处设置了集水坑。

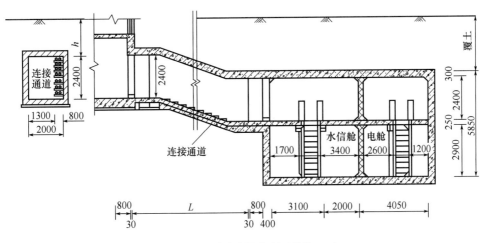

图 4-55　上入式连接通道(尺寸单位:mm)

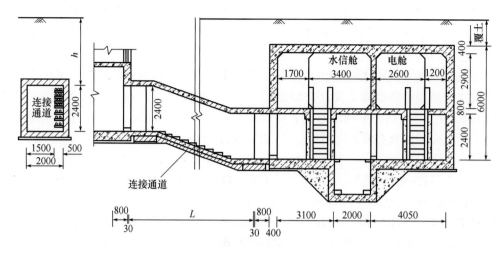

图 4-56　下入式连接通道(尺寸单位:mm)

4.7　附属设施设计

综合管廊附属设施是综合管廊重要的组成部分,支撑其常态化的运转以及紧急状态下的处理。附属设施设计主要包括通风系统设计、消防系统设计、防排水设计、照明系统设计、供电系统设计、监控与报警系统设计和标识系统设计等。

4.7.1　通风系统设计

由于综合管廊属封闭型地下构筑物,废气的沉积、人员和微生物的活动都会造成廊内氧气含量的下降。另外,廊内敷设的电缆在运营时会散发大量热量。因此整个地下综合管廊必须设置通风系统,以保证廊内余热能及时排出并为检修人员提供适量的新鲜空气,同时当廊内发生火灾时,通风系统又能有助于控制火灾的蔓延和人员的疏散。通风系统根据不同的舱室明确排风方式,自然通风和机械通风相结合。

1)综合管廊通风方式

(1)自然通风

由于综合管廊内敷设大量电缆,其运营时会散发大量热量,根据热压作用原理,理论上只要进、排风口的高差及风口面积达到一定要求时,通过自然通风就可以排走廊内电缆的散热,这样便可以节省通风设备投资和运行费用。但这种方式的缺点是需把排风井建得较高,且通风分区不宜过长,即进、排风口距离受限制,需设较多的进、排风竖井,常受到地面路况的影响,布置难度较大。

(2)自然通风辅以无风管的诱导式通风

在自然通风的基础上,辅以无风管的诱导式通风,即在廊内沿纵向布置若干台诱导风机,使室外新鲜空气从自然进风口进入廊内后以接力形式流向排风口,达到通风效果。诱导风机的功率一般仅为几十瓦,这样就以较低的日常运行费用解决了当沟内外温差较小而使热压过小,导致自然通风不足的问题;同时也解决了进、排风口距离受限制和排风竖井建得太高等影响景观的问题。这种方式的缺点是通风设备初投资较大,但土建费用较自然通风方式大大降低。

上述两种通风方式均应用于正常工况下,其还需配备通风机以满足沟内温度超过40℃或氧气含量低于19%的非正常工况。

(3)机械通风

机械通风的组合方式包括自然进风、机械排风,机械进风、自然排风,以及机械进风、机械排风三种。机械通风的优点是增加了通风分区的长度,减少进、排风竖井的数量。其缺点是由于通风分区的增长,导致选用风机的风量及风压均较大,从而导致设备初投资及运行费用增加,另外噪声也是一个需考虑的问题。

综合比较以上各种通风方式,考虑到综合管廊一般位于城市新建区域内,对景观、噪声等有一定的要求,故选择自然通风辅以无风管的诱导式通风方式(另选通风机备用)来满足综合管廊的通风要求。

2)综合管廊通风系统设计

综合管廊宜采用自然通风和机械通风相结合的通风方式。天然气管道舱和含有污水管道的舱室应采用机械进、排风的通风方式。因此,燃气舱、污水舱采用"机械进+机械排"的通风方式,其他舱室可根据工程的具体情况确定通风方式,推荐采用"自然进+机械排"或"机械进+机械排"的通风方式。

综合管廊通风口的通风面积应根据综合管廊的截面尺寸、通风区间,经计算确定。换气次数应在2次/h以上,换气所需时间不宜超过30min。综合管廊的通风口处风速不宜超过5m/s,综合管廊内部风速不宜超过1.5m/s,最小风速不应低于0.55m/s,计算公式如下:

$$v = \frac{Q}{S} \tag{4-2}$$

式中:v——风速(m/s);

Q——风量(m^3/s);

S——管廊净断面面积(m^2)。

综合管廊的通风口应加设能防止小动物进入综合管廊内的金属网格,网孔净尺寸不应大于10mm×10mm。综合管廊的机械风机应符合节能环保要求。当综合管廊内空气温度高于38℃时或需进行线路检修时,应开启机械排风机。综合管廊应设置机械排烟设施。综合管廊内发生火灾时,排烟防火阀应能够自动关闭。具备条件时应适当多设置连接地面的通气孔。

4.7.2 消防系统设计

综合管廊的承重结构体原则上采用混凝土,燃烧性能应为不燃烧体,耐火极限不应低于3h。管廊原则上不装修、装饰,嵌缝材料应采用不燃材料。综合管廊的防火墙燃烧性能应为不燃烧体,耐火极限不应低于3h。

综合管廊一般均较长,根据消防要求,必须进行防火分区的划分。防火分区的划分需综合考虑设备初投资、日常运行费用、通风设备噪声、防火安全性能等多种因素。防火分区的长度与进、排风口的数量(即土建造价)成反比,与通风机的风量、风压(即通风设备初投资、日常运行费用、噪声)成正比,与防火安全性能成反比。考虑综合管廊的基本情况:廊内电缆一般均采用阻燃电缆;电缆支架采用金属材料制作;廊内设置水喷雾自动灭火系统;廊内除检修及定期巡视外,无人员进出。综上,综合管廊防火分区长度一般不超过200m,且通风分成若干个相对独立的通风系统。一般来说通风分区以不能跨越防火分区为原则,即一个防火分区视为一个通风分区。

综合管廊防火分区应设置防火墙、甲级防火门、阻火包等进行防火分隔。综合管廊的交叉口部位应设置防火墙、甲级防火门进行防火分隔。综合管廊的人员出入口处应设置灭火器、黄沙箱等灭火器材。

综合管廊内应设置火灾自动报警系统,可设置自动喷水灭火系统、水喷雾灭火或气体灭火等固定设施。综合管廊内的电缆防火与阻燃应符合现行国家标准《电力工程电缆设计规范》(GB 50217)的有关规定。当综合管廊内纳入输送易燃易爆介质管道时,应采取专门的消防设施。

4.7.3 防排水设计

1)防水设计

综合管廊的防排水设计遵循"防、排、截、堵相结合,因地制宜,经济合理"的原则,坚持"以防为主、多道设防、刚柔相济",防水设计应符合现行国家标准《地下工程防水技术规范》(GB 50108)的相关规定。根据《城市地下综合管廊工程技术规范》(GB 50838—2015)规定:"综合管廊应根据气候条件、水文地质状况、结构特点、施工方法和使用条件等因素进行防水设计,防水等级标准为二级,并应满足结构的安全、耐用性和使用要求,综合管廊的变形缝、施工缝和预制构件接缝等部位应加强防水和防火措施。"

基于以上要求,综合管廊工程防水要重视以下几方面:

(1)结构自防水

混凝土结构自防水也称刚性防水,是根本防线,也是抗渗漏的关键。为了提高结构的自防水能力,应重视混凝土材料的选择、配合比和浇筑施工中的养护等,另外应根据工程地质水文地质及周边环境选择合理的结构形式,尽量使结构选型规则,受力合理,提升结构的整体刚度,减少裂缝开展和变形缝的设置。

(2)构造节点防水

变形缝、施工缝和穿墙孔等构造节点在综合管廊防水设计中占有很大比重,现行国家标准《地下工程防水技术规范》(GB 50108)对不同防水等级工程的各类接缝防水应采取的措施做了详细规定,总的原则是尽量采用复合式防水设计,比如背贴式止水带和中埋式钢边止水带的联合使用,或者背贴式止水带与膨胀止水条的联用,但需要注意的是,这些联用方式的使用应根据实际工程和其地质状况合理选用。

(3)外防水层

为了防止防水混凝土的毛细孔、洞和裂缝渗水,还应在结构混凝土的迎水面设置附加防水层,这种防水层应是柔性或韧性,来弥补防水混凝土的缺陷,因此地下防水设计应以防水混凝土为主,再设置附加防水层的封闭层。目前较为普遍的做法就是在构筑物主体结构的迎水面上粘贴防水卷材或涂刷涂料防水层,然后做保护层,再做回填土,达到多道设防,刚柔相济的目的。由于地下防水层长期受地下水浸泡,处于潮湿和水渗透的环境,而且常有一定水压力,除满足防水基本功能外,还应具备与外墙紧密黏结的性能。因防水层埋置在地下,具有永久性和不可置换性的特点,必须长期耐久、耐用。常用的防水卷材有合成高分子防水卷材和高聚物改性沥青防水卷材两大类,可根据实际情况选用。

2)排水设计

综合管廊结构渗漏水或者从开口处流入雨水,都会造成管廊内部积水,对管线和附属设施造成不良影响,为了防止外部雨水灌入,出入口、通风口设计应考虑百年一遇的暴雨造成的积水高度及该区域的排水情况,并要考虑设防水门。除此之外,管廊内部供水管道连接处漏水、管道破裂、管道检修放空水以及发生火灾时的水喷雾,都会造成一定的内部积水。因此管廊内部必须设置自动排水系统。排水系统设计注意以下几点:

(1)综合管廊的排水区间应根据道路的纵坡确定,排水区间不宜大于200m。

(2)综合管廊的底板宜设置排水明沟,并通过排水沟将综合管廊内积水汇入集水坑内,排水沟的坡度不应小于0.2%。

(3)应在排水区间的最低点设置集水坑,并设置自动水位排水泵。集水坑的容量应根据渗入综合管廊内的水量和排水扬程确定。综合管廊的排水应就近接入城市排水系统,并应在排水管的上端设置逆止阀。

(4)天然气管道舱应设置独立集水坑。

(5)综合管廊排出的废水温度不应高于40℃。

4.7.4 照明系统设计

(1)综合管廊照明要求

综合管廊内应设正常照明和应急照明,且应符合下列要求:

①在管廊内人行道上的一般照明的平均照度不应小于10lx,最小照度不应小于2lx,在出入口和设备操作处的局部照度可提高到100lx;监控室一般照明照度不宜小于300lx。

②管廊内应急疏散照明照度不应低于5lx,应急电源持续供电时间不应小于30min;监控室备用应急照明照度不应低于正常照明照度值的10%。

③管廊出入口和各防火分区防火门上方应有安全出口标志灯,灯光疏散指示标志应设置在距地坪高度1.0m以下,间距不应大于20m。

(2)综合管廊灯具要求

①灯具应为防触电保护等级Ⅰ类设备,能触及的可导电部分应与固定线路中的保护(PE)线可靠连接。

②灯具应防水防潮,防护等级不宜低于IP54,并具有防外力冲撞的防护措施。

③光源应能快速启动点亮,宜采用节能型荧光灯。

④照明灯具应采用安全电压供电或回路中设置动作电流不大于30mA的剩余电流动作保护的措施。照明回路导线应采用不小于$1.5mm^2$截面的硬铜导线,线路明敷设时宜采用保护管或线槽穿线方式布线。

4.7.5 供电系统设计

综合管廊供配电系统接线方案、电源供电电压、供电点、供电回路数、容量等应依据管廊建设规模、周边电源情况、管廊运行管理模式,经技术经济比较后合理确定。

（1）综合管廊附属设备配电系统要求

①管廊内消防和监控设备、应急照明宜按二级负荷供电,其余用电设备可按三级负荷供电。

②管廊内低压配电系统宜采用交流 220V/380V 三相四线 TN-S 系统,并宜使三相负荷平衡。

③除在火灾时仍需继续工作的消防设备采用耐火电缆外,其余设备都采用阻燃电缆。

④管廊中应装置检修插座,间距应小于 60m,插座容量宜大于 15kW,安装高度应大于0.5m,插座和灯具保护等级都宜大于 IP54。

（2）综合管廊内供配电设备要求

①供配电设备防护等级应适应地下环境的使用要求。

②供配电设备应安装在便于维护和操作的地方,不应安装在低洼、可能受积水浸入的地方。

③电源总配电箱宜安装在管廊进出口处。

综合管廊内的接地系统应形成环形接地网,接地电阻允许最大值不宜大于 10Ω。接地网宜使用截面尺寸不小于 40mm×5mm 的热镀锌扁钢,采用电焊搭接,不得采用螺栓搭接。金属构件、电缆金属保护皮、金属管道以及电气设备金属外壳均应与接地网连通。当敷设有接地的高压电网、电力电缆时,综合管廊接地电网应满足当地电力公司有关接地连接技术要求和故障时热稳定的要求。

4.7.6 监控与报警系统设计

综合管廊监控与报警系统应保证能准确、及时地探测管廊内火情,监测有害气体、空气含氧量、温度、湿度等环境参数,并应及时将信息传递至监控中心。综合管廊的监控与报警系统宜对沟内的机械风机、排水泵、供电设备、消防设施进行监测和控制。控制方式可采用就地联动控制、远程控制等。综合管廊内应设置固定式语音通信系统,电话应与控制中心连通。综合管廊人员出入口或每个防火分区内应设置一个通信点。

综合管廊监控与报警系统包含机电设施自动化控制系统、火灾自动报警系统、视频监控系统及安防系统等。

1）监控系统构成

根据控制与被控制的关系,监控系统总体上可以划分为三级:

第一级为管廊本地控制器。与管廊内监控设备构成现场工业以太网系统,本地控制可自动或手动控制网络上的每个设备。

第二级为本地控制器连接冗余光纤环网(传输速率≥2MB)。控制器配有触摸显示屏,可联动控制各本地控制器所接设备,加强火灾、事故时的现场控制功能。

第三级为控制站通过传输设备与管理所各功能计算机连接而成的以太网(传输速率为1000MB)。

根据管理要求,监控中心对综合管廊进行综合管理,信息可与上级管理部门共享及接入。主要包含综合管廊管理及监控需要的主要网络设备、火灾自动报警、视频监控及机电设施监控等。同时预留了与上述相关部门的管理需要的接口。

监控设备设施之间通过电气连接,并在其他机电设施的支持下,实现信号和信息的传送和交互,建立各种控制和被控制的关系,从而构成多个在功能上既相对独立,又紧密联系的功能子系统,并构成整个监控系统。同一个设备设施可以在多个子系统中发挥作用。

各子系统之间的相互关系:控制子系统构成整个监控系统的控制核心,其功能是从现场设备以及其他子系统获取数据,对数据进行统一管理,并控制其他子系统的工作;闭路电视监控系统(CCTV)子系统为控制子系统提供数据,接受控制子系统的控制;火灾报警子系统为控制子系统提供数据,接受控制子系统的控制。其他辅助系统为各子系统的正常运行提供必要支持,包括提供不间断电源和安装防雷及保护接地。

2)主要控制项目

排水系统应根据集水坑水位自动控制排水泵的运行,在较高水位时2台泵同时运行。自控系统和电气液位开关同时作用于排水泵时,电气控制级别优先;当超过水位电气控制不作为时,自控系统应按照要求自动启动排水泵,保证集水坑处于安全水位,避免水灾隐患。

通风系统可根据湿度自动启动通风机的运行,在24h内必须进行定时自动通风,也可根据火灾监控系统的需要自动开启和停止风机运行。当自控系统和火灾监控系统同时作用于通风机时,火灾监控系统的级别为优先。

照明系统可自动、手动运行。当红外报警器输出信号时,自动开启照明,同时向视频监控系统发送指令自动开始视频监视和录像。

(1)控制中心

控制中心(图4-57)的主要功能包括安全监控、配电照明、消防控制。中心控制室设置中央计算机监控系统、模拟显示屏、电话交换设备、消防报警设备、控制操作台等。控制中心与综合管廊之间建有地下通道。

a)   b)   c)

图4-57 控制中心

(2)火灾自动报警系统

火灾自动报警系统采用感温光缆,火灾监测主机设在管理中心内。每个舱分别布设感温光缆监测舱内火灾、温度情况。防火分区可根据消防要求采用软件进行划分,也可根据管理需要通过软件任意划分,达到火灾监控的目的。在进风口、排风机房内及入口设置点式智能感烟、感温探测器,报警信号接入区域火灾自动报警控制器。

火灾自动报警控制器安装在计算机(PC)机柜内,与管理中心报警控制主机通信采用光缆,以星形总线网络通信。

区域报警控制器运行、故障及火警信息通过硬链接的方式接入可编程逻辑控制器(PLC)作为PLC启动排烟阀、风机、照明及火灾时切断非消防电源的依据。

（3）安防监控系统

在电舱人孔、管道舱投料口设置被动红外探测器,监视该入口处人员进出情况,报警信号接入PLC。一旦人员进入,可联动照明系统开启照明及视频监视系统。

（4）视频监视系统

在管道舱设置标清智能网络球机,信号传输采用2芯单模光缆,供电由PLC柜小母线集中供给。

视频及控制信号在光纤收发器光电转换处理后,接入视频网络交换机,通过主干视频光纤网络上传至管理中心,在管理中心可以任意切换、显示各个场所的摄像机,同时配合其他子系统,对管廊进行高效管理。

（5）环境检测仪表系统

为了保证管廊环境安全,在管廊内设置多通道气体检测装置。在电力舱、管道舱每隔200m左右分别设置两套,监测舱内空气质量、温度湿度。监测探头将环境信息输入PLC,根据环境安全要求可联动风机运行,保证管廊内空气质量。

（6）电话通信系统

综合管廊内设置电话插座,以在紧急情况下或人员维护时与外界通信。配置电话光端机,采用光纤复用传输音频信号;设置程控交换机安装在管理中心。工程所有系统无缝接入监控中心,实现整体管理。

4.7.7　标识系统设计

综合管廊的主要出入口处应设置综合管廊介绍牌,对综合管廊的建设时间、规模、容纳的管线等情况进行介绍。

纳入综合管廊的管线应采用符合管线管理单位要求的标志、标识进行区分,标志铭牌应设置于醒目位置,间隔距离不应大于100m。标志铭牌应标明管线的产权单位名称、紧急联系电话等。

综合管廊的设备旁边应设置设备铭牌,铭牌内应注明设备的名称、基本数据、使用方式及其紧急联系电话。

综合管廊内应设置"禁烟""注意碰头""注意脚下""禁止触摸"等警示、警告标识。在人员出入口、逃生孔、灭火器材等部位应设置明确的标识。

4.7.8　智慧化运营管理平台

利用BIM、地理信息科学(Geographic. Information. Science,GIS)大数据等技术,打造城市级综合管廊智慧管理平台,实现对城市范围内所有管廊的集中化、统一化、可视化、智能化运营管理,保障综合管廊及入廊管线的安全运行,如图4-58所示。

基于GIS+BIM技术,建立综合管廊模型,对管道关系进行多视图展示并进行管线碰撞检查,如图4-59所示。将模型导入到NAVISWORKS软件,采用第三人行走模式,进行净空检查,如图4-60所示。导出管廊交叉节点及隐蔽节点,理清交叉节点各施工工序,提前制订施工管控措施,如图 4-61 所示。在卸料口利用起重设备向管沟内输送管道时,不与管道与卸料口处的混凝土发生碰撞,同时保护管道的防腐层不受损伤,提高施工效率,在吊运之前要对吊运过程进行施工模拟,如图 4-62 所示。

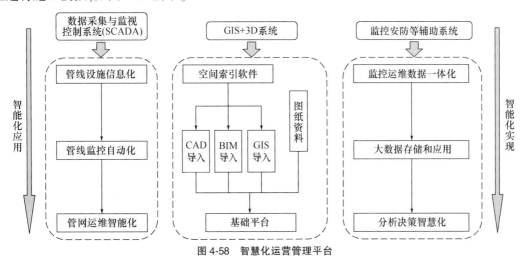

图 4-58　智慧化运营管理平台

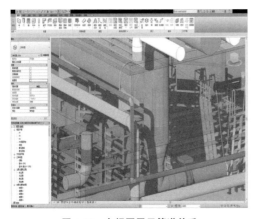

图 4-59　多视图展示管道关系

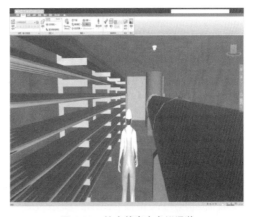

图 4-60　综合管廊内虚拟漫游

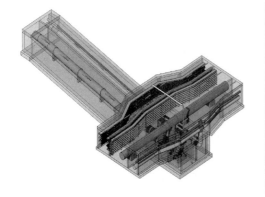

图 4-61　管廊交叉节点三维透视图

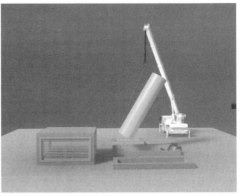

图 4-62　大直径管道安装模拟

传统协同设计过程中由于参与人数较多，且不同阶段的参与部门也不尽相同，导致项目信息量大，内容复杂，各部门之间关联不大，图纸易出错。而基于 BIM 平台的协同设计可以极大地改善协同设计的质量与效率，并在建筑全生命周期内进行信息共享，达到精细优化设计方案的目的，如图 4-63 所示。

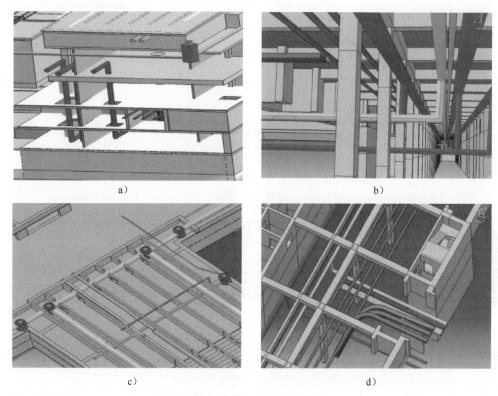

a）   b）

c）   d）

图 4-63　精细优化设计方案

根据《城镇综合管廊监控与报警系统工程技术标准》（GB/T 51274—2017）要求，综合管廊需建设管廊环境与设备监控系统，该系统是综合管廊监控与报警系统中的一个子系统，主要实现对综合管廊全域内环境与设备的参数、运行状态实施全程监控，监控数据通过光环网汇聚到管廊运维管理平台进行集中监控、统一调度、综合运维管理，如图 4-64 所示。

智慧管廊管理平台采用多种现代信息技术，依据城市综合管廊相关国家标准规范，满足综合管廊的综合监控、运维管理等需求，全面支撑综合管廊的流程化、规范化、精细化的管理，如图 4-65 所示。

工程案例：中铁十七局投资建设的贵阳市贵安新区地下综合管廊（图 4-66），全长 34.2km，于 2015 年开工建设，投资 32.25 亿元，建设工期 5 年。采用明挖现浇施工。

采用了以 GIS 技术建立的可视化地图为基础的综合管理系统（图 4-67），通过 App 移动终端的人工智能和运程智能双模式运营管理控制，采用 GIS、全球定位系统（Global Positioning System，GPS）第四代移动通信技术（4G）等技术，与移动手持终端，实现巡检、应急处置的高效化。

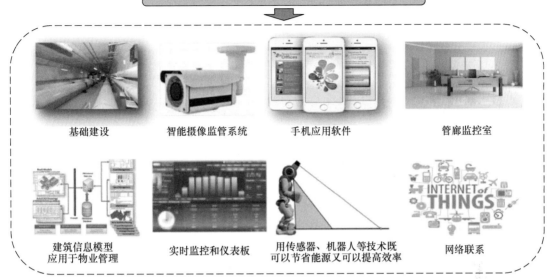

图 4-64　实时监控管理系统

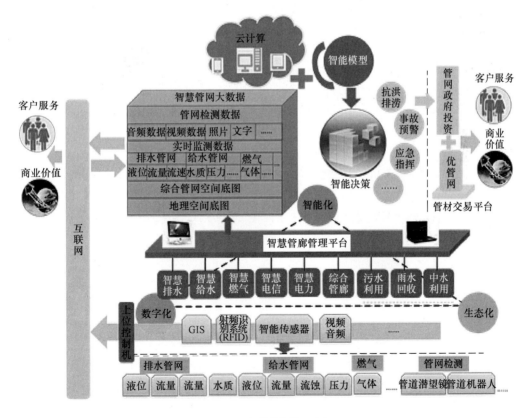

图 4-65　智慧管廊管理平台

159

图 4-66 贵阳市贵安新区地下综合管廊

图 4-67 贵阳市贵安新区地下综合管廊智慧化管理系统平台

4.8 结构设计

4.8.1 一般规定

(1)城市综合管廊结构设计方法:应采用以概率理论为基础的极限状态设计方法,以可靠指标度量结构构件的可靠度除验算整体稳定外,均应采用含分项系数的设计表达式进行设计,应计算下列两种极限状态。

(2)综合管廊结构设计应满足使用年限不低于100年,综合管廊的结构安全等级应为一级,结构中各类构件的安全等级宜与整个结构的安全等级相同。

(3)综合管廊工程应按乙类建筑物进行抗震设计,并应满足国家现行标准的有关规定。

(4)综合管廊结构构件的裂缝控制等级应为三级,结构构件的最大裂缝宽度限值应小于或等于0.2mm,且不得贯通。

(5)综合管廊应根据气候条件、水文地质状况、结构特点、施工方法和使用条件等因素进行防水设计,防水等级标准应为二级,并应满足机构的安全、耐久性和使用要求。综合管廊的变形缝、施工缝和预制构件接缝等部位应加强防水和防火措施。

(6)对埋设在历史最高水位以下的综合管廊,应根据设计条件计算结构的抗浮稳定。计算时不应计入管廊内管线和设备的自重,其他各项作用应取标准值,并应满足抗浮稳定性抗力系数不低于1.05。

(7)预制综合管廊纵向节段的长度应根据节段吊装、运输等施工过程的限制条件综合确定。

4.8.2 综合管廊结构荷载

(1)综合管廊在进行结构设计时应考虑永久荷载、可变荷载、偶然荷载。

①永久荷载包括围岩压力、土压力、结构自重、结构附加恒载、混凝土收缩和徐变的影响力、水压力。

②可变荷载包括道路车辆荷载、铁路列车荷载、人群荷载、温度变化的影响力、冻胀力、施工荷载。

③偶然荷载包括地震力。

(2)结构设计应计算下列两类极限状态。

①承载力极限状态:包括结构的承载力计算、结构整体稳定性验算(滑移、抗浮等)。

②正常使用极限状态:对结构构件分别按作用效应的标准组合或长期效应的准永久组合进行验算,保证构件裂缝开展宽度。

(3)综合管廊结构上的作用应符合现行国家标准《建筑结构荷载规范》(GB 50009)的有关规定。

(4)结构设计时,对不同的作用应采用不同的代表值:对永久作用,应采用标准值作为代表值;对可变作用,应根据设计要求采用标准值、组合值或准永久值作为代表值。作用的标准值,应为设计采用的基本代表值。

(5)当结构承受两种或两种以上可变作用时,在承载力极限状态设计或正常使用极限状态按短期效应标准值设计时,对可变作用应取标准值和组合值作为代表值。

(6)当正常使用极限状态按长期效应准永久组合设计时,对可变作用应采用准永久值作为代表值。可变作用准永久值应为可变作用的标准值乘以作用的准永久值系数。

(7)结构主体及收容管线其自重可按结构构件及管线设计尺寸计算确定。对常用材料及其制作件,其自重可按现行国家标准《建筑结构荷载规范》(GB 50009)的有关规定执行。

(8)综合管廊结构上的预应力标准值应为预应力钢筋的张拉控制应力值扣除各项预应力损失后的有效预应力值。张拉控制应力值应按现行国家标准《混凝土结构设计规范》(GB 50010)的有关规定执行。

(9)对于建设场地地基土有显著变化段的综合管廊结构,需计算地基不均匀沉降的影响,其标准值应按现行国家标准《建筑地基基础设计规范》(GB 50007)的有关规定计算确定。

4.8.3 材料

(1)综合管廊工程所采用的材料应符合国家现行相关标准的规定,同时根据结构类型、受力条件、使用要求和所处环境来选用,并考虑耐久性、可靠性和经济性。主要材料宜采用高性能混凝土、高强度钢筋。当地基承载力良好、地下水位在综合管廊底板以下时,可采用砌体材料。

(2)综合管廊主体混凝土强度等级不应低于C30,预应力混凝土结构的混凝土强度等级不应低于C40,垫层混凝土的强度等级可采用C15。

(3)地下工程部分宜采用自防水混凝土,设计抗渗等级应符合表4-7的规定,并不应小于P6。

防水混凝土设计抗渗等级　　　　　　　　　　　　　　　表4-7

管廊埋置深度 H(m)	设计抗渗等级	管廊埋置深度 H(m)	设计抗渗等级
$H<10$	P6	$20\leqslant H<30$	P10
$10\leqslant H<20$	P8	$H\geqslant30$	P12

(4)受力钢筋应优先选用HRB400级钢筋。

(5)预埋钢板宜采用Q235钢、Q345钢,其质量应符合国家现行标准的要求。

4.8.4 综合管廊结构设计方法

1)现浇混凝土综合管廊结构设计

(1)现浇混凝土综合管廊结构的截面内力计算模型宜采用闭合框架模型。作用于结构底板的基底反力分布应根据地基条件具体确定,并应符合下列规定:

①对于地层较为坚硬或经加固处理的地基,基底反力可视为直线分布;

②对于未经处理的柔软地基,基底反力应按弹性地基上的平面变形问题计算确定。

(2)现浇混凝土综合管廊结构一般为矩形箱涵结构。结构的受力模型为闭合框架,如图4-68所示。

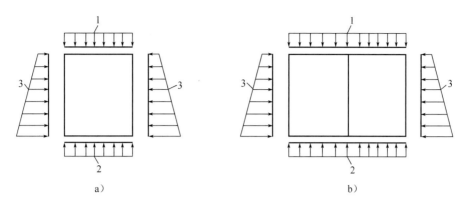

图 4-68　现浇综合管廊闭合框架计算模型

1-顶板荷载;2-基底反力;3-侧向水土压力

(3)现浇混凝土综合管廊结构设计应符合现行国家标准《混凝土结构设计规范》(GB 50010)、《纤维增强复合材料建设工程应用技术规范》(GB 50608)的相关规定。

2)预制拼装综合管廊结构设计

预制拼装综合管廊结构宜采用预应力筋连接接头、螺栓连接接头或承插式接头。当场地条件较差,或易发生不均匀沉降时,宜采用承插式接头。当有可靠依据时,也可采用其他能够保证预制拼装综合管廊结构安全性、适用性和耐久性的接头构造。

预制拼装综合管廊结构计算模型为闭合框架,由于拼缝刚度的影响,在计算时应考虑到拼缝刚度对内力折减的影响。仅带纵向拼缝接头的预制拼装综合管廊结构的截面内力计算模型,宜采用与现浇混凝土综合管廊结构相同的闭合框架模型。

带纵、横向拼缝接头的预制拼装综合管廊的截面内力计算模型应考虑拼缝接头的影响,其结构受力模型如图 4-69 所示,拼缝接头影响宜采用 $K-\zeta$ 法(旋转弹簧-ζ 法)计算,构件的截面内力分配应按下列公式计算。

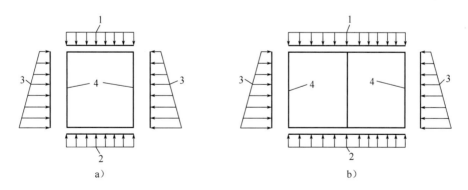

图 4-69　预制综合管廊闭合框架计算模型

1-顶板荷载;2-基底反力;3-侧向水土压力;4-拼缝接头旋转弹簧

$$M = K\theta \tag{4-3}$$

$$M_{\mathrm{j}} = (1 - \zeta)M, N_{\mathrm{j}} = N \tag{4-4}$$

$$M_Z = (1 + \zeta)M, N_Z = N \tag{4-5}$$

以上式中:M——按照旋转弹簧模型计算得到的带纵、横向拼缝接头的预制拼装综合管廊截面内各构件的弯矩设计值(kN·m);

K——旋转弹簧常数(kN·m/rad),25000kN·m/rad≤K≤50000kN·m/rad;

θ——预制拼装综合管廊拼缝相对转角(rad);

M_j——预制拼装综合管廊节段横向拼缝接头处弯矩设计值(kN·m);

ζ——拼缝接头弯矩影响系数。当采用拼装时取 $\zeta = 0$,当采用横向错缝拼装时取 $0.3 < \zeta < 0.6$。

N_j——预制拼装综合管廊节段横向拼缝接头处轴力设计值(kN);

N——按照旋转弹簧模型计算得到的带纵、横向拼缝接头的预制拼装综合管廊截面内各构件的轴力设计值(kN);

M_Z——预制拼装综合管廊节段整浇部位弯矩设计值(kN·m);

N_Z——预制拼装综合管廊节段整浇部位轴力设计值(kN)。

K、ζ 的取值受拼缝构造、拼装方式和拼装预应力大小等多方面因素影响,一般情况下应通过试验确定。

4.8.5 综合管廊结构设计考虑因素

综合管廊主体为钢筋混凝土单孔闭合框架结构,属于长条状地下构筑物,常年受地下水及地面荷载的影响,结构设计时,应考虑以下因素。

(1)地基沉降

由于综合管廊是线形条状结构,沉降问题处理不好,可能造成伸缩缝处产生错缝,导致渗水并引起管道受剪而破坏,或造成线性坡度变化,对管廊内的管线造成影响。因此对可能造成较大沉降的软弱地基,需要特别重视。

对于地层岩性变化、地下水位变化、地表载荷变化等因素可能引起沉降均应作细部接头设计。

(2)地下水浮力

综合管廊为矩形中空结构,若地下水位较高,覆土较浅,需要考虑浮力影响。地下水位变化较大时,也应对不利工况引起注意。

(3)地震影响及液化

地震波对综合管廊的影响主要表现为剪切破坏,以及受地震影响而液化产生的沉降破坏。根据场地附近的剪切波速测试结果,由场地各勘探孔的等效剪切波速,依据《建筑抗震设计规范》(GB 50011—2010)的规定,可确定场地土类型及建筑场地类别。

根据《建筑抗震设计规范》(GB 50011—2010)的规定,判别液化时,场地抗震设防按提高1度考虑,对场地地面以下20m范围内的饱和砂土、饱和粉土采用标准贯入试验判别法进行液化判别。计算公式如下:

饱和沙土

$$N_{cr} = N_a \left[0.9 + 0.1(d_s - d_w) \right] \sqrt{\frac{3}{P_c}} \quad (d_s \leqslant 15) \tag{4-6}$$

饱和黏土

$$N_{cr} = N_a(2.4 - 0.1d_s)\sqrt{\frac{3}{P_c}} \quad (15 \leq d_s \leq 20) \tag{4-7}$$

式中：N_{cr}——液化判别标准贯入锤击数临界值；

N_a——基准数；

d_s——饱和土标准贯入点深度(m)；

d_w——地下水深(m)；

P_c——饱和土黏粒含量百分比(%)。

（4）防水

综合管廊内提供检修通道，按照防水等级要求，对应采取一定的防水措施，以保证综合管廊内干燥无渗积水。对于特殊部位，更应该对节点进行防水处理，例如伸缩缝、特殊断面的衔接处。

（5）功能需求

对于一些人员出入口、材料出入口、通风口等部位，需考虑功能上的需求。比如材料出入口应设置斜角，使管道进出顺畅，避免损伤电缆；人员出入口应考虑人员进出的净高需要；盖板设计应避免漏水以及存在的一些安全问题，特别是应考虑城市暴雨条件下防洪因素，以保证安全。

（6）伸缩缝与防水设计

综合管廊的线形结构应于规范的长度内设置伸缩缝，以防管道结构因温度变化、混凝土收缩及不均匀沉降等因素可能导致的变形，此外，于特殊段、断面变化及弯折处皆需要设置伸缩缝。对于预计变形量可能较大处应考虑设置可挠性伸缩缝，如软弱地层、地质变化复杂及破碎带、潜在液化区等，伸缩缝的构造于管道的侧墙、中墙、顶板及底板处设置伸缩钢棒，并于该处管道外围设置钢筋混凝土框条，以便剪力的传递及防水，并设置止水带止水。

管道结构应采用水密性混凝土并控制裂缝发生，外表使用防水膜或防水材料保护，伸缩缝的止水带设计及施工应特别注意。

4.9　城市管廊设计案例

1）工程概况

本工程地处珠海横琴新区，位于珠海市南部，珠江口西侧，西接磨刀门水道，与珠海西区一衣带水，北靠珠海南湾场区，与其隔马骝洲水道相望，东隔十字门水道与澳门相邻，最近处相距200m，西临磨刀门水道，工程地理位置如图4-70所示。工程所处地十分开阔，原为农田和种植用地，场地已回填至+4.2m高程(图4-71)。

2）地质情况

根据勘探资料，场地内埋藏的地层主要有填筑土层、第四系海陆交互相沉积层、残积层，下伏基岩为燕山期花岗岩。

（1）填筑土层：该层系新近堆填而成，其密度程度不均匀，结构呈松散状态，层厚0.5~9.5m。

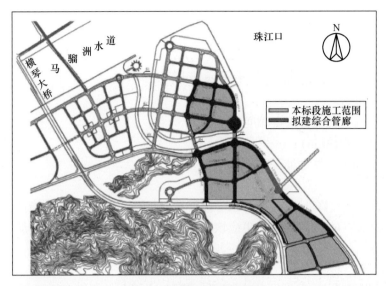

图 4-70　工程地理位置示意图

图 4-71　现场地貌图

（2）淤泥：深灰、灰黑色，含有机质，具臭味，呈饱和、流塑状态，层底埋深介于 8.0~26.0m，揭露厚度 1~24m。

（3）粗砂：呈透镜体产出，一般含有 20%~30% 黏性土，呈饱和、松散状态，层底埋深介于 11.5~13.5m，揭露厚度 0.7~2.3m。

（4）黏土：呈透镜体产出，土质较纯，呈饱和、硬可塑状态，层底埋深介于 9.7~30.2m，揭露厚度 1~15.2m。

（5）淤泥质黏土：褐灰、灰黑色，含少量有机质，略具臭味，呈饱和、流塑状态，层底埋深介于 16~34.3m，揭露厚度 1~9.5m。

（6）砾砂：褐黄、灰白，一般含有 15%~25% 黏性土，呈饱和、中密状态，揭露厚度 0.5~21m。

（7）燕山期花岗岩：灰白、暗红色，按风化程度分强风化和中风化二带。

3）总体设计

（1）综合管廊平面、纵断面线形设计

珠海十字门中央商务区横琴片区市政基础设施一期工程 A-1 号路全线设置综合管廊，包括给水、电力、电信、燃气等市政管线。本案例涉及的综合管廊长度共计 294.499m，平面位置如图 4-72 所示。

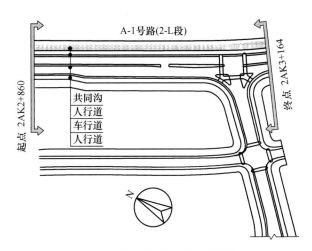

图 4-72　综合管廊平面位置示意图

　　综合管廊位于道路东北侧,廊体中心线距道路中心线 23.6m,沿道路布设在土路肩的绿化带下,综合管廊采用箱形结构如图 4-73 所示。廊顶覆土平均厚度约 2.5m。

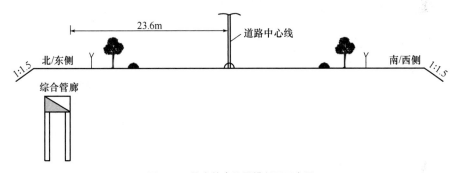

图 4-73　综合管廊位置横断面示意图

　　(2)管廊内的管线确定

　　由于雨水管线和污水管线均为重力流,在铺设时需要按一定坡度设置,而本工程所处位置地形较平坦,从经济角度考虑,不宜纳入雨污水管等重力流排水管线。由于燃气管道具有易燃易爆特性,人们对燃气管线进入综合管廊有安全方面的担忧,因而在工程中燃气管道采用分舱独用的形式进入综合管廊。

　　(3)断面形式和尺寸

　　①综合管廊断面形式

　　鉴于本工程基本不穿越不能停航的河流和地铁等,施工方法将采用明挖为主,因此综合管廊的断面形式采用矩形断面。明挖施工又可分为现浇法和预制拼装法。明挖现浇施工为最常用的施工方法,采用这种施工方法可以大面积作业,将整个工程划分为多个施工标段,以便加快施工进度。同时这种施工方法工程造价相对较低,施工质量能够得以保证。因此,推荐采用明挖现浇施工法。

　　②综合管廊的断面尺寸

　　根据各管线入管廊后分别所需的空间、维护及管理通道、作业空间以及照明、通风、排水、消防等设施所需空间,考虑各特殊部位结构形式、分支走向等配置,并考虑设置地点的地质状况、沿线状况、交通等施工条件,以及下水道等其他地下埋设物以及周围建设物等条件,经综合研判后确定经济合理的断面。在本工程中,矩形断面尺寸采用4.6m(净宽)×2.8m(净高)。

4)结构设计

(1)主要荷载作用

①结构重力

结构自重及路面面层、附属设备等附加重力均属结构重力。本工程中的综合管廊置于土路肩敷设的绿化带下,除自重外,考虑由绿化带上各种附属设备附加重力作用引起地面超载 q 为5kPa。

②土压力

土压力包括顶板所受垂直土压力,侧墙所受侧面土压力。顶板竖向土压力按照土柱重计算,对于地下水位以下土体,土柱重应取土的浮重度。根据《土力学与基础工程》,综合管廊侧墙侧面土压力按照朗肯主动土压力计算。

竖向垂直土压力计算:

$$q_{顶板} = \gamma h = 18 \times 2.5 = 45(kPa)$$
$$q_{底板} = \gamma h = 18 \times (2.5 + 3.4) = 106.2(kPa)$$

水平侧面土压力计算:

$$K_0 = \tan\left(45° - \frac{24°}{2}\right)^2 = 0.422$$

$$q_{顶板侧} = K_0 \gamma h = 0.422 \times 45 = 19(kPa)$$

$$q_{底板侧} = K_0 \gamma h = 0.422 \times 106.2 = 44.8(kPa)$$

③车辆荷载

本工程综合管廊置于路肩绿化带下,考虑到以后车道拓宽的可能性,在计算中考虑汽车荷载。设计车辆荷载为城−B级,城−B级标准载重汽车应采用三轴式货车加载,总质量约30t,前后轴距为4.8m,行车限界横向宽度为3m,如图4-74、图4-75所示。

《建筑结构荷载规范》(GB 50009—2012)表4.1.1中第8项所规定的汽车荷载是轮压直接作用在楼板上的等效均布荷载。对于地下箱形结构,汽车荷载直接作用在通道顶板以上覆土表面,汽车荷载在顶板引起的竖向压力,应将车轮按其着地面积的边缘向下作30°角扩散分布。随着覆土厚度的增加,汽车轮压扩散越充分,顶板所受的竖向压力逐渐减小。当覆土层厚度足够厚,轮压扩散足够充分时,汽车轮压荷载可按均布荷载考虑。朱炳寅在《汽车等效均布荷载的简化计算》中,综合考虑了板跨和不同覆土层厚度时,汽车轮压均布等效荷载简化计算公式。本工程设计车辆荷载为城−B级,顶板覆土2.5m,汽车荷载在顶板的等效均布荷载取值为11.3kN/m²。

④汽车荷载引起的侧墙压力

汽车荷载在侧墙引起的侧向压力,可将汽车荷载换算成位于地表以上的当量土重,即用假想的土重代替均布荷载。当填土面水平时,当量的土层厚度计算如下:

$$h' = \frac{q}{\gamma}$$

汽车荷载引起的侧墙压力:

$$qh_2 = K_0\gamma h' = 0.422 \times 11.3 = 4.77(\text{kPa})$$

车轴编号	1	2	3
轴重(t)	6	12	12
轮重(t)	3	6	6
总质量(t)		30	

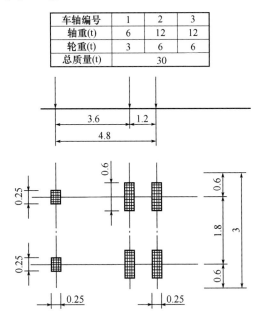

图 4-74 城-B 级标准车辆纵、平面示意图(尺寸单位:m)

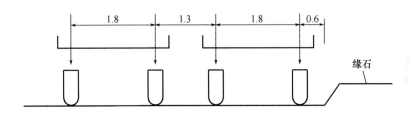

图 4-75 城-B 级标准车辆荷载横向布置示意图(尺寸单位:m)

(2)内力计算

现浇混凝土综合管廊的截面内力计算模型宜采用闭合框架模型,其可以简化成放置在半无限弹性体地基上的闭合框架结构,通常其纵向尺寸远大于横截面尺寸,因此沿其纵向截取1m 箱带长度单元为计算模型,采用 Midas Civil 2013 软件建立梁单元模型,对综合管廊进行结构计算分析,底板与地基采用弹性链接,模拟土质地基,荷载作用考虑收缩徐变,对综合管廊截面抗弯、抗扭、抗剪进行设计和承载力验算。

①计算模型

利用 Midas Civil 2013 软件,建立空间模型,综合管廊截面为矩形双室箱涵结构,采用梁单元模拟,如图 4-76 所示。

②荷载施加

简化计算模型及各荷载大小,如图 4-77 所示。

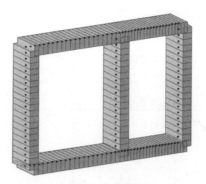

图 4-76　计算模型

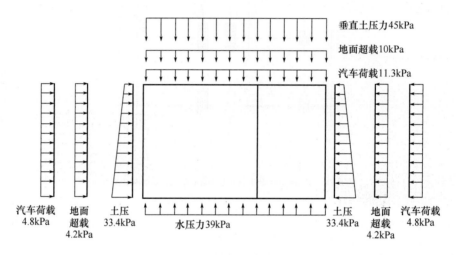

图 4-77　荷载施加示意图

③作用效应组合

承载能力极限状态基本组合:1.35 自重+1.35 土压+1.35 地面超载+1.4×0.9 汽车荷载。

正常使用极限状态短期效应组合:1.0 自重+1.0 土压+1.0 地面超载+0.7 汽车荷载。

正常使用极限状态长期效应组合:1.0 自重+1.0 土压+1.0 地面超载+0.4 汽车荷载。

④计算结果分析

承载能力极限状态基本组合下内力如图 4-78～图 4-80 所示。

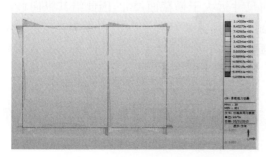

图 4-78　承载能力极限状态弯矩图

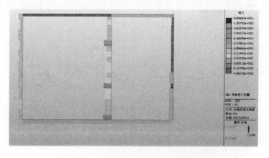

图 4-79　承载能力极限状态轴力图

正常使用极限状态基本组合下内力如图 4-81~图 4-83 所示。

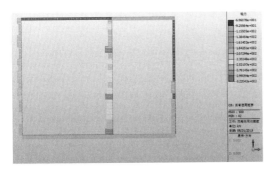

图 4-80　承载能力极限状态剪力图

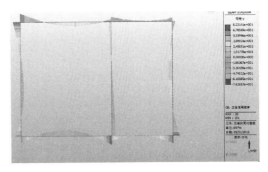

图 4-81　正常使用极限状态短期效应组合弯矩图

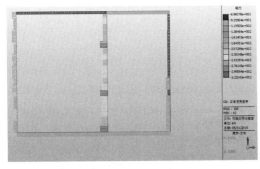

图 4-82　正常使用极限状态短期效应组合轴力图

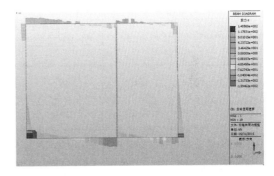

图 4-83　正常使用极限状态短期效应组合剪力图

正常使用极限状态长期效应组合下内力如图 4-84~图 4-86 所示。

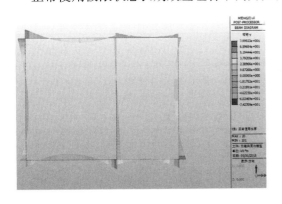

图 4-84　正常使用极限状态长期效应组合弯矩图

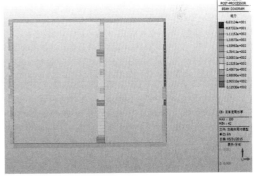

图 4-85　正常使用极限状态长期效应组合轴力图

在承载能力极限状态基本效应组合、正常使用短期效应组合和长期效应组合作用下，综合管廊截面弯矩、轴力、剪力汇总见表 4-8，由内力计算结果可知，矩形断面综合管廊端部节点弯矩大于跨中弯矩，为最不利受力截面，故端部配筋须加强或采用加腋构造。

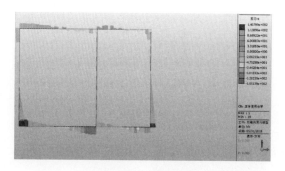

图 4-86　正常使用极限状态长期效应组合剪力图

综合管廊内力汇总表　　　　　　　　　　　　　　　表 4-8

荷 载 组 合	位　置	最大正弯矩（kN·m）	最大负弯矩（kN·m）	最大轴力（kN）	最大剪力（kN）
基本效应组合	顶板	57.1	−106	−151.5	152.3
	底板	114.4	−75	−198.8	220.4
	左侧板	106	−38.8	−264.5	199
	中隔板	26.7	−54	−448.6	23.7
	右侧板	57.3	−100.9	−221.9	−144
短期效应组合	顶板	40	−76.3	−109.3	108.4
	底板	82.2	−53.7	−144.3	−159.5
	左侧板	76.9	−28.5	−190.3	139
短期效应组合	中隔板	20.2	−39.7	−322	17.6
	右侧板	41.5	−73.2	−160.6	126.3
长期效应组合	顶板	39	−74.3	−106.7	103.8
	底板	80	−52	−141.7	−155.1
	左侧板	74.9	−28.2	−163.5	136.4
	中隔板	20.6	−39.5	−312.9	17.7
	右侧板	40.6	−71.9	−157.3	123.6

（3）结构配筋设计

根据《公路钢筋混凝土及预应力混凝土桥涵设计规范》（JTG 3362—2018）第5.3条规定进行配筋设计。

①矩形截面偏心受压构件的正截面抗压承载力应符合下列规定：

$$e = \eta e_0 + \frac{h}{2} - a \tag{4-8}$$

式中：e——轴向力作用点至截面受拉边或受压最小边合力点的距离；

e_0——轴向力对截面重心轴的偏心距，$e_0 = M_d/N_d$。

η——偏心受压构件轴向力偏心距增大系数；

h——偏心受压构件高度；

a——钢筋合力点到构件受拉边或受压较小边的距离。

②对长细比 $l_0/i > 17.5$ 的构件，应考虑偏心受压构件的轴向承载力极限状态偏心距增大系数 η，矩形截面偏心受压构件的承载力极限状态偏心距增大系数可按下列公式计算。

$$\eta = 1 + \frac{1}{1300 e_0 h_0} \left(\frac{l_0}{h} \right)^2 \zeta_1 \zeta_2 \tag{4-9}$$

$$\zeta_1 = 0.2 + 2.7 \frac{e_0}{h_0} \leqslant 1.0 \tag{4-10}$$

$$\zeta_2 = 1.15 - 0.01 \frac{l_0}{h_0} \leqslant 1.0 \tag{4-11}$$

式中：l_0——构件的计算长度；

e_0——轴向力对截面重心轴的偏心距，不小于20mm和偏压方向最大尺寸的1/30两者之间的较大值；

h_0——截面有效高度；

ζ_1——荷载偏心率对截面曲率的影响系数；

ζ_2——构件长细比对截面曲率的影响系数；

其余符号含义同前。

钢筋：HRB335；$f_{sd} = 280$MPa。

③混凝土：强度等级C30，抗压强度设计值 $f_{cd} = 13.8$MPa，抗拉强度设计值 $f_{td} = 1.39$MPa，按最不利截面配筋。

顶板计算如下：

最不利截面左侧节点：$M_d = 106$kN·m；$N_d = 151.5$kN；$V_d = 152.3$kN·m。$l_0 = 2.9$m；$h = 0.3$m；$a = 0.05$m；$h_0 = 0.25$m；$b = 1.0$m。有：

$$e_0 = \frac{M_d}{N_d} = 0.7（\text{m}）$$

$$i = \frac{h}{2\sqrt{3}} = 0.087(\text{m})$$

长细比：

$$\frac{l_0}{i} = 33.3 > 17.5$$

④根据《公路钢筋混凝土及预应力混凝土桥涵设计规范》(JTG D62—2012)第5.3.10条规定,取 $\zeta_1 = 1, \zeta_2 = 1$。

$$\zeta_1 = 0.2 + 2.7\frac{e_0}{h_0} = 7.76 > 1.0$$

$$\zeta_2 = 1.15 - 0.01\frac{l_0}{h} = 1.05$$

$$\eta = 1 + \frac{1}{1400 e_0/h_0}\left(\frac{l_0}{h}\right)\zeta_1\zeta_2 = 1.024$$

⑤根据《公路钢筋混凝土及预应力混凝土桥涵设计规范》(JTG D62—2012)第5.3.5条规定：

$$e = \eta e_0 + \frac{h}{2} - a = 0.817(\text{m})$$

$$\gamma_0 N_d e = f_{cd} bx\left(h_0 - \frac{x}{2}\right)$$

$$x = 0.033\text{m} < \xi_b h_0 = 0.56 \times 0.25 = 0.14(\text{m})$$

故结构为大偏心受压构件,所需配筋截面：

$$A'_s = \frac{N_d e - f_{cd} bx\left(h_0 - \dfrac{x}{2}\right)}{f'_{sd}(h_0 - a_s)} = \frac{25}{56000} = 446(\text{mm}^2) < \rho_{\min}\text{mm}^2$$

故按最小配筋率配筋,选用 HRB335-ϕ14@150mm, $A_s = A'_s = 923\text{mm}^2$。

$$0.51 \times 10^{-3}\sqrt{f_{cu,k}}bh_0 = 571.6(\text{kN}) > \gamma_0 V_d = 152.3(\text{kN})$$

故抗剪截面符合《公路钢筋混凝土及预应力混凝土桥涵设计规范》(JTG D62—2012)第5.2.9条要求。

根据《公路钢筋混凝土及预应力混凝土桥涵设计规范》(JTG D62—2012)第5.2.10条规定,代入计算得：

$$0.5 \times 10^{-3}\alpha_2 f_{td} bh_0 = 173.75(\text{kN}) > \gamma_0 V_d = 152.3(\text{kN})$$

故可不进行斜截面抗剪承载力的验算,仅需按《公路钢筋混凝土及预应力混凝土桥涵设计规范》(JTG D62—2012)第9.3.13条构造要求配置箍筋。

按照相同的方法,依次计算底板、左侧墙、中隔墙和右侧墙的配筋。综上,截面横向主筋为 HRB335-ϕ14@150mm,纵向分布筋选用 HRB335-ϕ12@250mm,箍筋选用 HPB300-ϕ10@250mm。其配筋数量见表 4-9,配筋如图 4-87 所示。

综合管廊配筋表 表 4-9

配 筋 位 置	横向受力筋		纵向受力筋		箍 筋	
	直径	间距	直径	间距	直径	间距
顶板	14	150	12	250	10	250
底板	14	150	12	250	10	250
左侧墙	14	150	12	250	10	250
中隔墙	14	150	12	250	10	250
右侧墙	14	150	12	250	10	250

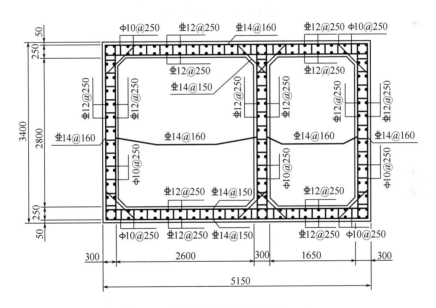

图 4-87 断面配筋示意图(尺寸单位:mm)

(4)裂缝验算

顶板 $N_s = 109.3$ kN,$N_1 = 106.7$ kN,$A_s = 923$ mm^2。

$$\eta_s = 1 + \frac{1}{4000\dfrac{e_0}{h_0}}\left(\frac{l_0}{h}\right)^2 = 1.008$$

$$e_s = \eta_s e_0 + y_s = 1.706$$

$$\gamma_f' = 0$$

$$z = \left[0.87 - 0.12(1 - \gamma_f') \left(\frac{h_0}{e_s} \right)^2 \right] h_0 = 0.22$$

$$\sigma_{ss} = \frac{N_s(e_s - z)}{A_s z} = 0.8(\text{MPa})$$

$$W_{tk} = C_1 C_2 C_3 \frac{\sigma_{ss}}{E_S} \left(\frac{c + d}{0.3 + 1.4\rho_{te}} \right)$$

$$= 1 \times 1.488 \times 0.9 \frac{0.8}{2 \times 10^5} \left(\frac{50 + 14}{0.3 + 1.4 \times 0.009} \right) = 0.001(\text{mm}) < 0.2\text{mm}$$

同理分别验算底板、左侧墙、中隔墙和右侧墙,裂缝计算均满足要求。

第 5 章　城市地下综合管廊施工方法

5.1　概述

在国外，综合管廊主体工程施工方法一般有明挖现浇法、明挖预制法、矿山法、盾构法、顶管法等。国内综合管廊常用的施工方法有明挖现浇法、明挖预制法、浅埋暗挖法、盾构法和顶管法。近年来城市地下设施数量急剧增长，地下综合管廊与其他地下设施的相互影响不断增强，迫切需要新型的施工方法，目前正在研究的新型施工方法有预切槽法以及开挖支护一体化施工方法等。表 5-1 给出了几种工法的比较。

不同工法修建综合管廊的比较　　　　　　　　　　表 5-1

项目	地层适应性	技术及工艺	施 工 环 境	施工速度	结构形式
明挖现浇法	地层适应性强，可在各种地层中施工	施工工艺简单	施工条件一般，安全可控性一般	施工速度快，可根据现场组织调节	临时围护结构和内部结构衬砌
明挖预制法	地层适应性强，可在各种地层中施工	施工工艺简单	机械化程度较高，施工条件较好，安全可控性好	施工速度快，可根据现场组织调节	单层预制衬砌
浅埋暗挖法	地层适应性差，主要用于粉质黏土及软岩地层，在软土及透水性强的地层中施工时需要采取多种辅助措施	施工工艺复杂，工程规模较小时不需要大型机械	机械化程度低，施工人员依赖性高，作业环境较差，劳动强度高，安全性不易保证	作业面小，施工速度较慢	复合式衬砌
盾构法	地层适应性强，可在软岩及土体中掘进	施工工艺复杂，需有盾构及其配套设备，一次掘进长度可达 3~5km，目前国内有 2.10~15.76m 直径盾构	机械化程度高，施工人员少，作业环境好，劳动强度相对小，安全可控性好	施工速度快，一般为矿山法的 3~8 倍	单层预制衬砌
顶管法	地层适应性差，主要用于软土地层	施工工艺复杂，不宜长距离掘进，管径常为 2~3m，国内顶管设备较少	机械化程度高，施工人员少，作业环境好，劳动强度相对较小，安全可控性好	施工速度快，与盾构法相当	单层预制衬砌
预切槽法	地层适应性差，主要用于软土地层	施工工艺复杂，隧道至少要有 5.5m 的下限宽度	机械化程度较高，作业人员相对安全，质量易于控制，安全可控性好	施工速度快，可根据现场组织调节	混凝土拱壳和内部二次衬砌
开挖支护一体化施工方法	地层适应性差，主要用于软土地层	施工工艺较为复杂	机械化程度较高，施工条件较好，安全可控性好	施工速度快，可根据现场组织调节	单层预制衬砌

根据分析比较,在老城区修建综合管廊时,由于沿线地下结构、地下管线较多,为避免大范围的管线改迁对城市交通产生影响,尽量不采用明挖法施工。在场地空旷的新城区修建综合管廊时,采用明挖法较经济。矿山法机械化程度低,对管线影响小,主要适用于地下水较少的粉质黏土地层和基岩地层中,但施工环境差,主要依靠人工作业,地表沉降不易控制。盾构法、顶管法、预切槽法以及开挖支护一体化施工方法自动化程度高、施工速度快且不受天气影响、一次成洞,能够适用于不同长度的隧道施工。

5.2 明挖现浇法

5.2.1 概述

基坑一般竖向分层、纵向分段依次开挖,直至达到结构要求的尺寸和高程,然后在基坑中现场浇筑主体结构,并进行防水和保护层处理,最后回填恢复地面的施工方法称为明挖现浇法,如图 5-1 所示。明挖现浇法较适用于新城区综合管廊建设。

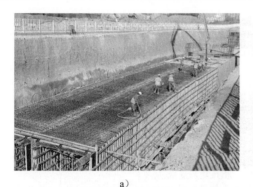

a)　　　　　　　　　　b)

图 5-1　明挖现浇法施工图

5.2.2 特点

明挖现浇法具有以下优点:

(1)设计施工简单,技术成熟。

(2)工程进度快,根据需要可以分段同时作业。

(3)浅埋时工程造价和运营费用均较低,且能耗较少。

明挖现浇法的缺点如下:

(1)外界气象条件对施工影响较大,雨天、北方地区冬季无法施工。

(2)对城市地面交通和居民的正常生活有较大影响,且易造成噪声、粉尘及废弃泥浆等污染,不利于生态环境的保护。

(3)需要拆除工程影响范围内的建筑物和地下管线。

(4)施工作业时间长,现场湿作业工作量大,需较长的混凝土养护增强时间。

（5）在饱和软土地层中，深基坑开挖引起的地面沉降较难控制。

（6）地下水对施工有较大影响，需将地下水降至底板高程以下，才能浇筑混凝土基础，且现浇施工需预留支模空间，土方量增大，施工成本增加。

（7）若基坑内土坡纵向不稳定，则会威胁工程安全。

5.2.3 基坑支护形式

常见的基坑支护形式主要有：土钉墙，复合土钉墙，锚杆支护，重力式水泥土挡土墙，悬臂式排桩支护墙，SMW 工法连续桩，钢筋混凝土板桩支护结构，地下连续墙，以及上述方法的组合施工。

支护形式应根据地质情况、场地环境进行综合选择：在新城区等场地条件允许的情况下一般选择放坡开挖，安全经济；若场地受限不能放坡时，采用排桩+内支撑的形式，排桩可采用型钢桩或混凝土桩；若是地下水丰富的淤泥质地层或砂层，应采用地下连续墙+内支撑形式。为保证基坑的顺利开挖，一般需要配合降水措施。

（1）土钉墙

土钉墙支护如图 5-2、图 5-3 所示。

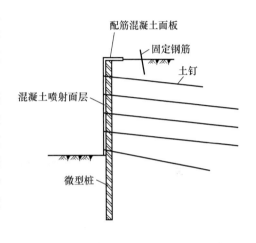

图 5-2 土钉墙支护立面简图

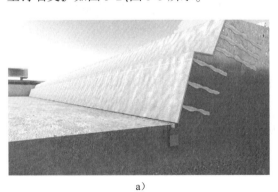

a）　　　　　　　　　　　　　b）

图 5-3 土钉墙施工图

土钉墙支护具有以下优点：

①能合理利用土体的自稳能力，将土体作为支护结构不可分割的部分。

②结构轻型，柔性大，在延性破坏前有变形发展过程，有良好的抗震性。

③密封性好，完全将土坡表面覆盖，没有裸露土方，阻止或限制了地下水从边坡表面渗出，防止了水土流失及雨水、地下水对边坡的冲刷侵蚀。

④土钉数量多，能发挥群体作用，个别土钉有质量问题或失效对整体影响不大。

⑤施工所需场地小，移动灵活，支护结构基本不单独占用空间，能贴近已有建筑物施工，在施工场地狭小、建筑距离近、大型护坡施工设备没有足够工作空间等情况下，显示出独特的优

越性。

⑥施工速度快,土钉墙随土方开挖施工,分层分段进行,与土方开挖基本能同步,不需养护或单独占用施工工期,故多数情况下施工速度较其他支护结构快。

⑦施工设备及工艺简单,不需要复杂的技术和大型机具,施工对周围环境干扰小。

⑧由于孔径小,与桩等施工方法相比,穿透卵石、漂石及填石层的能力更强一些,且施工方便灵活,开挖面形状不规则、坡面倾斜等情况下施工不受影响。

⑨边开挖边支护,便于信息化施工,能够根据现场监测数据及开挖暴露的地质条件及时调整土钉参数,一旦发现异常或实际地质条件与原勘察报告不符时,能及时调整设计参数,避免出现大的事故,从而提高了工程的安全可靠性。

⑩材料用量及工程量较少,工程造价较低,比其他类型支挡结构一般低 1/5~1/3。

(2)复合土钉墙

复合土钉墙的类型:与土钉墙复合的构件主要有预应力锚杆、止水帷幕及微型桩三类,它们与土钉墙复合形成了土钉墙+预应力锚杆、土钉墙+止水帷幕、土钉墙+微型桩、土钉墙+止水帷幕+预应力锚杆、土钉墙+微型桩+预应力锚杆、土钉墙+搅拌桩+微型桩、土钉墙+止水帷幕+微型桩+预应力锚杆 7 种形式。与预应力锚杆复合的土钉墙结构如图 5-4 所示。

图 5-4 与预应力锚杆复合的土钉墙结构

复合土钉墙宜用于淤泥质土、人工填土、砂性土、粉土、黏性土等土层中开挖深度不超过 15m 的基坑或者边坡工程。复合土钉墙需谨慎用于以下条件:①淤泥质土、淤泥等软弱土层太厚时;②超过 20m 的基坑;③灵敏度较高的土层;④对变形要求非常严格的场地。

(3)锚杆支护

锚杆支护(图 5-5)的特点:通过埋设在地层中的锚杆,将结构物与地层紧紧地联系在一起,依靠锚杆与地层间摩擦力传递结构物的拉力或使地层自身得到加固,以保持结构物和岩土体稳定。与其他支护形式相比,锚杆支护具有以下优点:

①提供开阔的施工空间,极大地方便了土方开挖和主体结构施工。锚杆施工机械及设备的作业空间适合各种地形及场地,且对岩土体的扰动小。

②在地层开挖后,能立即提供抗力,且可施加预应力,控制变形发展。

③锚杆的作用部位、方向、间距、密度和施工时间可以根据需要灵活调整。

④用锚杆代替钢或钢筋混凝土支撑,可以节省大量钢材,减少土方开挖量,改善施工条件,适用于面积很大、支撑布置困难的基坑。

⑤锚杆的抗拔力可通过试验来确定,可保证设计有足够的安全性。

图5-5　锚杆支护现场图

(4)重力式水泥土挡土墙

重力式水泥土挡土墙的断面形式如图5-6所示,包括倾斜式、垂直式、俯斜式、凸形折线式及衡重式。

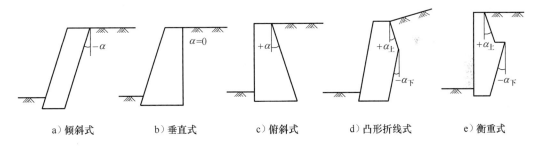

a)倾斜式　　b)垂直式　　c)俯斜式　　d)凸形折线式　　e)衡重式

图5-6　重力式水泥土挡土墙的断面形式

重力式水泥土挡土墙的适用范围:重力式水泥土挡土墙宜用于开挖深度在5m范围以内的基坑,适用于加固淤泥质土、含水率较高而地基承载力小于120kPa的黏土、粉土、砂土等软土地基。

重力式水泥土挡土墙的特点:重力式水泥土挡土墙是无支撑自立式挡土墙,依靠墙体自重、墙底摩阻力和基坑内开挖面以下土体的抗力稳定墙体,以满足围护墙的整体稳定、抗倾覆稳定、抗滑稳定和控制墙体变形等要求。

重力式水泥土挡土墙可近似看作软土地基中的刚性墙体,其变形主要表现为墙体水平平移、墙顶前倾、墙底前滑以及几种变形的叠加等。

(5)悬臂式排桩支护墙

悬臂式排桩支护墙的适用范围:排桩围护体一般适用于中等深度(6~8m)的基坑围护,但近年来也应用于开挖深度20m以内的基坑。其中,压浆桩适用的开挖深度一般在6m以下,在深基坑工程中,有时与钻孔灌注桩结合,作为防水抗渗措施。采用分离式、交错式排列布桩以及双排桩时,如需隔离地下水,需要另行设置止水帷幕。

悬臂式排桩支护墙(图5-7)的特点:与地下连续墙相比,施工工艺简单,成本低,平面布置灵活;缺点是防渗和整体性较差。因此,除具有自身防水的型钢水泥搅拌桩墙(Soil Mixing Wall,SMW)外,悬臂式排桩支护墙常采用间隔排列并与防水措施相结合,具有施工方便、防水可靠的优点,是地下水位较高软土地层中常用的排桩围护体形式。

图5-7 悬臂式排桩支护墙施工现场图

(6)SMW工法连续桩

SMW工法连续桩(图5-8)是一种由水泥土搅拌桩墙和型钢(一般采用H型钢)组成的复合围护结构,同时具有截水和承担水土侧压力的功能。主要有以下优点:

①对周围环境影响小。该工法无须开槽或钻孔,不存在槽(孔)壁坍塌现象,从而可以减少对临近土体的扰动,降低对临近地面、道路、建筑物、地下设施的危害。

图5-8 SMW工法连续桩施工现场图

②防渗性能好。水泥土渗透系数小,一般为 $10^{-8} \sim 10^{-7}$ cm/s。

③环保节能。型钢在施工完毕后可以回收利用,避免遗留在地下形成永久障碍物,是一种绿色工法。

④适用土层范围广。适用于填土、淤泥质土、黏性土、粉土、砂性土、饱和黄土等。若采用预钻孔工艺,还可以用于较硬质地层。

⑤工期短,投资省。在一般入土深度 $20 \sim 25$m 情况下,日平均施工长度达 $8 \sim 10$m,最高可达 12m。

(7)钢筋混凝土板桩支护结构

钢筋混凝土板桩支护结构的适用范围:①开挖深度小于 10m 的中小型基坑工程;②大面积基坑中的小型基坑工程;③水利工程中的临水基坑工程。

钢筋混凝土板桩支护结构(图 5-9)的特点:钢筋混凝土板桩支护结构是由钢筋混凝土板桩构件沉桩后形成的组合桩体,易工厂化、装配化。

(8)地下连续墙

地下连续墙的适用范围:

①深度较大的基坑工程,一般开挖深度大于 10m 才有较好的经济性。

②邻近存在保护要求较高的建(构)筑物,对基坑本身的变形和防水要求较高的工程。

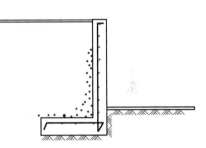

图 5-9 钢筋混凝土板桩支护结构

③基坑内空间有限,地下室外墙与红线距离较近,采用其他围护形式无法满足施工操作空间要求的工程。

④围护结构亦作为主体结构的一部分,且对防水、抗渗有较严格要求的工程。

⑤采用逆作法施工,地上和地下同步施工时,一般采用地下连续墙作为围护墙。

⑥在超深基坑中,如 $30 \sim 50$m 的深基坑工程,采用其他围护体无法满足要求时,常采用地下连续墙作为围护体。

地下连续墙是深基坑工程中最佳的挡土结构之一。主要优点有:

①施工具有低噪声、低震动等优点,工程施工对环境的影响小。

②连续墙刚度大、整体性好,基坑开挖过程中安全性高,支护结构变形较小。

③墙身具有良好的抗渗能力,坑内降水时对坑外的影响较小。

④可作为地下室结构的外墙,可配合逆作法施工,以缩短工程的工期,降低工程造价。

但地下连续墙也存在弃土和废泥浆处理、粉砂地层易引起槽壁坍塌及渗漏等问题,因而需采取相关的措施来保证连续墙施工的质量。

地下连续墙与主体结构外墙结合的形式如图 5-10 所示。

5.2.4 基坑施工

1)基坑施工工艺和要求

①测量放样定出中心桩、槽边线、堆土堆料界线及临时用地范围。

②开挖前,提前打设井点降水,在地下水位稳定在槽底以下 0.5m 时才可进行土方开挖。

开挖后必须及时支撑,以防止槽壁失稳而导致基坑坍塌。

③开挖基坑达设计高程后,报监理工程师验收并进行土工试验,检查地基承载力合格后,应尽快进行基底垫层施工以防渗水浸泡基底。

④基坑开挖时其断面尺寸必须准确,沟底平直沟内无塌方、无积水、无各种油类及杂物,转角符合设计要求。

⑤挖沟时不允许破坏沟底原状土,若沟底原状土不可避免被破坏时,必须用原土夯实平整。

⑥开挖后的土方如达到回填质量要求并经监理工程师确认后应用于填筑材料,不适用于回填的土料应弃于业主、监理工程师指定地点。

⑦基底土质与设计不符时,应报监理工程师研究讨论,然后进行软基处理。

⑧开挖时,应严格按施工方案规定的施工顺序进行土方开挖施工,开挖宜分层、分段依次进行,形成一定坡度,以利排水。

⑨开挖完成后应及时做好防护措施,尽量防止基底土的扰动。

⑩边坡应严格按图纸施工,不允许欠挖和超挖,采用机械开挖时,边坡应用人工修整。

⑪夜间开挖时应有足够的照明设施,并要合理安排开挖顺序,防止错挖或超挖。

⑫土方工程挖方与场地平整允许偏差值见表5-2。

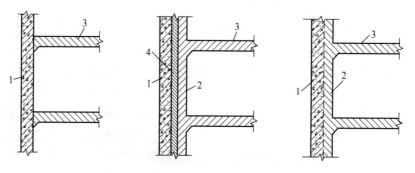

图 5-10 地下连续墙与主体结构外墙结合的形式

1-地下连续墙;2-衬墙;3-楼盖;4-衬垫材料

挖方与场地平整允许偏差值 表 5-2

序 号	项 目	允许偏差(mm)	检 验 方 法
1	表面高程	+0.0、-50	用水准仪检查
2	长度、宽度	-0.0	用经纬仪、拉线和尺量检查
3	边坡偏陡	不允许	观察或用坡度尺检查

2)基坑降水

(1)地下水处理的原则

根据国内外施工经验及有关规范规定,明挖法地下水处理的原则为"堵降结合,以降为主,以堵为辅,因地制宜,综合治理"。基坑井点降水示意图如图5-11所示。

(2)降水方法的适用条件

开挖基底低于地下水位的基坑、沟槽时,如环境条件允许应根据基坑地质条件及工程特点采取措施降低地下水位,一般要降至低于开挖底面 50~100cm 才能进行开挖。降水的方法主要有集中明排、真空井点、多级真空井点、喷射井点、电渗井点等。各种降水方法的适用条件见表 5-3。

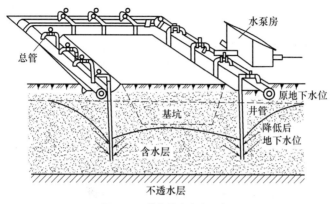

图 5-11 基坑井点降水示意图

各降水方法适用条件 表 5-3

降 水 方 法	地 层 类 型	渗透系数(cm/s)	可能降低的水位深度(m)
集中明排	人工填土、砂土、粉土、黏性土	$10^{-3} \sim 10^{-1}$	<5
真空井点	人工填土、粉土、砂土、粉质黏土、粉土	$10^{-4} \sim 10^{-3}$	3~6
多级真空井点			6~12
喷射井点		$10^{-4} \sim 10^{-3}$	8~20
电渗井点	淤泥、淤泥质黏土、粉质黏土	$10^{-6} \sim 10^{-4}$	宜配合其他形式降水使用
深井井点	人工填土、粉土、砂土、砂黏土	$10^{-3} \sim 10^{-1}$	>10

3)基坑开挖

基坑开挖方式包括人工开挖和机械开挖。

(1)人工开挖

人工开挖主要适用于管径小、土方量少或施工现场狭窄,地下障碍物多,不易采用机械挖土或深槽作业的场所。如果沟槽需支撑无法采用机械挖土时,通常也采用人工挖土,常用的工具为铁锹和镐。对于开挖深度 2m 以内的沟槽,人工挖土与沟槽内出土宜结合在一起进行;较深的沟槽,宜分层开挖,每层开挖深度一般以 2~3m 为宜,利用层间留台人工倒土、出土。在开挖过程中应控制开挖断面将槽帮边坡挖出,槽帮边坡应不陡于规定坡度。

(2)机械开挖

采用机械开挖(图 5-12)时,应向机械操作人员详细交底后方可施工。交底内容一般包括挖槽断

图 5-12 机械开挖

面深度、槽帮坡度、宽度等尺寸,以及堆土位置、电线高度、地下电缆、地下构筑物、施工要求和安全生产措施。机械操作人员进入施工现场应听从现场指挥人员的指挥,确保施工安全。

4)地基处理

明挖现浇结构的荷载作用于地基土上,导致地基土产生附加应力,附加应力引起地基土的沉降量取决于土的孔隙率和附加应力的大小。当沉降量在允许范围内时,构筑物才能稳定安全,否则,结构就会失去稳定性或遭到破坏。

地基在构筑物荷载作用下,地基土中产生的剪应力超过土的抗剪强度而导致地基和构筑物破坏,此时地基承担的荷载称为地基容许承载力。地基应同时满足容许沉降量和容许承载力的要求,如不满足,则采取相应措施对地基土进行加固处理,改善特殊土的不良地基特性(主要是指消除或减少土的湿陷性和膨胀土的胀缩性等)。地基处理常用的方法有换填法、预压法、强夯法、振冲法、深层搅拌法、碎石桩法和土或灰土挤密桩法等。

(1)换填法

当结构物基础下的持力层比较软弱、不能满足上部结构荷载对地基的要求时,一般采用换土垫层来处理软弱地基(图5-13)。即将基础下一定范围内的土层挖去,然后回填以强度较大的砂、碎石或灰土等,并夯实至密实。换填法适用于浅层软弱土层和不均匀土层的地基。

图5-13　素土垫层换填

(2)预压法

预压法(图5-14)是一种有效的软土地基处理方法。该方法的实质是,在建筑物或构筑物建造前,先在拟建场地上施加与其相当的荷载,使土体中孔隙水排出,孔隙体积变小,土体密实,提高地基的承载力和稳定性。预压法分为堆载预压、真空预压、真空和堆载联合预压几种方法。堆载预压法处理深度一般为10m左右,真空预压法处理深度可达15m左右,适用于淤泥质土、淤泥、冲填土等饱和黏性土地基。

(3)强夯法

强夯法(图5-15)是法国L·梅纳(Menard)1969年首创的一种地基加固方法,即用几十吨重锤从高处落下,反复多次夯击地面,对地基进行强力夯实。实践证明,经夯击后的地基承载力可提高 2~5 倍,处理深度在 10m 以上,适用于砂石土、砂土、低饱和度粉土、湿陷性黄土、杂填土地基。

图 5-14　地基处理预压法施工

图 5-15　强夯法施工图

(4)振冲法

振冲法(图 5-16)是振动水冲击法的简称,按不同土类可分为振冲置换法和振冲密实法两类。振冲法在黏性土中主要起振冲置换作用,置换后填料形成的桩体与土组成复合地基;在砂土中主要起振动挤密和振动液化作用。振冲法的处理深度可达 10m 左右,适用于处理砂土、粉土、粉质黏土、素填土和杂填土等地基。处理不排水抗剪强度不小于 20kPa 的饱和黏性土和饱和黄土地基时,应在施工前通过现场试验确定其适用性。

(5)深层搅拌法

深层搅拌法(图 5-17)是利用水泥或其他固化剂通过特制的搅拌机械,在地基中将水泥和土体强制拌和,使软弱土硬结成整体,形成具有水稳性和足够强度的水泥土桩或地下连续墙,处理深度可达8~12m。施工过程:定位→沉入到底部→喷浆搅拌(上升)→重复搅拌(下沉)→重复搅拌(上升)→完毕。深层搅拌法适用于砂土、粉土和人工填土等地基。

图 5-16　振冲法施工图

图 5-17　深层搅拌法施工图

（6）碎石桩法

碎石桩(图 5-18)是振动沉管砂桩和振动沉管碎石桩的简称。振动沉管碎石桩就是在振动机的振动作用下,把套管打入规定的设计深度,夯管入土后,挤密了套管周围土体,然后投入砂石,再排碎石于土中,振动密实成桩,多次循环后就成为碎石桩,也可采用锤击沉管方法。该法能使桩与桩间的土形成复合地基,从而提高地基的承载力和防止砂土振动液化,也可用于增大软弱黏性土的整体稳定性。其处理深度达 10m 左右,适用于既有建筑和新建建筑的地基。

（7）土或灰土挤密桩法

土或灰土挤密桩法是利用沉管、冲击或爆扩等方法在地基中挤土成孔,然后向孔内夯填素土或灰土成桩。成孔时,桩孔部位的土被侧向挤出,从而使桩周土得以加密。该法是由土桩或灰土桩与桩间挤密土共同组成复合地基。土桩及灰土桩法的特点是:就地取材,以土治土,原位处理、深层加密的费用较低,处理深度宜为 5~15m,适用于处理地下水位以上的湿陷性黄土、素填土和杂填土等地基。

图 5-18 碎石桩法施工图

5）基坑回填

基坑回填工艺：施工准备→检验土质→分层摊铺→分层夯击和碾压→检验密实度→修正找平→验收。

（1）施工准备

填土前应将基坑（槽）、管廊底的垃圾杂物等清理干净。

（2）检验土质

检验回填土的种类、粒径，有无杂物，是否符合规定以及各种土料的含水率是否在控制范围内。摊铺碾压以前，应测定土的实际含水率，过干应加水润湿，过湿应予以晾晒或掺入生石灰翻拌，控制其含水率在最佳含水率±2%的范围以内。同时加强取土场土质含水率测定工作，以确保基坑土方回填施工按期完成。

（3）分层摊铺

回填时采用水平分层平铺，分层厚度为25~30cm，人工夯实的地方摊铺厚度为20~25cm。不同回填土水平分层，以保证强度均匀；透水性差的土如黏性土等，一般应填于下层，表面呈双向横坡，以利于排除积水；同一层有不同回填土时，搭接处成斜面，以保证在该层厚度范围内强度比较均匀，防止产生明显变形。施工时由自卸汽车把土运至基坑顶，再由人工配合装载机粗略整平，摊铺路线应沿基坑长度方向从一侧向另一侧摊铺，注意虚铺厚度。不宜用机械摊铺的地方，应辅以人工摊铺。施工时，派专人指挥机械施工，确保摊铺层厚度（图5-19）。

（4）分层夯击和碾压

用压路机分层压实操作时，宜先轻后重、先慢后快、先边缘后中间。压实时，相邻两次的轮迹应重叠轮宽的1/3，保证压实均匀，不漏压。对于压不到的边角部位，应配合人工推土辅以小型机具夯实，用蛙式打夯机或柴油打夯机分层打夯密实，打夯应一夯压半夯，夯夯相连，夯与夯之间重叠宽度不小于1/4~1/3夯底宽度，纵横交叉，每层至少三遍。大面积人工回填，用压路机压实，两机平行时，其间距不得小于3m，同一夯行路线上，前后间距不得小于10m。

回填土每层压实后，采用规范规定的方法进行取样，测出土的最大干密度，达到要求后再铺上一层土。填方全部完成后，应拉线找平，凡高于设计高程的地方，应及时铲平；低于设计高

189

程的地方,应用齿耙翻松后补土夯实。每层回填土应连续进行,尽快完成,当天填土应在当天压实。施工时应防止地面水流入基坑,应尽量选在无雨天施工。若已填好的土遭到水浸,需要把稀泥铲除后方可进行下道工序。

图 5-19　基坑回填分层摊铺施工

在压实过程中应随时检查有无软弹、起皮、推挤、波浪及裂纹等现象,如发现上述情况,应及时采取补救措施。

(5)检验密实度

回填材料采用黏土或砂土,填土中不得含有草、垃圾等有机质,结构外侧及顶板上首先回填不小于 500mm 的黏性土(不透水),填土应分层压实,每层回填压实后,取样检查回填土压实度,保证压实度不小于 95%。机械碾压时,每层填土按基坑长度 50m 或基坑面积为 $1000m^2$ 的标准取一组,每组取 3 个点;人工夯实时,每层填土按基坑长度约 25m 或基坑面积为 $500m^2$ 取一组,每组取样点不少于 6 个,其中,中部和两边各取 2 个。遇有填料类别和特征明显变化或压实质量可疑处适当增加点位,取样部位在每层压实后的下半部。

(6)修正找平

填方全部完成后,表面应进行拉线找平,高于规定高程的地方及时依线铲平,低于规定高程的地方应补土夯实。当采用灰土回填时,要做好技术交底,灰土与素土应同步回填,必要时采用灰土与素土间增加临时隔板措施,以控制灰土的回填厚度和宽度。

(7)验收

①检查基底平面位置、尺寸大小、基底高程。

②检查基底地质情况和承载能力是否与设计资料相符。

③检查基底处理和排水情况是否符合规范要求。

④检查施工日志及有关试验资料等。

6)基坑监测

(1)基坑排水

①在基坑四周及基坑内设置完善通畅的排水系统,保证雨季施工时地表水及时抽排。

②密切关注天气情况,暴雨或大雨来临时,停止开挖,立即对边坡进行覆盖防护,加强基坑内积水抽排和基坑外降水,尽量减少基坑积水,确保基坑安全。暴雨过后及时将地面及坑内积水排走。

③基坑开挖中,不得在基坑周边设置如厕所、冲澡房等易漏水设施。

④坑外地面上要求用低强度混凝土硬化地面,并做排水沟,防止地表水渗入。

(2)基坑工程监测

基坑和支护结构的监测项目,根据支护结构的重要程度、周围环境的复杂性和施工的要求而定。支护结构的监测,主要分为应力监测与变形监测。根据施工方法、环境情况及地质条件等,在基坑施工期间的一般监测项目见表5-4。

基坑开挖一般监测项目表

表5-4

监测项目	位置或监测对象	监测方法
基坑内外监测	基坑外地面、灌注桩、内支撑及周围地面裂缝、塌陷、渗漏水、超载等	专职人员巡视
桩顶水平位移	桩顶冠梁	采用TC、702全站仪测量
桩体变形	桩体全高	采用测斜管、测斜仪测量
支撑轴力	支撑端高	采用轴力计测量
建筑物沉降、倾斜	基坑周边需保护的建筑物	采用AG.G2精密水准仪测量
基坑周边地表沉降	周围一倍基坑开挖深度	采用AG.G2精密水准仪测量
临时悬吊管线	管线轴向中线布置	采用AG.G2精密水准仪测量

7)雨期和冬期施工

一般情况下,土方开挖宜避开雨期,大雨(日降水量在25mm以上)及上述恶劣天气严禁开挖土方,如需要在雨期开挖基坑(槽)时,应注意降雨量对边坡稳定的影响,必要时可适当放缓边坡或设置支撑。同时,应在基坑(槽)外围增设土堤或水沟,防止地面水流入。施工时,应加强对边坡、支撑、土堤等的观察和监测。

一般情况下,土方开挖不宜在冰冻天气施工,如必须在冰冻天气施工时,应制订专项方案,防止土体冻结。可在冻结前用保温材料覆盖或将表层土翻耕耙松,其翻耕深度应根据当地气候条件确定,一般不小于0.3m。必须防止基础下的土层遭受冻结。如基坑(槽)开挖完毕后,有较长的停歇时间,应在基底高程以上预留适当厚度的松土,或用其他保温材料覆盖,地基土不得受冻;构筑物的地基和基础暴露时,应采取防冻措施,以防产生冻结破坏。

5.2.5　结构施工

综合管廊主体结构施工流程如图5-20所示。主要施工步骤如下:

(1)施工准备。综合管廊主体结构施工前,应进行基底承载力试验,如不符合要求,应按要求进行夯实、换填或注浆加固等;若地下水比较丰富,应进行降水,将地下水位降到基底以下0.5~1.0m;如综合管廊主体结构不符合抗浮要求,应按设计做抗浮桩。

(2)基坑验收合格后,应按照设计要求铺设基础混凝土碎石过滤层和垫层混凝土,垫层混凝土强度达到2.5MPa后,进行外包防水层及防水层施工。碎石垫层应铺设完整、均匀,钢筋混凝土封底垫层应分段浇筑,并应超过综合管廊主体结构施工节段端头2m。基坑开挖完成后,如不能及时浇筑垫层,应预留10~20cm厚的土层,在下一道工序施工前开挖至设计高程。

(3)综合管廊主体结构施工过程应遵循"纵向分段,竖向分层,由下至上"的原则,纵向将综合管廊分成若干个节段进行施工,竖向依次施工底板、侧墙、顶板。

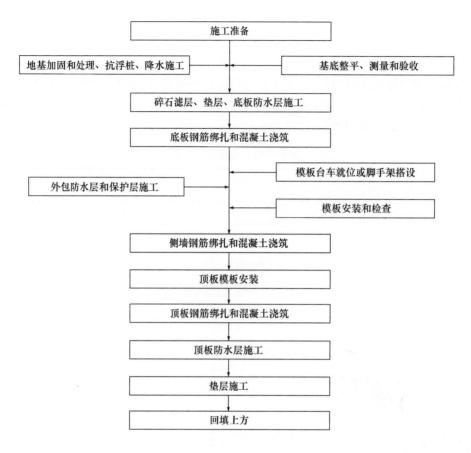

图 5-20　综合管廊主体结构施工流程图

（4）模板及支撑体系设计。模板一般采用木胶板，模板工程量大时也可采用定型钢模板，模板后采用方木支撑，方木参数根据管廊混凝土厚度进行计算确定。支架体系采用碗扣式钢管脚手架或者扣件式钢管脚手架，配合扣件、顶托、底托形成支架体系。其支撑用的脚手架、支撑杆、支架等应使用质量合格的钢管支架、木材，并能满足尺寸和强度要求，以保证模板在混凝土浇筑、振捣和凝固过程中不超过允许形变量。

（5）钢筋工程。

①钢筋检验。钢筋的型号、种类、数量、直径、材质等必须符合设计要求，并经试验和检验合格，方可使用。

②钢筋加工。钢筋应按设计图纸进行加工；钢筋弯曲成形应在常温下进行；不允许用锤击或尖角弯折；加工好的钢筋分批堆放储存，运输过程中要有标志牌，不得碰撞和在地面上拖拉；钢筋堆放及加工场地的防雨防冻、排水设施应达到有关规范的要求，避免雨水浸泡。

③钢筋绑扎。钢筋绑扎、焊接长度及搭接长度应符合设计、规范和标准要求；受力钢筋的接头位置应设在受力较小处，接头相互错开；钢筋和模板之间应设置足够数量的垫块，以确保钢筋保护层厚度满足规范要求；绑扎双层钢筋网时，应设置足够强度的钢筋撑脚，以保证钢筋的定位准确。

（6）混凝土工程。

①根据施工条件混凝土采用商品混凝土或自拌混凝土。为保证混凝土的质量首先需要对配合比进行优化，控制好用水量、水灰比、砂率、水泥用量及粉煤灰用量，使混凝土的入模温度、抗渗指标和耐蚀系数达到要求。

②混凝土浇筑作业应连续进行（图5-21），如发生中断，立即报告监理工程师。浇筑混凝土作业过程中应随时检验预埋部件，如有任何位移及时矫正。混凝土由高处自由落下的高度不得超过2m，当采用导管式溜槽时应保持干净，使用过程要避免混凝土发生离析。混凝土按水平层次浇筑，用插入式振捣器时，捣实厚度不得超过30cm，同时要避免两层混凝土表面脱开。当分层浇筑时，应在下层混凝土初凝前，完成上层混凝土的浇筑，上下层同时浇筑时，上下层的浇筑距离应保持在1.5m以上。

图5-21　混凝土浇筑施工图

③工地应配有足够数量且状态良好的振捣器；振捣器插入混凝土或拔出时速度要慢，以免产生空洞；振捣器要垂直插入混凝土内，并要插入前一层混凝土里，但进入底层的深度不得超过50mm；振捣器移动距离不得超过有效振动半径的1.5倍；对每一振动部位，必须振动到该处混凝土密实为止。密实的标志是混凝土停止下沉，不再冒气泡，表面平坦、泛浆，注意严禁过振或欠振。

④混凝土浇筑完成后，应在收浆后尽快洒水养护，混凝土养护用水的条件与拌和用水相同；混凝土模板覆盖时，应在养护期间经常使模板保持湿润，混凝土养护时，表面覆盖麻袋或草袋等覆盖物进行洒水养护，使混凝土的表面保持湿润；每天洒水的次数，以能保持混凝土表面经常处于湿润状态为度，洒水养护的时间为7d。冬季混凝土采用保温养护。

5.2.6　工程案例

【工程案例5-1】　珠海横琴新区综合管廊

（1）工程概况

横琴新区综合管廊呈"日"字形，覆盖全岛"三片、十区"，共设有监控中心3座。

按照主体功能区的分布,变电站的布置,收纳管线的种类、数量和管径大小,考虑敷设空间、维修空间、安全运行及扩容空间,分为单舱室(图 5-22)、两舱室(图 5-23)和三舱室(图 5-24)3种断面形式。

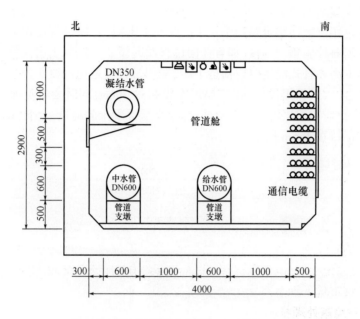

图 5-22　单舱室综合管廊断面图(尺寸单位:mm)

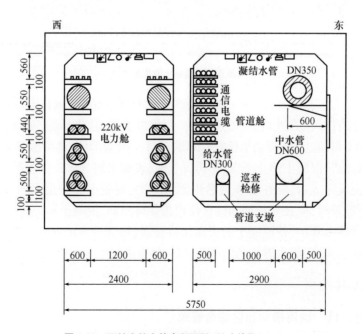

图 5-23　两舱室综合管廊断面图(尺寸单位:mm)

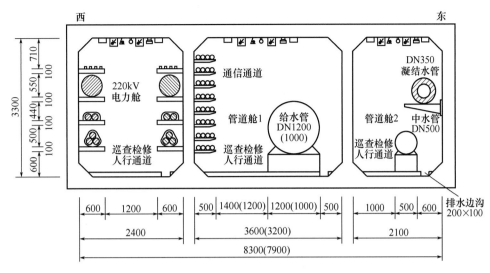

图 5-24　三舱室综合管廊断面图(尺寸单位:mm)

管廊内纳入的管线有电力、通信、给水、中水、供冷及垃圾真空系统 6 种,包含了消防报警系统、计算机监控系统、供配电系统、照明系统、通风系统、排水系统、标识系统共 7 大系统,构建了功能完善的城市地下管廊系统。

(2)综合管廊地基处理技术

①地质情况

横琴新区综合管廊建设场地多处为滩涂、鱼塘区域,场地内软土主要为淤泥和呈透镜体分布的淤泥混砂(地层代号分别为③₁和③₂),主要设计参数见表 5-5。

基坑地层设计参数　　　　表 5-5

时代成因	地层代号	岩 土 名 称	密实度及状态	饱和重度 (kN/m^3)	直剪试验(固快)		直剪试验(快剪)		沉井井壁摩阻力 $f(kPa)$
					c_k (kPa)	φ_k (°)	c_k (kPa)	φ_k (°)	
Q^{ml}	①₁	素填土(由残积土、风化层岩屑组成)	松散~稍密	18.7	18	16	19	14	8
	①₂	素填土(由中~微风化块石组成)	松散~稍密	19.6	—	—	—	—	—
	①₃	素填土(由黏性土组成)	松散	16.8	15	10	4	4	8
	①₄	冲填土(由粉细砂组成)	松散	17.7	8	21	5	20	8
Q_4^m	③₁	淤泥	流塑	16.3	9	7	6	4	7
	③₂	淤泥混砂	流塑	16.8	10	8	7	5	11
Q_4^{mc}	④₁	黏土	可塑	18.8	30	12	28	10	—
	④₂	黏土	软塑	18.0	17	10	15	8	—
	④₃	中粗砂	稍密~中密	19.8	—	—	3	30	—

软土除在局部基岩埋藏较浅和基岩出露区没有分布外,其余大部分线路均有分布。软土层平均厚度 25m,局部达到 41.2m,具有天然含水率高、压缩性高、渗透性差、大孔隙比、高灵敏度、强度低等特性,具流变、触变特征。

②软土地基处理施工技术

横琴新区地下综合管廊布设在市政道路一侧的绿化带中,顶部覆土平均厚 2m。综合考虑管廊结构设计标准及后期使用、管理、养护功能等因素,须将软土地基随市政道路一起进行软土地基预处理施工(图 5-25)。经设计方案技术论证和经济效果比选后,采用真空联合堆载预压法作为主要处理方法。

图 5-25　软土地基处理

场地吹填施工:本项目淤泥顶面高程基本在 −1.0 ~ −0.5m 之间,为了解决土方急缺问题,地基处理前先吹填海砂至 2.0m 高程。具体施工顺序为:场地清表→测量放线→构筑围堰→吹填海砂。填至要求的高程后,及时拆除管线,用推土机进行场地平整,进行下道工序施工。

真空联合堆载预压施工:对吹填完成的场地进行真空联合堆载预压软基处理,具体施工顺序为:铺设中粗砂垫层(0.5m 厚)→打设塑料排水板(SPB-C 型,正三角形布置,间距 1.0m,长度按设计要求)→施作泥浆搅拌墙→埋设真空管路及安装抽真空设备(1000m² 真空泵)→铺设 1 层土工布→铺设 3 层密封膜、试抽真空→铺设 1 层土工布→分级堆载至满载高程→真空联合堆载预压(满载 6 个月)→卸载至设计高程→场地整平及密封沟换填。

卸载标准的确定:达到设计图要求的满载预压时间后,根据现场监测数据推算工后固结沉降,以工后固结沉降满足设计要求作为停泵卸载的主要标准,沉降速率小于 2mm/d 作为辅助控制标准。施工后固结沉降推算方法应以三点法或浅岗(ASAOKA)法为主,双曲线法为辅。

真空卸载后继续对路基进行沉降观测,并在路面施工之前连续监测 2 个月,以沉降量每月不大于 5mm 为主控制值。

(3)综合管廊深基坑支护

横琴新区综合管廊最小开挖深度为 −5m,在与排洪渠、下穿地道等地下结构交叉段及下穿河道段最大开挖深度达到 −13m。根据不同结构断面形式,基坑开挖宽度为 3 ~ 20m 不等。总体基坑支护方式根据不同工况、不同地质条件,分为以下三大类型。

①山体段爆破开挖施工

在开山爆破段或靠近山体的剥蚀残丘地质段，原有地基满足管廊地基承载力要求，可直接采用放坡或静力爆破的方式，开挖至设计坑底高程后，进行结构施工，无须进行支护，如有必要仅考虑边坡挂网喷锚的加固措施。

对于基坑周边有重要的建筑物、地下管线等环境特别复杂的地区，宜采用化学爆破（静力爆破）的方式进行基坑的爆破。

②标准段钢板桩支护施工

经软基处理后的综合管廊标准基坑段，采用顶部放坡+钢板桩+横向支撑+坑底水泥搅拌桩封底的基坑支护方式（图5-26）。该支护基坑开挖深度为−7.5m，先放坡开挖2m，再采用15m长Ⅳ型拉森钢板桩加两道内支撑进行基坑支护，钢板桩外围打设直径为500mm的水泥搅拌桩单排咬合止水桩，钢板桩之间采用HW400×400×13围檩进行连接，采用DN351×12的钢管进行内支撑。第一道横撑距钢板桩顶50~100cm，第二道横撑距第一道横撑中心纵向间距3m，支撑横向间距4m。基坑底部采用水泥搅拌桩进行加固处理。

图5-26　基坑支护

③加深段灌注桩支护施工

在地质条件较差、地层中含较多抛石层或者特殊工况的管廊加宽、加深段，采用钻孔灌注桩+横向支撑+坑底水泥搅拌桩封底的基坑支护方式。

横琴新区环岛西路中段综合管廊为下穿段，场地地面高程为2.50m，基坑开挖深度为−12.35m。基坑支护设计采用ϕ1200mm围护钻孔桩+ϕ600mm@1400mm旋喷桩止水+3道钢围檩内支撑支护方式，旋喷桩长度为18.35m，超过坑底6m。基坑开挖设置3道内支撑，第一道支撑设置为地面高程以下−0.5m，第二道支撑设置为地面高程以下−5.2m，第三道支撑设置为地面高程以下−9.0m。支撑采用ϕ600mm钢管支撑，壁厚16mm。支撑由活动端头、固定端头和中间节组成，各节由螺栓连接。每榀支撑安装完，采用2台千斤顶对挡土结构施加预应力。围檩采用双拼工字钢。坑底采用ϕ500mm@350mm搅拌桩进行格栅式加固，搅拌桩加固深度为基坑底下6m。基坑开挖到底后，在坑底间距2.8m抽槽设置0.55m×0.5m暗撑，内设工字钢，并浇筑C30速凝混凝土。

（4）综合管廊主体结构施工技术

横琴新区综合管廊设计使用年限为 50 年,主体结构采用明挖现浇法施工。

①混凝土裂缝控制技术

横琴新区综合管廊结构采取分期浇筑的施工方法,先浇筑混凝土垫层,达到强度要求后,再浇筑底板,待底板混凝土强度达到设计强度的 70% 以上再浇筑墙身和顶板,结构强度达到 100% 设计强度后,才能拆卸模板和对称进行墙后回填土施工。

综合管廊混凝土施工时,为了有效消除钢筋混凝土因温度、收缩、不均匀沉降而产生的应力,实现综合管廊的抗裂防渗设计,按 30m 间距设置了变形缝,在地质情况变化处、基础形式变化处、平面位置变化处均设置有变形缝。变形缝内设置宽 350mm、厚不小于 8mm 的氯丁橡胶止水带,填料用闭孔型聚乙烯泡沫塑料板,封口胶采用 PSU-I 聚硫氨酯密封膏(抗微生物型),以确保变形缝的水密性。本工程全部采用商品混凝土,商品混凝土采用搅拌车运输,泵车泵送入模的方法浇筑。在高温季节浇筑混凝土时,混凝土入模温度控制在 30℃ 以下。为避免模板和新浇筑的混凝土直接受阳光照射,一般选择在夜间浇筑混凝土。

本项目综合管廊施工时,混凝土养护采用覆盖塑料薄膜的方式,其敞露的全部表面覆盖严密,并保持塑料布内有凝结水。

②门式脚手架支撑技术。

综合管廊结构内部净宽为 3～5.5m,净高为 3.2m,顶板厚 40cm。模板采用木胶合板,厚度不小于 15mm,方木和钢脚手管作背楞,侧墙浇筑时采用 ϕ12mm 对拉螺杆对拉紧固,结构的整体稳定采用顶拉措施。浇筑顶板时支撑系统采用组合门式脚手架,具有搭设方便,省人工,搭设时间短等优点。

③综合管廊防水施工技术

横琴新区综合管廊采用结构自防水及外铺贴 2mm 高分子自黏性防水卷材相结合的防水方式。为防止管廊回填时破坏防水卷材,外侧粘贴 35mm 厚 XPS 聚乙烯板进行保护,以确保综合管廊的防水工程质量符合要求。变形缝、施工缝、通风口、投料口、出入口、预留口等部位是渗漏设防的重点部位,均设置了防地面水倒灌措施。由于有各种规格的电缆需要从综合管廊内进出,根据以往地下工程建设的经验,该部位的电缆进出孔也是渗漏最严重的部位,采用了预埋防水钢套管的形式进行处理,防水套管需加焊止水翼环。

【工程案例 5-2】 上海某矩形双腔地下管廊工程

（1）工程概况

上海某矩形双腔地下管廊工程,施工场地狭长,两侧为同时开工的建筑物,工作面较小,不存在材料堆场和预制场地,仅在场地西侧有一条施工便道。基础持力层位于③₂ 粉质黏土夹淤泥质粉质黏土,地基承载力 80kPa。主体结构为 C35 P6 的防水钢筋混凝土结构,总长 200m。结构截面形式为矩形双腔,顶板宽度 7m,底板宽度 8.3m,中隔墙厚度较薄为 20cm (图 5-27)。由于空间位置限制,管廊的通风口和进料口均设在管廊西侧的位置,故在中隔墙上每隔 5m 设一道 500mm×600mm 的上部连通口,每隔 10m 设一道 2000mm×1400mm 的下部连通口,以保证人员通行、施工时材料的搬运和东腔空气的流通。结构整体加垫层一共为 3.5m 高,顶部高程+3.55m,原状土高程为+3.3m,开挖深度为 3.25m。

结构抗震基本设防烈度为 7 度,按乙类建筑进行抗震设计。火灾危险性类别为丙类,主体结构采用耐火极限不低于3h的不燃性结构。结构防水体系(从内到外)为混凝土结构,2mm厚沥青橡胶防水涂料,4mm厚SBS改性沥青防水卷材和5cm厚XPS挤塑聚苯板保护层。地下管廊内部安装冷热水管、暖通管、消防水管、电气管和弱电管若干。由于场地较小,现状道路尚未形成,综合此地下管廊的结构形式,为节约成本,选用明挖现浇法施工。

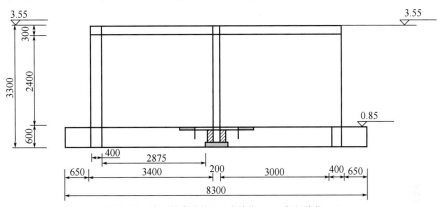

图5-27 地下管廊结构(尺寸单位:mm;高程单位:m)

(2)地下管廊围护结构施工

①围护结构的选用

由于地下管廊顶板、侧壁厚度不大,基坑面积不大,深度不深,从经济角度来看,不宜采用钻孔灌注桩、地下连续墙,甚至SMW等大型基坑常用的围护形式。本工程采用拉森钢板桩+H型钢围檩+钢管支承的围护形式,在施工完成后,以上材料基本可以全部回收。

②拉森钢板桩及H型钢围檩

考虑到管廊高程较低,地下水位高,选用12m长标准拉森钢板桩,以减少基坑的坑底隆起,确保了基坑的安全性和底板厚度;拉森钢板桩本身具有不错的整体性和侧向刚度,钢板桩下端的支承利用土体自身的承载力,钢板桩上端的支承采用H型钢围檩。

③钢管支撑的选用

支撑采用609钢管。由于基坑较浅,深度方向支撑一道,长度方向每8m支撑一道。由于下部土体含水率较大,承载力较小,为了防止因下部土体承载力不够而造成的拉森钢板桩侧向位移,减少坑底隆起,适当降低了围檩和支撑的高度。经过计算,围檩和支撑的高度为+1.7m,此高度为刚好横穿地下管廊侧墙的位置。为确保地下管廊侧墙顶板浇筑的整体性和结构整体自防水性能,采用底板换撑的形式进行施工,即将底板浇筑至拉森钢板桩边缘,在底板混凝土养护至强度达到设计强度的75%左右(7d左右)后直接将支撑拆除。此时围护结构的构造为下部钢板桩利用土体的侧向承载力提供支持和固定,中部由结构底板的强度提供支撑,上部2.45m悬臂端利用拉森钢板桩的侧向抗弯和围檩提供的整体性进行自稳。在钢支撑拆除后,再进行侧墙、模板的施工。

④井点降水

结构底部距离原地坪高程为3.9m,按照要求应将坑内水位降至坑底以下1.5m左右,即降水深度在5m左右,选定用一级轻型井点进行降水。根据以往经验,由于基坑宽度为9m左右,大于6m,故采用双排井点降水;井点管设置在坑内距离拉森钢板桩企口50cm的位置,从基坑开挖前一周至底板混凝土浇筑之前进行不间断抽水。

（3）地下管廊主体结构施工

①模板及混凝土

模板采用常规的"木模+木檩条+钢管撑"形式。由于地下结构的防水要求较高,所以在对拉螺杆的中间焊接一道止水钢板片,以达到防水的目的。在混凝土结构拆模后,将两端对拉螺栓的突出位置割除,并用水泥浆修补。由于结构内部管线设计多,内部空间小,中隔墙仅20cm宽,为确保中隔墙混凝土密实,提高混凝土的坍落度和和易性,在浇筑混凝土时加强振捣并在下部模板处检查内部是否存在空洞。

②施工缝的设置

施工缝分为纵向伸缩缝和横向施工缝两种。纵向施工缝须考虑到混凝土结构的伸缩变形,采用最新型的可拆卸式止水伸缩。安装前对拼缝处混凝土缺陷进行处理,然后对钢板表面进行处理,再进行止水带的安装,最后采用压块固定橡胶止水带。在下一段伸缩缝混凝土浇筑之前,再将5cm厚挤塑聚苯板贴在新老混凝土连接处,不仅可以吸收混凝土的伸缩变形,还可以对橡胶止水带起到一定的保护作用。横向施工缝需高出底板高程20cm左右,以便模板可以罩至下部已成型的混凝土之上,并在中间用泡沫双面胶粘贴,以缓解混凝土漏浆的情况,提高防水性能。为确保下部混凝土密实,在混凝土浇筑前需要将原混凝土凿毛,将垃圾清理干净并接水泥浆,确保两次混凝土之间连接紧密。横向施工缝不需要考虑混凝土的伸缩变形,只需要在施工缝处留置钢板止水带即可。

【工程案例5-3】 北京未来科技城综合管廊工程

该工程和一般市政管线相同,修建在城市主路并且穿过河道。该综合管廊项目仅为市政管线服务,管线单位入廊,可以为周边50多个子项目提供支撑。设计定位是一层可以分别容纳热力管线、电力管线、电信管线以及自来水、中水管线铺设的四舱室综合管廊,管廊工程长约5km,完工后容量可达800万 m² 左右。对于其他综合管廊未包含的管线(例如污水、雨水等管线),初步规划仍然采用传统的直埋管线方法。未来科技城综合管廊横断面如图5-28所示。

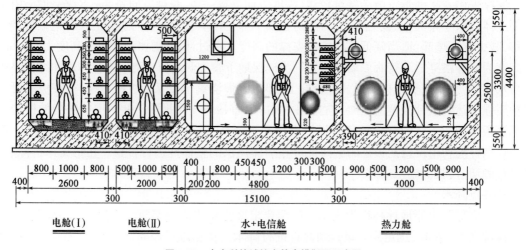

图5-28 未来科技城综合管廊横断面示意图

未来科技城综合管廊由北京未来科技城开发建设有限公司负责建设。一期建设周期为2011—2014年;二期为2012—2016年。工程建设前期立项时,建设单位根据北京未来科技城综合管廊工程建设实施情况,严格参照市政基础设施项目要求对综合管廊的内部结构与准备入廊的市政管线统一进行立项申报;在规划审批阶段,管廊结构与管线采用一体化设计,整合审批;在施工阶段,管廊结构整体实施,建设情况见表5-6。未来科技城建成现状如图5-29所示。

未来科技城鲁疃西路综合建设情况表 表5-6

立项类型	建设内容	建设主体	资金来源	建设进展
市政基础设施项目立项	地下空间结构:市政综合管廊	未来科技城开发建设有限公司	基本建设投资	已完工并投入运营
	直埋市政管线:雨水管线、污水管线、燃气管线			
	入廊管线包括:电力管线、电信管线、自来水和中水管线			
	入廊管线包括:热力管线	北京京能电力股份有限公司	专业公司融资	

图5-29 未来科技城综合管廊建成现状

【工程案例5-4】 福建平潭综合实验区坛西大道综合管廊

福建平潭综合实验区坛西大道综合管廊工程位于平潭综合实验区中部的坛西大道上,南起渔平大道,北至苏平路,由南至北沿线分别与渔平大道、万北路、龙凤路、麒麟路、福平大道、芦中路、长福路、瓦窑路、苏平路等城市快速路、片区道路相交。综合管廊设计起点位于坛西—渔平互通立交,终点位于坛西—苏平互通立交,全长11.46km。综合管廊内收纳的市政管线有:110kV及220kV高压电缆、10kV中压电缆、通信电缆、给水管道,预留中水及直饮水管位,在福平大道立交附近设置监控中心一座。

综合管廊线位(图5-30)如下:①渔平大道至竹屿湾现状水闸段,受水闸影响,该段综合管廊布置在道路西侧机辅分隔绿化带上或人行道外红线内;②竹屿湾现状水闸至苏平路段,考虑到沿线变电站以及水厂位置均位于道路东侧,同时部分路段道路西侧用地需求小(绿化用地),因此考虑将该段综合管廊布置在道路东侧机辅分隔绿化带上。

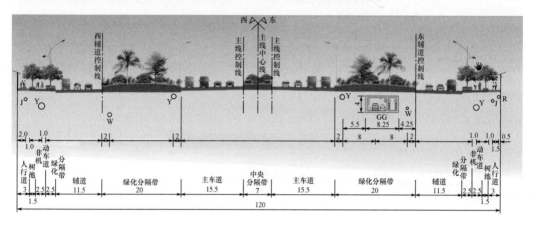

图 5-30　综合管廊在道路横断面中的位置(尺寸单位:m)

综合管廊采用矩形箱涵的结构形式(图5-31),分为双舱,其中中压电力、给水、通信、中水及直饮水预留管位设为一舱,高压电力管线设为一舱。设计内容主要包括:给排水工程(包括工艺、给排水、消防)、水工结构工程、电气工程(包括变配电系统、动力照明及接地系统、综合管廊火灾自动报警及监控系统)、通风工程、建筑工程(含监控中心建筑配套专业)及工程估算编制等。

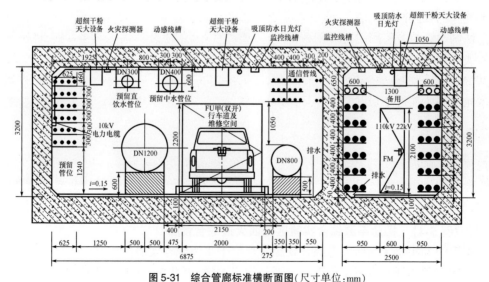

图 5-31　综合管廊标准横断面图(尺寸单位:mm)

考虑到坛西大道综合管廊内管道截面面积较大,最大的管道为 DN1200 给水管,每节管道(6m 一节)自重达 2.5t,管道运输困难,因此在坛西大道综合管廊中考虑行车方案。车辆通过地面构筑物内的升降平台垂直升降,故本方案车辆进出综合管廊时管廊断面增大,也不存在因进出口范围过大而导致的排水问题,工程整体造价较低。管廊建成现状如图5-32所示。

图5-32 管廊建成现状

5.3 明挖预制法

5.3.1 概述

预制拼装法,即将综合管廊的标准段在工厂进行预制加工,而在建设现场现浇综合管廊的接口、交叉部及特殊段,并与预制标准段拼装形成综合管廊本体。预制拼装式综合管廊可以有效地降低工期和综合造价、更好地保证施工质量,而且环境影响小,节省人工。预制拼装法最早出现在苏联,后逐步推广到欧美国家和日本。在我国,预制装配技术作为一种绿色、环保的施工技术,已成为综合管廊工程建设的新趋势和研究热点。

在老城区建设综合管廊时需要采用工期短、整体性好、断面易变化的修建方法,将预制混凝土构件或部件通过可靠的方式进行连接,现场浇筑混凝土或水泥基灌浆料形成整体的综合管廊。其中各部分预制、叠合构件均可根据情况采用现场浇筑构件任意替换。装配整体式混凝土技术尤适用于夏短冬长的寒冷地区(如哈尔滨)。

5.3.2 分类

明挖预制管廊断面形式以矩形为主,如青岛蓝色硅谷道路下综合管廊(图5-33)和沈阳浑南新城综合管廊(图5-34)均采用了矩形预制综合管廊。其他不同断面的预制结构如图5-35所示。

目前,工程中采用的预制拼装综合管廊主要包括整舱节段预制式、叠合板式、预制板式和预制槽型4类。

(1)整舱节段预制式

整舱节段预制式综合管廊如图5-36所示。主要特点是横截面方向整体预制,纵向则根据需要划分为一定长度的节段,多数为2m左右,纵向一般采用预应力筋或螺栓连接。受到运输和吊装等条件限制,整舱预制拼装综合管廊一般适用于单舱或双舱且横截面尺寸不大的综合管廊。

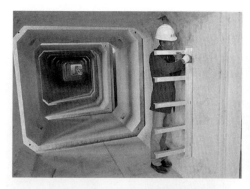

图 5-33　青岛蓝色硅谷道路下综合管廊

图 5-34　沈阳浑南新城综合管廊

图 5-35　不同断面的预制结构

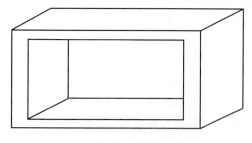

图 5-36　整舱节段预制式综合管廊

（2）叠合板式

叠合板式综合管廊如图 5-37 所示。其主要特点是底板、侧壁、顶板进行分块,底板一般采用整体现浇或叠合构造,侧壁采用双面叠合构造,顶板一般采用叠合楼板构造。在施工现场,各预制分块之间通过后浇叠合层进行连接,在纵向一般也通过后浇叠合层连接,各预制分块的纵向长度根据运输和吊装条件确定,多为

4~6m。由于底板、侧壁和顶板等各预制分块可自由组合,因此这种类型综合管廊应用较广。叠合板式综合管廊现场施工如图5-38所示。

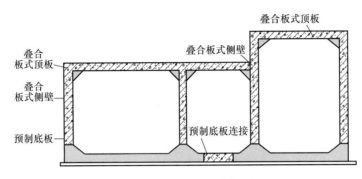

图5-37 叠合板式综合管廊示意

图5-38 叠合板式综合管廊现场施工

（3）预制板式

预制板式拼装综合管廊如图5-39所示。其特点是底板、壁板和顶板均为预制,底板与壁板采用套筒灌浆连接,顶板与壁板采用在节点核心区现浇混凝土连接,其纵向一般通过后浇段进行连接,各预制分块的纵向长度根据运输和吊装条件确定,一般为4m左右。预制板式拼装综合管廊施工如图5-40所示。

（4）预制槽型

预制槽型拼装综合管廊如图5-41、图5-42所

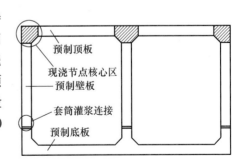

图5-39 预制板式拼装综合管廊示意

示。其特点是在横截面方向划分为上、下两个单槽型或多槽型预制分块,通过预应力筋、螺栓、套筒灌浆等方式在现场进行连接,纵向一般通过预应力筋或螺栓进行连接。由于运输和吊装条件限制,这种类型预制管廊各预制分块的纵向长度一般为2~3m,一般多用于不大于4舱的综合管廊。

图 5-40　预制板式拼装综合管廊施工

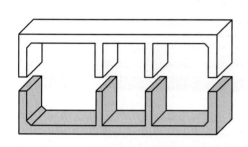

图 5-41　预制槽型拼装综合管廊示意　　　　图 5-42　预制槽型拼装综合管廊施工

　　预制拼装综合管廊的结构设计方法对其大规模推广应用具有重要影响。目前,我国尚未颁布专门针对预制拼装综合管廊结构设计的技术标准。《城市综合管廊工程技术规范》(GB 50838—2015)和陕西省住房和城乡建设厅 2019 年 1 月 20 日颁布的《预制装配式混凝土综合管廊工程技术规程》(DBJ 61/T 150—2018),都仅对整舱预制拼装和单舱预制槽式拼装管廊的结构设计做了初步规定,明确了这两种类型管廊的计算模型和弹性密封垫界面应力,但对于接头抗弯刚度等关键设计参数尚未明确。

5.3.3　特点

　　与明挖预制法对比,现浇综合管廊具有以下缺点:

　　(1)只能采用开槽法施工,不能适应顶管需求。雨天、北方地区冬季无法施工。

　　(2)施工作业时间长,现场湿作业工作量大,需较长的混凝土养护增强时间。受工地现场条件限制,时间周期长,且现场制作的混凝土抗渗性能不如工厂内制作的混凝土,容易局部发生渗漏,管廊易出现施工裂缝、侧壁开裂等。

　　(3)现场制作的管廊分段间采用橡胶止水带连接,其缺点是抗地基不均匀沉降能力差,接口易发生上下错位和变形,导致止水带被拉裂;由于止水带接口施工质量不易保证,易出现捣固不密实而留下暗渗漏通道,引起接口渗漏;同时因管道分段间隔长度大,地基如受外荷载(如地震)、不均匀沉降等作用,易发生折断,因此需提高管道纵向基础承载力,并加大纵向配筋量。

(4)现浇施工需留支模空间,土方量增大,对周边环境破坏也大,不利于生态环境的保护。

总体上,现浇工法与预制装配式施工工法造价大致相当。

采用预制管廊的优点有:

(1)在有水的条件下也能施工,不需降水。管廊主体结构在施工场地外完成,现场装配速度快,一般工程可不作混凝土底板基础,前面安装管廊,后面即可填土、恢复交通。

(2)承插口双胶圈柔性连接,能较好地抗震抗位移,解决了刚性接口密封靠纵向张拉、抗震抗位移受影响、附件防腐耐久性差、防水保障措施少的问题。新一代接口密封采用八道防护措施,解决了管廊拼装接口渗漏隐患。

(3)若在软土地基分布广泛的地区,且施工时间恰逢雨季,采用现浇方式修建地下综合管廊施工难度和施工风险极大。而使用预制综合管廊后,不仅最大限度地缩短了工期,节省了大量的人力、物力,且减轻了降雨对软土基槽的影响,极大地降低了施工风险。

预制拼装管廊与现场浇筑相比的不足之处:

(1)管廊体重大,运输安装需要大型运输和吊装设备,增加了工程支出费用。这是影响预制装配化管廊应用的主要问题,如不能降低其自重,会增加大型管廊施工难度和工程成本。

(2)拼装管廊接口多,接口的设计制作、施工应能满足抗渗要求。

预制法与明挖现浇法对比实例:在上海世博会地下综合管廊现浇工法与预制装配工法工程实例中,整体式现浇段总长 6.2km,预制混凝土管廊总长 200m。以世博会管廊一个标准段 25m 长度作为标准施工段,进行施工工期与施工费用成本的分析可知(表 5-7),当管廊建设长度在 10km 以内时,预制综合管廊造价高于明挖现浇施工,当管廊建设长度超过 10km 时,预制综合管廊的经济性更高。因此,预制综合管廊可作为建设地下综合管廊的首选施工方法。

现浇与预制综合管廊经济与社会效益对比分析表 表 5-7

施工方法	现浇	预制	对比分析
施工工期	40d	22d	预制节省18d,缩短45%工期
施工成本 (土建总成本)	30.9万元	29.5万元	预制节约1.4万元,成本降低40%
环保效益	湿作业,噪声污染严重	干作业,噪声小,污染小,施工文明有序	预制环保效益好
社会效益	开挖时间长,造成影响大	施工快捷,回填迅速,对社会经济影响小	预制施工社会效益显著

5.3.4 管节预制及运输

(1)管节预制

一般情况下,管节委托在专业预制厂家制作,采用大型定制钢模板进行预制浇筑,然后运输到现场进行拼装。工厂法管节预制的主要生产工艺包括:钢筋绑扎、模板工艺、混凝土生产、混凝土成型工艺。

①钢筋绑扎

钢筋笼在流水线上进行绑扎制作,每条流水线上钢筋绑扎可以设置若干台座,分别绑扎管节不同部位,绑扎好的钢筋笼则与底模一起,从左向右整体移动,在各个台座进行不同部位的钢筋绑扎。一节段钢筋笼全部绑扎完成后,连同底模一起向右移动至浇筑台座进行浇筑施工。

②模板工艺

管节预制所用模板应为专业工厂订制加工完成(图5-43),应保证高精度及足够的刚度和强度,并在模板面进行打磨以保证模板的光洁度。内模可设计成自动伸缩,外模可设计为带操作平台的两部分,采用扣件连接,装拆方便。钢筋笼吊装完成后,开始安装内外模板(图5-44)。组装时严防模具受到碰撞变形;底模的放置地面要求平整,内外模板与底模合缝之间密闭性好,各部分之间连接紧密,固件牢固可靠。

图5-43　模板加工

图5-44　模板安装

③混凝土生产

管节现场预制可用商用混凝土或自建搅拌站生产的混凝土,搅拌站每天生产混凝土之前测定一次砂石含水率。保证搅拌混凝土所需水泥、砂石料、外加剂、水等材料配合比符合规范要求。

④混凝土成型工艺

工厂预制混凝土管廊的生产成型工艺一般为浇筑(加辅助振动)成型、芯模振动成型、高频竖向振动成型等成型工艺方式(图5-45~图5-47)。混凝土不同成型工艺对比见表5-8。

(2)管节养护

在平均气温高于+5℃的自然条件下,用覆盖材料对混凝土表面加以覆盖并浇水养护,使混凝土在一定时间内,保持水化作用所需要的适当温度和湿度条件。

在冬季施工时,为了加快预制速度可以采用蒸汽养护。蒸汽养护一般分三个阶段:升温阶段,不超过25℃,持续2~4h;恒温阶段,普通硅酸盐水泥为85℃,不少于3h,相对湿度不低于90%;降温阶段,控制脱模前与管节周围环境之间温差不大于30℃,自然降温1~2h。

图 5-45　浇筑成型

图 5-46　芯模振动成型

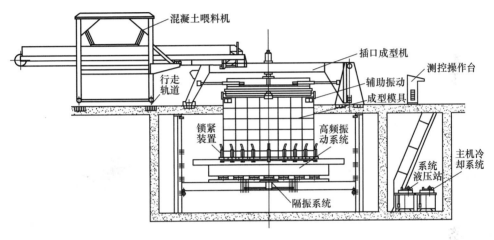

图 5-47　高频竖向振动成型设备

混凝土不同成型工艺对比

表 5-8

混凝土成型工艺	芯模振动	高频竖向振动	浇筑
生产效率	高	高	低
劳动强度	低	低	高
自动化程度	高	高	低
产品规格	<2500mm×2500mm,单舱	<4000mm×3000mm,1~3舱	大,多舱
生产占地面积	小	小	大
生产成本	低	低	高
设备一次投入	中	高	低
设备总投入	低	低	高
废浆、污水	无	无	多
模具数量	一套模具多个底托	一套模具多个底托	多
养护条件	可自然养护	可自然养护	蒸汽养护

续上表

混凝土成型工艺	芯模振动	高频竖向振动	浇筑
产品质量	好	好	好
外观	一般	一般	好

（3）管节渗漏水试验

对预制管廊侧壁及顶板做渗漏水试验，砌筑拼接缝两侧水池，水池采用 M10 砂浆砌实心砖，砂浆应充分饱满；砌筑后墙体内壁及池底粉防水砂浆 2 遍。水池砌筑完成 3d 后，开始注水试验。试验观测 72h，前 24h 内观测频率为 4h/次，后 48d 观测频率为 12h/次。记录渗水点、渗水时间、渗水量。

（4）管节运输

审查承包单位上报的按专家论证意见修改完善的运输方案，确认其方案可行性及安全可靠性；确保运输的质量目标，符合整体工程的工期及质量目标；对运输路线进行全程检查，确认节段通过路线不存在有超高、超宽问题；对起重运输单位资质、特种作业人员机械操作证等进行审查，确认其符合相关要求。

5.3.5 管节拼装

1）管节拼装施工工艺

管节拼装就是把整个综合管廊分成便于长途运输的小节段，在预制场预制好后运输到现场，由专用节段拼装设备逐段拼装成孔，逐孔施工直到工程结束。具体施工流程如图 5-48 所示。

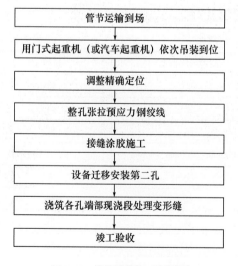

图 5-48 管节拼装施工流程图

2）吊装设备

预制管廊的吊装机械选择应结合施工，根据施工现场的土质、作业面及沟槽的开挖等具体的情况而定，保证吊装的稳定性。吊装前应选用合适的钢丝绳、插销，保证承受力满足施工要求。

3）预制管节拼装

（1）首节段定位

首节段作为整孔拼装的基准面，在综合管廊建设中，首节段定位是关键（图 5-49）。城市核心道路建设地下综合管廊节段的施工，应在首节段吊装就位后借助全站仪监测，并结合起重天车及千斤顶对首节段进行调整，使其偏差控制符合要求后再将节段固定，以控制地下综合管廊节段的施工质量。后续安装或拼接必须以第一节段的定位为标准，这样才能保证后续每个节点施工定位的准确，保证施工的质量，因此应保证首节段准确定位。

图 5-49 节段定位与拼接

（2）节段试拼、涂胶和拼装

节段运至施工现场前先对相邻节段的结合面进行试拼接,验收合格后方可运至施工现场,同时检查预应力预留管道及相关预留孔洞是否保持畅通。相邻节段结合面拼接应满足地下综合管廊工程结构总体质量要求。节段涂胶时环氧涂料应充分搅拌,确保色泽均匀。在环氧涂料初凝时间段内控制好环氧搅拌、涂料涂刷、节段拼接临时预应力张拉等工序,保证拼装的质量（图5-50、图5-51）。

图 5-50 节段拼接

图 5-51 拼接成型

（3）临时预应力

涂胶后的节段,应及时施加临时预应力,使相邻结合面紧密结合。预应力的控制,根据要求提供的预制节段结合面承压进行（图5-52）。张拉时采用三级逐步加载,以防止结合面受力不均。另外张拉后对各节段监控点数据（轴线、高程）予以采集、计算,并通过临时支撑千斤顶对地下综合管廊的线形与高程偏差予以调节,以满足施工要求。

（4）孔道压浆

在上述施工程序都完成之后,对孔道进行压浆,在压浆前对孔道进行湿润,使压进去的浆液能够与孔道完好地连接在一起（图5-53）。

图 5-52 施作预应力筋

图 5-53 压浆连接

（5）施工防水质量控制

施工防水质量控制不好，不但影响管廊的正常使用，而且会使混凝土腐蚀，钢筋生锈，影响工程安全。为此，施工中严格控制各工序施工质量。防水施工时，基面需要坚实、平整、无缝、无孔、无空鼓；预留管件需安装牢固，接缝密实；阴阳角为 10mm 折角或弧形圆角，表面含水率小于 20%。

5.3.6 波纹钢结构综合管廊

（1）技术方案

装配式钢制综合管廊是将镀锌波纹钢板（管）件通过高强度螺栓紧固连接，内部安装承重圈梁及组装式支架，结合外部二次防腐，连接部位采用高科技防水手段和内部布面耐火处理而成的新型管廊系统。主要技术方案是：管廊由弧形波纹钢板构成，经过冷弯加工成型后，波纹钢板拼装为圆筒状作为主体受力结构。波纹钢板的波峰、波谷与波纹钢板弯曲的圆筒轴向垂直（图 5-54），多个波纹钢板圆筒顺序连接组成管廊，管廊内腔的下部铺设有供水管道、中水管道、排水沟，管廊内腔的上部两侧分别铺设有多条电力管线和通信管线。技术方案面临的主要技术难题包括防渗、防腐、防火、高强度计算等。装配式钢制综合管廊已在德国、法国等发达国家有成功应用案例。

（2）钢制波纹管的工艺原理

钢制波纹管工艺与技术是指将 1.6～12mm 薄钢板板面压成波纹后，制成管节或板片，以增加其刚度和管轴压力的抵抗强度。其材质为普通的热轧板，如 Q235、Q345、S235JR、S355JR、S315MC 等，经热浸镀锌处理并在施工时增涂相应涂层，用以增强其耐久性、抗腐蚀性、防火性、防水性等特性。

（3）波纹钢结构综合管廊的优点

①施工周期短：波纹钢结构管廊为整体波纹钢管（管径小于 3m）或拼装波纹钢板，其材料

在工厂加工生产,现场拼装,施工速度快,相比传统混凝土结构现浇管廊施工周期可加快30%以上。

②价格优势:波纹钢结构为钢质薄壳,其结构简单,工程造价较低。以4×3.5m钢筋混凝土管廊为例,其土建造价约在每公里8000万元,而采用φ4.5m波纹钢结构圆管替代,其土建造价在每公里6000万~7000万元,其使用功能完全可以满足需求。在造价上比传统综合管廊结构具有明显优势。

③适应性强:钢筋混凝土结构在地基产生不均匀沉降变形时,容易产生裂缝等病害,而波纹钢结构具有适应地基与基础变形的能力,避免因地基基础不均匀沉降导致的结构破坏问题。

④标准环保:波纹钢结构采用工厂标准化设计、生产,结构简单,质量易控。波纹钢结构减少了水泥、碎石、砂等自然材料的用量,保护了环境,实现了低碳环保。

图 5-54　波纹钢结构综合管廊

(4)波纹钢结构综合管廊的不足

①耐久性不足:根据2015年6月1日起施行的《城市综合管廊工程技术规范》(GB 5083—2015)要求,城市地下综合管廊的设计使用年限要求为100年,而截至目前我国使用镀锌波纹钢结构才不足20年,虽然通过各种耐久性试验得出的600g/m² 的镀锌钢板可以达到75年以上的使用寿命,但仍需调整工艺增强钢质结构的防腐能力。

②不能杜绝渗漏:拼装板波纹钢结构由于采用板片搭接、螺栓连接紧固,在板片搭接处、螺栓孔连接处不可避免地有空隙存在,虽然目前公路工程应用中采用了夹石棉垫、耐候胶封孔等防水处理措施,仍不能很好地解决渗漏问题,也不能保证防水效果的耐久性(图5-55)。

③接口是难点:波纹钢结构的断面以圆形、管拱形、椭圆形、马蹄形为主,这就导致干线管廊与支线管廊的接口设计、加工复杂,而且由于其特殊的受力结构,在接口处的结构受力设计也比较复杂(图5-56)。

④不适于矩形大型廊体:整体螺旋管结构,法兰连接,其应用的管径偏小(不大于3m),提供的空间有限,不能够满足干线管廊及尺寸较大的支线管廊的空间要求。波纹钢结构由于其特殊的受力点,结构断面多为圆形、管拱形、马蹄形,不能像混凝土那样做成矩形断面。

图 5-55　渗漏点

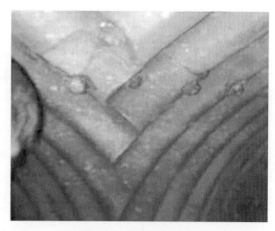

图 5-56　波纹钢管廊接口

5.3.7　工程案例

【工程案例 5-5】　厦门集美新城综合管廊

（1）工程概况

集美新城核心区占地面积约 $4.64km^2$，具体边界为东南到杏林湾规划岸线，北以沈海高速公路为界，西至九天湖和杏锦路。其中集美新城核心区市政道路一期工程 A 标综合管廊工程采用整舱节段预制拼装的施工工艺。

预制综合管廊每孔根据长度不同划分了 5~11 个预制节段，根据节段的构造不同，分为端节段、中间标准节段、燃气横穿管标准节段、污水引出横穿管节段 4 种，标准节段长 2.5m，吊重约为 42.5t。箱室截面采用箱形断面，单箱单室结构，全高 4.3m，顶宽均为 5.3m，侧壁顶设搭板牛腿，根据综合管廊所处道路横断面位置不同，分单侧设牛腿和双侧设牛腿两种，断面结构如图 5-57、图 5-58 所示。

集美新城核心区市政道路工程，具有质量标准高，工程防水等级要求高等特点，要求综合管廊相邻段不均匀沉降不超过 5mm，节段的匹配预制、安装接缝涂胶、止水带安装的设置、防水涂料的实施等都非常关键。

（2）预制综合管廊节段拼装工序

节段拼装采用在临时便道上用 150t 履带式起重机喂梁，吊装到位，从后往前依次吊装各个节段，支撑于设备（MQZ80）临时支撑上（整孔综合管廊的所有节段），调整端块精确定位，安装螺旋千斤顶作为临时支座，进行接缝涂胶施工。每道接缝涂胶完毕后将该梁段精确定位并张拉临时预应力，整孔安装就位后，张拉预应力钢束，张拉完毕后进行管道压浆，对综合管廊和垫层之间的间隙进行底部灌浆。待灌浆层达到一定强度，解除临时预应力措施，使整孔梁支撑在灌浆层上，设备（MQZ80）前移架设第二孔综合管廊。浇筑各孔端部现浇段混凝土，处理变形缝，使各孔综合管廊体系连续。

（3）预制综合管廊节段在架梁设备上的拼装工艺

综合管廊预制拼装施工流程如图 5-59 所示。

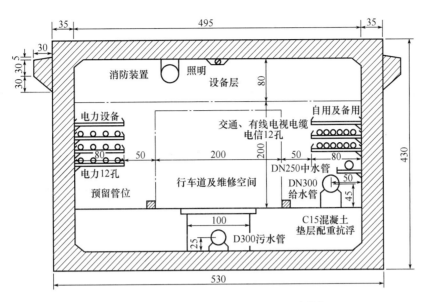

图 5-57　集美新城综合管廊标准断面示意图(尺寸单位:cm)

图 5-58　集美新城管廊断面

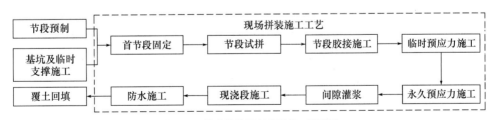

图 5-59　综合管廊预制拼装施工流程图

①首节段定位与固定

a.首节段作为整孔拼装的基准面,其准确定位对于后续节段拼装就位非常关键。由于梁段在预制过程已在梁面固定位置埋设了6个控制点,并提供了6个控制点的理论拼装坐标,通过测量梁面的6个控制点来准确定位后,松开吊机,交由综合管廊临时支撑上的螺旋千斤顶支撑。4个螺旋机械千斤顶的位置,纵向,螺旋机械千斤顶中到中的距离为1.5m,居中布置(即离两端各为0.5m);横向,螺旋机械千斤顶中到梁段中心线的距离为2.5m(离梁边0.15m)。

b.定位准确后,为了防止首节段在后续拼装时被撞发生偏移,采用以下方法固定首节段:首节段后方有梁段固定时,将首节段与前一孔的末节段的内外侧横向钢筋上竖向焊接4根槽钢,再用槽钢斜撑将两个节段上的竖向槽钢焊接固定;首节段后方无梁段固定时,临时吊一块梁在后面,而后按首节段后方有梁段的固定方法固定。

②节段拼装

梁段经起重天车起吊至与已拼装梁段相同高度后停止,缓慢将天车向已拼梁段靠拢,在快靠拢时,用木楔在两梁段接缝间临时塞垫,防止梁段撞伤。等梁段稳定后,通过吊具的三向调整功能调整起吊梁段的位置,使其与已拼梁段端面目测基本匹配。取出垫木,缓慢驱动天车将起吊梁段与已拼梁段拼接,到位后观察上、下接缝是否严密,有无错台,通过吊具和4个手拉葫芦形成的三向调整功能进行微调,消除或降低存在的偏差至符合要求,即完成梁段的试拼工作(图5-60)。

图5-60 节段设备拼装

③涂胶施工

正常情况下,采用双面涂胶,单面涂胶厚度1.6mm,在预应力孔道和混凝土结构边缘附近,保留20mm的区域无环氧粘接剂,另外在凹槽剪力键位置不涂胶,以减小整孔梁段长度误差。为了保证在环氧胶失去活性前完成涂抹并张拉临时预应力,涂胶作业采用人工橡胶手套涂抹快速作业,并在环氧胶施胶结束后,用特制的刮尺检查涂胶质量,将涂胶面上多余的环氧胶刮出,厚度不足的再一次进行施胶,保证涂胶厚度(图5-61)。将接缝处混凝土表面的污迹、杂物清理干净,现场应准备防雨、防晒设施,预应力孔道口周围用环形海绵垫粘贴,避免梁段挤压过程胶体进入预应力孔道,造成孔道堵塞影响穿索。为了保证压浆质量,避免真空压浆时真空度达不到要求、匹配面处管道串浆,涂胶时注意对预应力管道周围涂胶质量的控制。在临时预应力筋张拉结束后,清除干净顶板、底板和侧壁接缝处挤出的环氧胶,以免污染梁面混凝土,并用波纹管清理器对预应力管道进行清理,避免堵塞预应力管道。

图5-61　施作涂胶

④临时张拉

临时张拉主要有两个作用:一是固定梁段,保证在永久预应力张拉前,节段之间不会相对错动;二是提供胶体凝结所需的压力。本工程每个截面施工临时预应力设5根φ32mm精扎螺纹钢,顶板顶面设3根,侧壁面设2根,截面应力平均为0.30MPa,每根平均张拉力暂定为245kN。

a.主要材料及设备:临时张拉材料采用φ32mm精扎螺纹钢,张拉设备采用YC60A型张拉千斤顶(吨位60t),精扎螺纹钢连接器为JLM型连接器。除了主要设备、材料,还加工制作了置于梁段顶板预留孔洞起临时张拉支座作用的钢锚块,以及安装在每孔首尾两个端节段上起稳定作用的联系横梁。

b.施工方法:在节段涂胶过程中,同时做好临时张拉前的准备工作。安装临时张拉钢锚块并穿精扎螺纹钢,与前一节段的精扎螺纹钢用连接器接好。涂胶完,立即开始张拉,顶板和侧壁的精扎螺纹钢须两侧同步张拉。

c.注意事项:保护好精扎钢棒和连接器(严禁在精扎钢和连接器旁进行焊接作业,因局部受热会削弱精扎钢的抗拉能力),经常检查,如有损坏需及时更换;做好清理工作,张拉完及时清理挤出的胶,保证梁体外观整洁,并用通孔器清理预应力孔道。

⑤永久预应力施工

本工程预应力张拉束均为φ15.2mm纵向预应力钢束,共4根,使用100t张拉千斤顶进行张拉(图5-62)。

⑥综合管廊的平面位置和高程调整

a.环氧树脂垫片制作。梁段安装前,精心制作用于梁段安装纠偏的环养树脂垫片。垫片使用前用洗衣粉清洗表面油污并晾干,分类放置于木箱内,用油漆在木箱外表面标记,防止在梁段安装时混用。

b.测量与调整。在梁段拼装线形误差超出允许偏差值时,采用调整临时预应力张拉顺序和垫环氧树脂片的方式进行调整。环氧调整垫片厚度为2~5mm,布置于箱梁节段侧壁上、下位置,垫片总面积应保证箱梁混凝土满足局部承压要求。同时,在加入垫片调整的区配面,环氧胶涂抹厚度随之加厚,使之超出垫片厚度1~2mm。施工中优先考虑调整临时预应力张拉顺序的方法对梁段线形进行调整。

图 5-62 施作预应力筋

⑦孔道压浆

张拉完应及时进行孔道压浆,压浆前须进行孔道注水湿润,单端压浆至另一端出现浓浆止。

⑧对综合管廊和垫层之间的间隙进行底部灌浆

a.灌浆料强度性能指标:水泥浆,标号 M40。

b.配浆。

c.模板的安装。在综合管廊安装完成之后,紧贴综合管廊边缘用止水橡胶条立模。初步计算所需的浆体体积,实际灌注浆体数量不应与计算值产生过大的误差,确保灌浆时不漏浆且密实、饱满。

d.灌浆。将拌制好的 M40 水泥浆直接从进浆孔倾倒,直至注浆材料从周边出浆孔流出为止。利用自身重力使垫层混凝土与综合管廊梁底之间充满水泥浆体。

⑨综合管廊临时支撑

钢筋混凝土条形基础要求在综合管廊安装前7d 浇筑完成,以确保混凝土的强度满足要求。

⑩设备纵移过孔

MQZ80 架梁设备在永久预应力张拉工作完成后,可纵移过孔。

⑪现浇段施工

浇筑各孔端部现浇段混凝土,处理变形缝,使各孔综合管廊体系连续。施工步骤如下:

a.模板安装。

侧壁侧模:采用大块钢模板,用吊机垂直提升到安装位置,然后用拉螺杆锁定侧模。侧模与顶板模板间的接缝必须紧密,线形要平顺。

顶板模板:采用大块模板,安装完侧模板后,安装顶板模板,其宽度应与设计宽度一致,接缝应严密不漏浆,必要时用腻子填塞。

b.钢筋绑扎。综合管廊钢筋按设计要求在钢筋加工场精心制作,现场绑扎,在钢筋施工时注意预留排水等各种管道。

c.安装橡胶止水带,处理变形缝。

d.混凝土浇筑。现浇块采用C40微膨胀防水混凝土,罐车运输,泵车泵送入舱。混凝土浇筑完毕后,洒水覆盖养护。

（4）建成现状

厦门集美新城综合管廊（图5-63）是国内最早的示范性综合管廊工程之一,供水、污水、供电、雨水、有线通信等所有道路管线全部入廊。纳入管线齐全,部分路段纳入雨水、污水管道。内部设置检修车道,便于维护管理,部分路段综合管廊与车行下穿通道合建,集约利用地下空间。标准段采用整舱矩形节段胶接+纵向预应力预制拼装工艺,为国内首创。

图 5-63　厦门集美新城综合管廊

【工程案例5-6】　南宁市玉洞大道高环段综合管廊

（1）工程概况

本标段为高环段（即3标）,设计起终点桩号为K9+500～K11+300,长度为1.8km。高环段设计内容为管廊工程。本次预制管廊安装范围为K9+500～K9+840段及G0+000～G0+300段,共210节预制管廊。采用双舱断面形式（图5-64）。

（2）预制管廊安装

预制管廊安装主要步骤如下：

①预制管廊吊装到位之前（预制管廊吊装方案已经通过专家论证）,在防水保护层上方铺设一层10mm厚的黄砂找平层,便于管廊锚固。

②预制管廊吊装到位之后,在张拉锚固之前,安装三元乙丙弹性橡胶圈和遇水膨胀弹性橡胶圈,橡胶圈需用专用胶水与管廊承插口外表面黏结牢固,避免锚固时脱落。

③安放好A1型预制管节之后,调整B型预制管节,在两块预制管节对齐之后,穿钢绞线,用张拉设备将两节预制管节连接紧密,此步骤仅为初步将相邻预制管节连接紧密,并非最终张拉。

④按照步骤③,将两节或者三节预制管节初步连接之后,开始张拉,将管节彻底锚固锁紧（图5-65）。

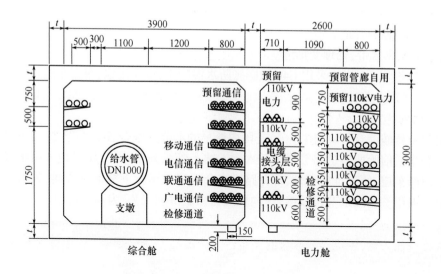

图 5-64　综合管廊标准横断面图(尺寸单位：mm)

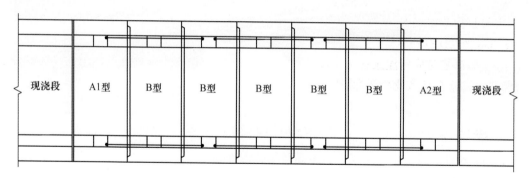

图 5-65　预制管廊安装示意图

（3）张拉锚固

①钢绞线下料

经检验合格后的钢绞线方能下料加工,下料长度按照设计图弯道曲线要素计算确定,并考虑锚夹具、千斤顶及预留工作长度。

预应力钢绞线下料长度应符合设计要求,并通过试用后进行修正。因现浇梁使用的钢绞线数量较大,要求每一次下料长度控制在不小于设计长度 20cm 以内。

②穿束

本工程采用 $S=140mm^2$ 的 $\phi15.2mm$ 低松弛钢绞线作为预应力筋,弹性模量 $E_g=1.95\times105MPa$,标准强度 $R_g=1860MPa$。在预制管节预留洞口中进行穿束。

③张拉

张拉要坚持双控制,即应力控制和伸长量校核。实际张拉力尚需根据孔道摩阻、锚口摩阻、千斤顶摩阻系数调整张拉力。

预应力施加也采取双控措施,即根据油压表读数和预应力筋伸长值进行校核。预应力施加过程中应保持两端的伸长量基本一致(如为两端张拉)。实测引伸量与计算引伸量之差应在±6%以内,若误差过大应及时检查原因,研究处理方法。

(4)预制管节施工要点

①承插口和橡胶止水圈基槽外径尺寸及误差,必须严格按照设计要求制作和验收,超过误差的管子不得使用。

②承插口混凝土基槽表面应平整密实,不允许存在蜂窝、错口、合模漏浆与凹凸缝。如存在少量上述缺陷,必须磨平或采用增强砂浆修补平整。

③密封橡胶圈材料为三元乙丙弹性橡胶,断面高度误差控制在(27±0.7)mm以内,制作预拉率(橡胶长度比槽口周长短)为15%,以试套确认。接口应平整光滑无痕迹,材质无气孔、裂口。橡胶圈应采用三元乙丙弹性橡胶黏结剂粘贴在管体插口部分的基槽内;施工时应严格按照粘贴工艺操作,不允许有局部漏粘的现象。

④管节就位前,如果垫层平整度不能满足管廊安装要求,应铺设10mm左右黄砂找平。

⑤承接口插入后,沿周边检查橡胶圈定位是否准确,发现有翻转、位移等现象,应拔出重新粘贴和插入。

⑥接口密封胶封填前应先在密封面刷涂一层与密封胶配套的冷底子油,密封胶应充填密实、抹平,防止内部留有空隙气泡。

⑦预制管节安装应严格控制管节缝宽精度,验收时每环管节检测4处,缝宽应满足(5±2)mm。密封胶应充填密实、抹平,防止内部留有空隙气泡。

⑧现场拼装完成后注浆孔水压试验不满足要求时,应检测接缝宽度和预应力拉索是否松动,必要时注浆孔注入化学灌浆料。

5.4 浅埋暗挖法

5.4.1 概述

浅埋暗挖法是在距离地表较近的地下进行各种地下洞室暗挖施工的一种方法。王梦恕院士在军都山隧道黄土段试验成功的基础上,于1986年在具有风险性和复杂性的北京复兴门地铁折返线工程中应用浅埋暗挖法,在拆迁少、不扰民及不破坏环境条件下获得成功。浅埋暗挖法施工应遵循"管超前,严注浆,短开挖,强支护,快封闭,勤测量"的十八字方针,突出时空效应对防塌的重要作用,提出了在软弱地层快速施工的理念。浅埋暗挖法已在北京长安街地下过街通道、首钢地下运输廊道及广州地铁等地下工程中得到了推广应用,并形成了一套完整的综合配套技术。北京地铁4号线、5号线和10号线也有53%的区间隧道采用浅埋暗挖法施工。随着许多工程的成功实施,浅埋暗挖法应用范围进一步扩大,由只适用于第四纪地层无水、地面无建筑物等简单条件,拓广到了非第四纪地层、超浅埋、大跨度及高水位等复杂地层的地下工程中。

浅埋暗挖法具有造价低、拆迁少、灵活多变、不需要太多专用设备及不干扰地面交通和周围环境等特点,可用于城市中心城区的管廊施工。浅埋暗挖法施工步骤:首先将钢管打入地层,然后注入水泥或化学泥浆中以加固地层,确保开挖面上土体的稳定性;地层加固后,进行短进尺开挖,一般每循环为0.5~1.0m,随后施作初期支护和防水层,最后,完成二次支护。图5-66

为采用浅埋暗挖法施工地下综合管廊的现场图。

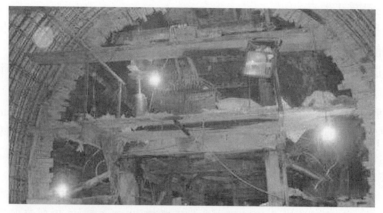

图 5-66　浅埋暗挖法施工地下综合管廊现场图

5.4.2　特点

与明挖法、盾构法相比较,浅埋暗挖法的特点如下:

(1)地质适应性广。

(2)适合各种断面形式(单线、双线、多线、车站等)和变化断面(过渡段、多层断面等),灵活性好。

(3)通过分部开挖和辅助施工方法,可以有效控制地表下沉和坍塌。

(4)与盾构法比较,断面灵活,在较短的开挖地段使用较为经济。

(5)与明挖法比较,可以极大地减轻对地面交通和商业活动的影响,避免大量的拆迁。

(6)由于地质条件不确定,浅埋暗挖法施工的风险管理难度大。

综上所述,浅埋暗挖法施工断面灵活性好,对地面和周边环境影响小;但当覆土较浅、下穿水域时,施工风险较大,需要做好地层的预加固和改良。浅埋暗挖法对于含水率较大的松散地层,需要采取堵水或降水等措施。在大范围的淤泥质软土、粉细砂地层等降水有困难或经济上不合算的地层,不宜采用浅埋暗挖法施工。

5.4.3　施工工艺

(1)浅埋暗挖法的十八字方针

①管超前:指采用超前导管注浆防护,实际上就是采用超前预加固支护的各种手段,提高工作面的稳定性,防止围岩松弛和坍塌。

②严注浆:在超前预支护后,立即进行压注水泥砂浆或其他化学浆液,填充围岩空隙,使隧道周围形成一个具有一定强度的结构体,以增强围岩的自稳能力。

③短开挖:即限制1次开挖进尺的长度,减少对围岩的松弛。

④强支护:在浅埋的松软地层中施工,初期支护必须十分牢固,具有较大的刚度,以控制开挖初期的变形。

⑤快封闭:在台阶法施工中,如上台阶过长时,变形增加较快,为及时控制围岩松弛,必须

采用临时仰拱封闭,开挖1环,封闭1环,提高初期支护的承载能力。

⑥勤量测:对隧道施工过程围岩及结构变化进行量测,掌握施工动态,及时反馈,以便及时修正设计和施工方案。

(2)浅埋暗挖法施工原则

①根据地层情况、地面建筑物特点及机械配备情况,选择对地层扰动小、经济、快速的开挖方法。若断面大或地层较差,可采用经济合理的辅助工法和相应的分部正台阶开挖法(图5-67);若断面小或地层较好,可用全断面开挖法。

图 5-67　浅埋暗挖法支护施作

②应重视辅助工法的选择,当地层较差、开挖面不能自稳时,采取辅助施工措施后,仍应优先采用大断面开挖方法。

③应选择能适应不同地层和不同断面的开挖、通风、喷锚、装运、防水、二次衬砌作业的配套机具。为快速施工创造条件,设备投入量一般不少于工程造价的10%。

④施工过程的监控量测与反馈非常重要,必须作为重要的工序。

⑤工序安排要突出及时性,地层差时,应严格执行十八字方针。

⑥提高职工综合素质,组织综合工班进行作业,以提高质量和速度。

⑦应加强通风,洞内外都要处理好施工、人员、环境三者的关系。

⑧应采用网络技术进行工序时间调整,进行进度、安全、机械、监测、质量、材料、环境管理。

(3)浅埋暗挖法施工步骤

浅埋暗挖法施工步骤如图5-68所示。

①主要施工机械:悬臂掘掘机、反铲掘掘机、单臂掘进机、钻岩机、电动轮式装载机、爪式扒渣机、耙斗式装渣机、铲斗式装渣机、侧卸式矿车、电瓶车、提升绞车、斗车、两臂钻孔台车、自卸汽车、挖装机、梭式矿车、侧卸式矿车等。

②混凝土机械:主要有潮式喷射机、机械手、混凝土搅拌机、电动空气压缩机等。

③二次模筑衬砌机械:主要有混凝土搅拌机、轨行式混凝土输送车、混凝土输送泵、模板台车等。

④其他辅助机械:风钻、通风机、注浆钻机、注浆泵、推土机、抽水机、皮带输送机等。

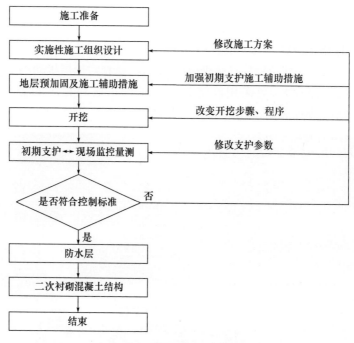

图 5-68　浅埋暗挖法工艺流程图

（4）辅助工法

①管棚支护

一般开挖洞门、结构受力转换、大断面或通过重要管线等情况下，设计普遍采用管棚方案。常用管棚为 108～159mm，也可采用尺寸更大的管棚。管棚直径不是越大越好，施工过程中注意沉降控制。管棚施工带水作业时要间隔进行，完成一个管要立即进行注浆，防止地层中地下水的串流。

②小导管超前支护

在软弱地层中沿着开挖轮廓线和加固轮廓线，按照一定的入射角度，打设一定数量的小导管，用注浆设备把配置好的注浆材料，通过小导管注入地层，使注浆材料在软弱地层里向四周迅速扩散和固结，并使小导管和土体固结在一起，起到棚护和加固地层的作用。常用的小导管为 25～42mm。对土性质较好的黏性土层，采用开挖镐刨，小导管打入较困难，只要能够使开挖面稳定，可不必强求打小导管。小导管仰角不宜过大，一般控制在 10°～30°之间。

③水平旋喷法

开挖前进行水平旋喷加固土体，一般土柱直径为 30mm，相互咬合搭接，形成整体壳体，开挖时起到棚护作用。目前一般旋喷长度为 20m 左右，开挖 18m，留 2m 搭接。旋喷压力为不小于 20MPa，覆土较薄时要减压，且适当缩小间距。目前采用旋喷加固土体的主要问题是浆液流失较大，另外长距离水平旋喷方向性偏差较大。水平旋喷施工期间会有较大沉降，有时可超过 10mm，但开挖时沉降较小，初期支护背后压浆亦少，对于个别点棚护效果不好时，可补打小导管注浆处理。

④地表降水及洞内水处理方法

地表井点降水是常用方法,在布置井点时,应控制单井抽水量,在施工时做好反滤层,并且分段抽水,以减少因降水引起的地表沉降和减少地下水的流失。黏土层中夹有砂层或砂层中夹有黏土时,管井降水很难全部疏干,地层中存在残留水,这时经常采用水平排水和注浆止水等方法。

⑤冻结法

冻结法是利用人工制冷技术使地层中的水冻结,把天然岩土变成冻土,增加其强度和稳定性,隔绝地下水与地下工程的联系,以便在冻结壁的保护下,进行隧道和地下工程的开挖与衬砌施工。冻结法多用于盾构隧道出发和到达端头、联络通道及区间隧道局部流塑或流沙地层的止水与加固。

5.4.4 常用施工方法

浅埋暗挖法常用施工方法比较见表5-9。

浅埋暗挖法各施工方法比较 表5-9

施工方法	示 意 图	重要指标比较					
		适用条件	沉降	工期	防水	初期支护拆除情况	造价
全断面法	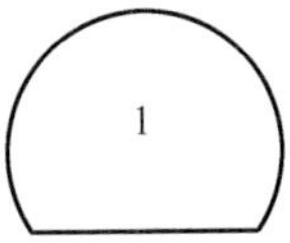 1	地层好,跨度不大于8m	一般	最短	好	没有拆除	低
正台阶法	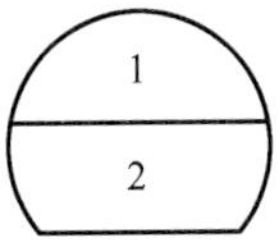 1 2	地层较差,跨度不大于12m	一般	短	好	没有拆除	低
上半断面临时封闭正台阶法	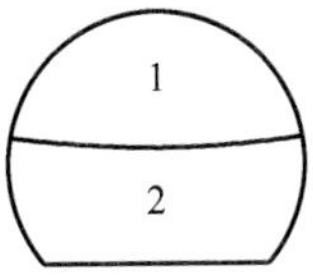 1 2	地层差,跨度不大于12m	一般	短	好	少量拆除	低
正台阶环形开挖法	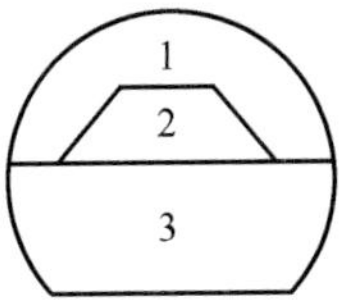 1 2 3	地层差,跨度不大于12m	一般	短	好	没有拆除	低

施工方法	示意图	重要指标比较					
		适用条件	沉降	工期	防水	初期支护拆除情况	造价
单侧壁导坑正台阶法		地层差，跨度不大于14m	较大	较短	好	拆除少	低
中隔壁法（CD法）		地层差，跨度不大于18m	较大	较短	好	拆除少	偏高
交叉中隔墙法（CRD法）		地层差，跨度不大于20m	较小	长	好	拆除多	高
双侧壁导坑法（眼镜法）		小跨度，连续使用可扩成大跨	大	长	效果差	拆除多	高
中洞法		小跨度，连续使用可扩成大跨	小	长	效果差	拆除多	较高
侧洞法		小跨度，连续使用可扩成大跨	大	长	效果差	拆除多	高
柱洞法		多层多跨	大	长	效果差	拆除多	高

　　浅埋暗挖法施工方法的选择，应以地质条件和断面大小为主要依据，结合工期、隧道长度、

成本、施工单位、装备等因素综合考虑确定,同时还应考虑围岩条件变化时,开挖方法的适应性和变更的可能性。以下介绍管廊施工常采用的全断面法、台阶法和分部开挖法。

1) 全断面法

按设计将整个隧道开挖断面采用一次开挖成形(主要是爆破或机械开挖)、初期支护一次到位的施工方法称为全断面开挖法。

(1) 施工顺序

全断面开挖方法操作起来比较简单,主要工序是:使用移动式钻孔台车,全断面一次钻孔,并进行装药连线,然后将钻孔台车后退到50m以外的安全地点,起爆,使一次爆破成形;出渣后钻孔台车再推移至开挖面就位,开始下一个钻爆作业循环,同时施作初期支护,铺设防水隔离层(或不铺设),进行二次模筑衬砌。开挖顺序如图5-69所示,作业流程如图5-70所示。

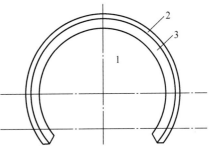

图 5-69　全断面施工开挖顺序示意图

1-全断面开挖;2-喷锚支护;3-模筑衬砌

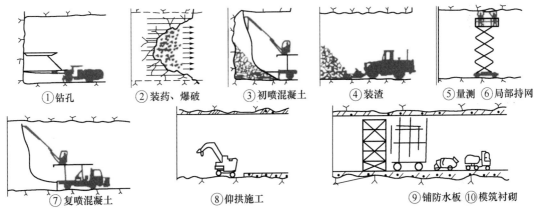

① 钻孔　② 装药、爆破　③ 初喷混凝土　④ 装渣　⑤ 量测 ⑥ 局部持网
⑦ 复喷混凝土　⑧ 仰拱施工　⑨ 铺防水板 ⑩ 模筑衬砌

图 5-70　全断面法的工作流程

(2) 适用范围

全断面法主要适用于Ⅰ~Ⅲ级围岩。当断面面积在50m²以下,隧道又处于Ⅳ级围岩地层时,为了减少对地层的扰动次数,在进行局部注浆等辅助施工加固地层后,也可采用全断面法施工。但在第四纪地层中采用时,断面面积一般在20m²以下,施工中仍需特别注意。山岭隧道及小断面城市地下电力、热力、电信等管道多用此法。

(3) 评价

优点:可以减少开挖对围岩的扰动次数,有利于围岩天然承载拱的形成;全断面法有较大的作业空间,有利于采用大型配套机械化作业,提高施工速度,防水处理简单,且工序少,便于施工组织和管理。

缺点:对地质条件要求严格,围岩必须有足够的自稳能力;由于开挖面较大,围岩相对稳定性降低,且每循环工作量相对较大;当采用钻爆法开挖时,每次深孔爆破震动较大,因此要求进行合理的钻爆设计和严格地控制爆破作业。

（4）注意事项

①加强对开挖面前方的工程地质和水文地质的调查。对不良地质情况,要及时预测预报、分析研究,随时准备好应急措施(包括改变施工方法),以确保施工安全和工程进度。

②各工序机械设备要配套,如钻眼、装渣、运输、模筑、衬砌支护等主要机械和相应的辅助机具(钻杆、钻头、调车设备、气腿、凿岩钻架、注油器、集尘器等),在尺寸、性能和生产能力上都要相互配合,不致彼此互受牵制而影响掘进,以充分发挥机械设备的使用效率和各工序之间的协调作用。注意经常维修设备并备有足够的易损零部件,以确保各项工作的顺利进行。

③加强各种辅助作业和辅助施工方法的设计与施工检查。尤其在软弱破碎围岩中使用全断面法开挖时,应对支护后围岩的变形进行动态量测与监控,使各种辅助作业的三管两线(即高压风管、高压水管、通风管、电线和运输路线)保持良好状态。

④重视和加强对施工操作人员的技术培训,使其能熟练掌握各种机械的操作方法,并进一步推广新技术,不断提高工效,改进施工管理,加快施工速度。全断面法开挖,应优先考虑锚杆和锚喷混凝土、挂网、撑梁等支护形式。

2）台阶法

台阶法开挖就是将开挖断面分成两步或多步开挖,具有上下两个工作面(多台阶时有多个工作面),可分为正台阶法、中隔墙台阶法等。该法在浅埋暗挖法中应用最广,可根据工程实际、地层条件及机械条件,选择适合的台阶方式。台阶法开挖顺序如图5-71所示。

（1）正台阶法

根据地层情况,正台阶法分为上下两步台阶法、多步台阶法、环形开挖法及三台阶七步开挖法。

①上下两步台阶法

此方法一般适用于地质条件较好的地层(Ⅱ~Ⅳ级),将断面分成上下两个台阶开挖,上台阶长度一般控制在1~1.5倍洞径以内,上台阶高度控制在2.5m。必须在地层失去自稳能力之前尽快开挖下台阶,支护后形成封闭结构,如图5-72所示。

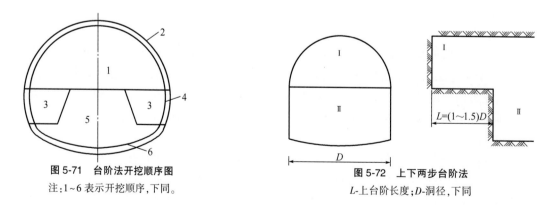

图5-71　台阶法开挖顺序图
注:1~6表示开挖顺序,下同。

图5-72　上下两步台阶法
L-上台阶长度;D-洞径,下同

一般采用人工和机械混合开挖法,即上半断面采用人工开挖、机械出渣,下半断面采用机械开挖、机械出渣。有时为解决上半断面出渣对下半断面的影响,可采用皮带输送机将上半断面的渣土送到下半断面的运输车中。

②多步台阶法

该法适用于地层较差（Ⅴ～Ⅵ级围岩）的地质条件，上台阶取1倍洞径左右环形开挖留核心土；用系统小导管超前支护预注浆稳定工作面；用网构钢拱架作初期支护；拱脚、墙脚设置锁脚锚杆；从开挖到初期支护、仰拱封闭不能超过10d，以控制地表沉陷。多步台阶法开挖施工示意图如图5-73所示。

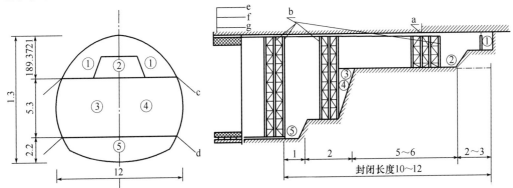

图5-73　多步台阶法开挖施工示意图（尺寸单位：m）

a-超前小导管；b-网构钢拱架；c-上台阶锁脚锚杆；d-下台阶锁脚锚杆；e-超前支护层；f-初期支护+防水层；g-模筑初砌

当隧道断面较高时，可以分多层台阶法开挖，但台阶长度不允许超过1.5洞径。

③环形开挖法

采用环形开挖预留核心土，可防止工作面的挤出。其开挖方法是上部导坑弧形断面预留核心土平台，拱部施作初期支护，再开挖中部核心土。核心土的尺寸在纵向应大于4m，核心土面积要大于上半断面的1/2。环形开挖法施工工序流程如图5-74所示。

④三台阶七步开挖法

三台阶七步开挖法指隧道开挖过程中，在3个台阶上分7个工作面，以前后7个不同位置相互错开同时开挖，然后分部及时支护，形成支护整体，以缩小作业循环时间，逐步向纵深推进的隧道开挖施工方法。该法一般适用于黄土地区隧道施工，也可用于其他Ⅲ～Ⅴ级围岩地段。

三台阶七步开挖法开挖施工工序流程如图5-75所示。

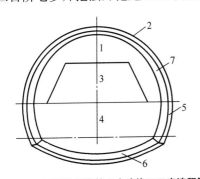

图5-74　环形开挖预留核心土法施工工序流程图

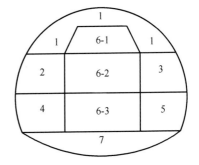

图5-75　三台阶七步开挖法开挖施工工序流程图

三台阶七步开挖法施工要点如下：

台阶长度控制在3～5m，及时施作初期支护、锁脚锚杆（管），初期支护钢架背后严禁出现空洞。全断面初期支护要紧跟下台阶封闭成环，距拱部开挖面的距离尽量短，最长不超过30m。

229

（2）台阶法评价

优点：灵活多变，适用性强，凡是软弱围岩、第四纪沉积地层，必须采用正台阶法，这是基本方法，无论地层变好还是变坏，都能及时更改、变换成其他方法。台阶法开挖具有足够的作业空间和较快的施工速度。台阶有利于开挖面的稳定性，尤其是上部开挖支护后，下部作业较为安全。当地层无水、洞跨度小于 10m 时，均可采用该方法。

缺点：上下部作业有干扰，应注意下部作业时对上部稳定性的影响。另外，台阶法开挖会增加对围岩的扰动次数等。

（3）台阶法开挖注意事项

台阶数不宜过多，台阶长度要适当，充分利用地层纵向承载拱的作用。上台阶高度宜为2.5m，一般以一个台阶垂直开挖到底，保持平台长 2.5～3m，易于减少翻渣工作量。装渣机应紧跟开挖面，减少扒渣距离，以提高装渣运输效率。软弱地层施工时，单线台阶长度超过 1.5 倍洞径要及时封闭，双线隧道台阶长度超过 1 倍洞径就要及时封闭，未封闭长度大于纵向承载拱跨，则会产生变位骤增现象。台阶法开挖宜采用轻型凿岩机打眼施作小导管，当进行深孔注浆或设管棚时多用根管钻机，而不宜采用大型凿岩台车。上台阶架设拱架时，拱脚必须落在实处，采用锁脚锚杆（管）稳固拱脚，防止拱部下沉。个别破碎地段可配合喷锚支护和挂钢丝网施工，防止落石和崩塌。应解决上下部半断面作业相互干扰的问题，做好作业施工组织、质量监控及安全管理工作。采用钻爆法开挖石质隧道时，应采用光面爆破技术和振动量测控制振速，以减少对围岩的扰动。

3）分部开挖法

分部开挖法主要适用于地层较差的大断面地下工程，尤其是限制地表下沉的城市地下工程的施工，主要包括单侧壁导坑超前台阶法、双侧壁导坑超前台阶法、双侧壁导坑超前中间台阶法、中隔墙法（CD 法）、交叉中隔墙法（CRD 法）等多种形式。

（1）单侧壁导坑超前台阶法开挖

单侧壁导坑超前台阶法是指先开挖隧道一侧的导坑，并进行初期支护，再分部开挖剩余部分的施工方法。采用该法开挖时，单侧壁导坑超前的距离一般在 2 倍洞径以上，为稳定工作面，经常和超前小导管预注浆等辅助施工措施配合使用，一般采用人工开挖，人工和机械混合出渣。

单侧壁导坑超前台阶法开挖如图 5-76 所示。其工艺流程为：

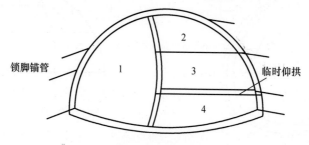

图 5-76　单侧壁导坑超前台阶法开挖示意图

①左导施作超前支护：采用小导管注浆。

②左导 1 部开挖支护：采用台阶法开挖，施作初期支护，及时封闭成环。

③待左导开挖 15～20m 以后，进行右导开挖，开挖 3 部，施作初期支护，及时封闭成环。

④开挖5部,在5部底部设一道Ⅰ18型钢临时仰拱。

⑤开挖7部,使7部及时封闭成环。

跨度大于10m的隧道,可采用单侧壁导坑法,将导坑跨度定为3~4m,这样就可将大跨变成3~4m跨和6~10m跨,这种施工方法简单、可靠。该法是将大跨度变为小跨度后进行正台阶施工的,它避免了采用双侧壁导坑超前台阶法所带来的工序复杂、造价增大、进度缓慢等缺点,也避免了由于施工精度不高,引起网构拱架连接困难的缺点。侧壁导洞尺寸一般根据机械设备和施工条件确定,而侧壁导洞的正台阶高度,一般规定至起拱线的位置,2.5~3.5m不等,主要目的是方便施工。下台阶落底、封闭要及时,以减少沉降。

(2)双侧壁导坑超前台阶法开挖

双侧壁导坑超前台阶法也称眼镜工法,是指先开挖隧道两侧的导坑,并进行初期支护,再分部开挖剩余部分的施工方法。该法实质是将大跨度(大于20m)分成3个小跨进行作业。一般采用人工、机械混合开挖,人工、机械混合出渣。该法的开挖方式、流程分别如图5-77、图5-78所示。

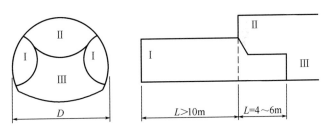

图 5-77　双侧壁导坑超前中间台阶法开挖方式示意图

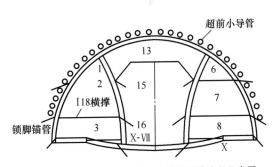

图 5-78　双侧壁导坑超前中间台阶法开挖流程示意图

双侧壁导坑法以台阶法为基础,将隧道断面分成3部分,即双侧壁导洞和中部,其双侧壁导洞尺寸以满足机械设备和施工条件为主确定。施工时,应先开挖两侧的侧壁导洞,在导洞内按正台阶法施工,当隧道跨度大而地质条件较差时,上台阶也可采用中隔墙法或环形预留核心土法开挖,开挖后及时施作初期支护,在初期支护的保护下,逐层开挖下台阶至基底,并施工仰拱或底板,如图5-79所示。施工过程中,左右侧壁导洞错开不小于15m,这是基于在开挖中引起导洞周边围岩应力重分布范围不能影响已成导洞而确定的。上、下台阶之间的距离,视具体情况按台阶法确定。

双侧壁导坑施工工艺流程如图5-80所示。

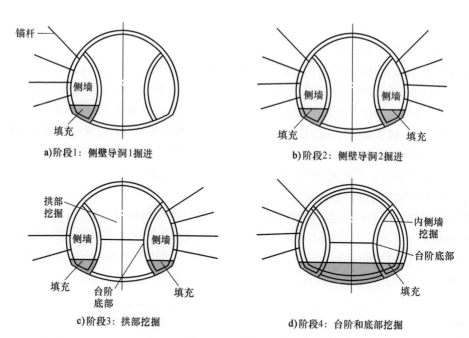

a)阶段1：侧壁导洞1掘进

b)阶段2：侧壁导洞2掘进

c)阶段3：拱部挖掘

d)阶段4：台阶和底部挖掘

图5-79 双侧壁导坑法断面分块开挖示意图

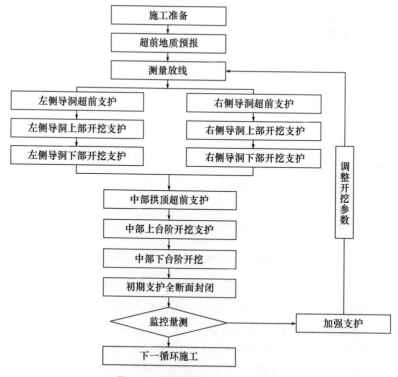

图5-80 双侧壁导洞施工工艺流程图

导洞施工时，一侧导洞先施工，另一侧导洞滞后15~20m施工。侧壁应尽量拉直，导坑断面宽度一般为整个断面的1/3，导洞开挖后应及时施作初期支护及临时支撑，设置锁脚锚管，并应尽早封闭成环。中洞拱部施工应坚持"十八字方针"。拱部开挖支护完成后在拱部设临时竖撑,可以减少结构受力和拱顶下沉。在进行拱部二次衬砌施工时,拱顶临时支撑和侧壁导洞内壁临时支撑都要拆除,此时拱部二次衬砌应紧跟,与开挖面的间距应保持在1/2洞径以内。仰拱开挖长度达到6m时,应灌完仰拱模筑混凝土再开挖。从上层开挖到仰拱成环的距离控制在2倍洞径以内。

双侧壁导坑超前中间台阶法主要适用于地层较差、断面很大、单侧壁导坑超前台阶法无法满足要求的三线或多线大断面铁路隧道及地铁工程。该法工序较复杂,导坑的支护拆除困难,且有可能由于测量误差而引起钢架连接困难,从而加大下沉值。此外,使用该法的成本较高、进度较慢。

(3)中隔墙法(CD、CRD法)开挖

中隔墙法(CD法)是指先开挖隧道一侧,并施作临时中隔壁墙,当先开挖一侧超前一定距离后,再分部开挖隧道另一侧的隧道开挖方法。CD法主要适用于地层较差和岩体不稳定,且对地表下沉要求严格的地下工程施工。当CD法仍不能满足要求时,可在CD法的基础上加设临时仰拱,即采用交叉中隔墙法(CRD法)。

中隔墙法以台阶法为基础,将隧道断面从中间分成4~6个部分,使上、下台阶左右各分成2或3部分,每一部分开挖并支护后形成独立的闭合单元。各部分开挖时,纵向间隔的距离根据具体情况可按台阶法确定。

采用中隔墙法施工时,每步的台阶长度都应控制,一般台阶长度为5~7m,为稳定工作面,中隔墙法一般与预注浆等辅助施工措施配合使用,多采用人工开挖、人工出渣的开挖方式。CD法开挖方式及施工顺序分别如图5-81、图5-82所示,CRD法开挖方式及工艺流程分别如图5-83、图5-84所示。

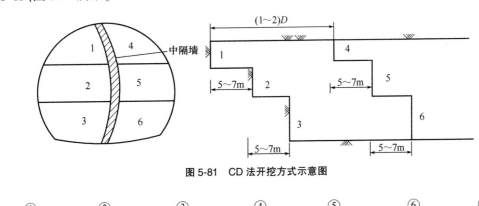

图5-81　CD法开挖方式示意图

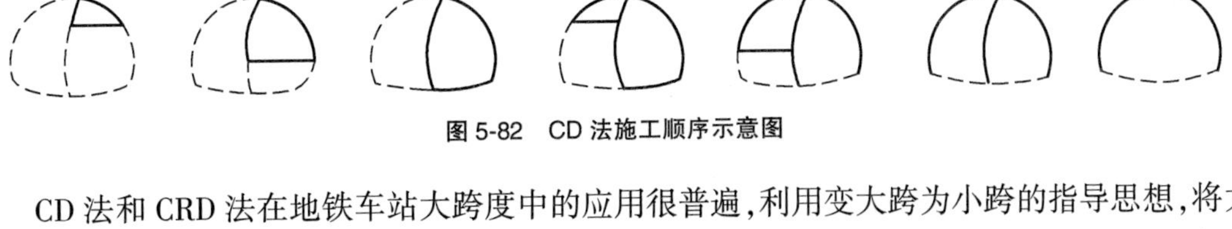

图5-82　CD法施工顺序示意图

CD法和CRD法在地铁车站大跨度中的应用很普遍,利用变大跨为小跨的指导思想,将大跨对分成两个小洞室。在施工中应严格遵守正台阶法的施工要点,尤其要考虑时空效应,每一步开挖要快,必须保证步步成环,工作面预留核心土或用喷射混凝土封闭,以消除因工作面的应力松弛而引起的沉降值增大。地下工程工作面不宜同时多开,开口越小越好,打开后应立即缝合,在地下工程施工中也应遵守这个原则。要注意当跨度小于 6~7m 时,不宜采用 CRD 法,这样可以避免因分块过多,空间过小,进度太慢而增大沉降值。由于时间加长,变位会增大,因此在软弱不稳定地层中,在超前支护的作用下,应快速施工。快速通过不良地层,是减少下沉量最有利的方法,施工方法的选择必须因地制宜。

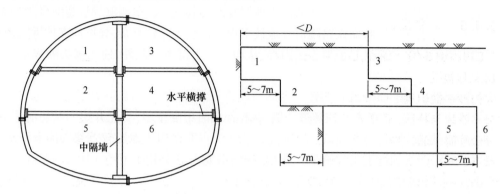

图 5-83 CRD 法开挖方式示意图

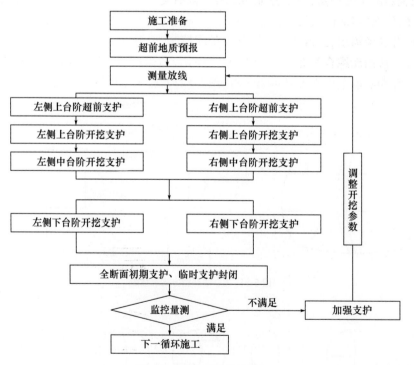

图 5-84 CRD 法工艺流程图

中隔墙法各部封闭成环的时间短,结构受力均匀,形变小,且由于支护刚度大,施工时隧道整体下沉较少,地层沉降量不大,而且容易控制。由于施工时化大跨为小跨,步步封闭,因此,每步开挖扰动土层的范围相对较小,封闭时间短,结构很快就处于整体较好的受力状态。同时,临时仰拱和中隔墙也起到增大结构刚度的作用,有效抑制了结构的变形。该法适用于较差地层,如采用人工或人工配合机械开挖的Ⅳ~Ⅴ级围岩和浅埋、偏压及洞口段。

由于地层软弱,断面较小,只能采取小型机械或人工开挖及运输作业,且分块太多,工序繁多、复杂,进度较慢。临时支撑的施作和拆除困难,成本较高。有必要采用爆破时,必须控制药量,避免损坏中隔墙。CD 法和 CRD 法中,中隔墙和水平横撑宜采用竖直隔墙和水平直撑形式。

5.4.5 工程案例

【工程案例 5-7】 深圳大梅沙—盐田坳综合管

1)工程概况

大梅沙—盐田坳综合管廊是深圳市第一条综合管廊,2005 年全线贯通并投入使用,连通了大梅沙谷地与特区,解决了三面环山、一面临海的地形地貌对该地区市政设施扩容的限制问题。综合管廊东起大梅沙外环路,西至深盐路端头,全长 2.675km,全线均为穿山隧洞工程,工程总投资 3700 万元。该综合管廊采用政府统一管理、各专业公司租用的模式。

大梅沙—盐田坳综合管廊按新奥法原理设计和施工。隧洞采用半圆城门拱形断面,高 2.85m,宽 2.4m。结构采用初期支护和钢筋混凝土二次衬砌复合结构,工程结构安全等级为一级,按地震烈度 7 度设防,防水标准为二级。初期支护采用喷、锚、网。喷层厚度根据围岩类别而定,一般为 50~200mm;锚杆间距和长度也根据围岩类别和部位来确定。考虑综合管廊悬挂管道和电缆支架需求,二次衬砌为模筑钢筋混凝土。

大梅沙—盐田坳综合管廊内设 DN600 普压给水管、DN500 压力污水管、D426X10LNG 工程高压输气管和 6 层电缆架及照明、监控电缆,廊内管线布置如图 5-85 所示。

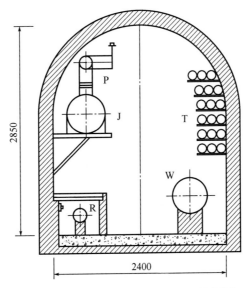

图 5-85 大梅沙—盐田坳综合管廊横断面图(尺寸单位:mm)

P-喷淋管(DN150);W-污水管(DN500);J-给水管(DN600);T-通信管线(DN400);R-高压天然气管(DN400)

隧道全长 2666m,盐田坳端洞口 K0+004,大梅沙端洞口 K2+670,隧道标准断面 2.40m× 2.85m,呈半圆拱形,半圆直径 2.40m,在 K1+449.617 处设有通风竖井,竖井标准断面为

$\phi2.4m$，从地面到隧道底板高 71.25m。工地以通风竖井 K1+449.617 为界分为三个工区独立作业施工，分别为：

大梅沙工区：K2+670~K1+749.61，共 921m（洞口明洞 8m）；

盐田坳工区：K0+004~K0+996，共 992m（洞口明洞 6m）；

竖井工区：竖井 71.25m；隧道 K0+996~K1+749，共 753m。

工程地质：人工填土层，主要分布于盐田坳洞口，由灰黄及黄褐色黏土和砂粒组成，含少量碎砖块，厚度 0.5~6.8m，呈松散至稍密状态；植物层，分布于大梅沙洞口，呈灰黑、灰褐色，含较多植物根茎，松散状态，层厚 0.3~0.5m；淤积质黏土，分布在隧道洞口段，大梅沙洞口由灰黄及黄褐色亚黏土和块石组成，盐田坳洞口主要由褐红、灰黄色亚黏土组成，呈可塑状态，层厚 0.7~8.5m 顶板高程 12.72~24.05m；残积砂（砾）质亚黏土层，大梅沙洞口由砂质亚黏土组成，呈灰黄、灰白色，盐田坳洞口由砾质亚黏土组成，呈黄褐、灰黄色、局部灰白色及浅肉红色，可塑~硬塑状态；基岩为早期黄山黑云母花岗岩，分全风化、强风化、弱风化、微风化、未风化 5 层，其埋深分别为山顶和山坡、7.5~19.3m、0~19.3m、0~21m、8.3~25.8m。

2）准备工作

（1）施工测量

根据设计图纸及有关资料，对业主交付使用的隧道轴线桩、平面控制三角网基点桩以及高程控制的水准基桩等进行详细的测量和核对，无误后建立整个隧道施工测量放样控制网，并在两个隧道洞口及竖井洞口建立中线桩及两个以上的后视点和两个水准点，经联测后，精度达到规范要求，方可使用。

（2）附属设施布置及施工场地准备

附属设施布置情况如下：

①洞口固定空气压缩机：盐田坳、大梅沙、洞口各布置 10m³ 电动空气压缩机 2 台向洞内供风，空气压缩机站占地 30m²。竖井洞口山顶布置 10m³ 电动空气压缩机 1 台，向竖井供风。

②洞口配电房：向 3 个洞口配送 380V 电源，各设置 315kVA 变压器 1 台。

③水池：洞口各设 50m³ 高位水池，向 3 个洞口送水。

④出渣轨道：平洞口布置 600mm 轨距出渣电瓶车轨道；布置卸渣线路，索式矿车编组线路及牵出线路。

⑤临时弃渣场地：平洞口分别布置临时弃渣场地。盐田坳、大梅沙洞口在洞口坡地上布置，各占 100m²。

⑥钢结构及钢筋加工厂：各洞口分别布置钢结构及钢筋加工厂，各加工厂约占 40m²。

⑦洞口设置仓库，机械设备停放场及施工值班室，占地 100m²。

3）洞口与明洞工程施工

（1）洞口与明洞土石方开挖

按照图纸要求，确定明洞起止桩号，确定左右边坡及仰坡开口线，采用挖掘机，按 1:1 坡比开挖边坡，自上而下进行土石方明挖施工。

（2）明洞施工

按先墙后拱法施工。明洞边墙基础设置在符合图纸要求且稳固的地基上，基桩的杂物、风化软层及积水应清除干净。边墙按图纸要求绑扎钢筋，架立挡板，注意预留给排水等工程管

5)洞身混凝土衬砌

(1)防水层及止水板

①基础处理。先对一次支护进行找平,对外露管头、钢筋予以割除,并用水泥砂浆找平。防水层与基面要密贴。

②防水层铺设。防水层共有两层,分别为无纺布及防水卷材,采用塑料垫圈和射钉固定。钉距顶部50cm×50cm,边墙100cm×100cm。

③施工缝处设镀锌钢板止水。钢板厚2mm、宽400mm,需架立牢固。接头采用电烙铁焊接牢固。

④防水层施作完成,及时进行检查、验收。发现破损,及时修补。

⑤施作洞身混凝土衬砌时,注意对防水层与止水板的保护。

⑥洞内排水系统施工:在进行洞身底板的铺装之前,每5m间距埋设直径50mm聚氯乙烯(PVC)泄水管。浇筑铺装层后形成洞内15cm×12.5cm的排水沟,将混凝土衬砌后的基岩渗透水引入水沟。水流由盐田坳端洞口排出,引入市政雨水管网。

(2)衬砌方案

按设计图纸,Ⅳ级围岩底板、侧拱均为钢筋混凝土,厚度为30cm,Ⅰ~Ⅲ围岩底板为素混凝土,厚度为10cm,侧拱为钢筋混凝土,厚度为30cm。在通风竖井桩号有隧道加宽段,长5.5m。在左、右过渡段,各长2m。衬砌施作顺序按底板1→侧墙、拱顶2→铺底3进行,如图5-90所示。

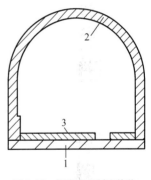

图5-90 标准断面衬砌施作顺序示意图

K1+226.858~K1+232.358隧道加宽段(长5.5m)及左、右过渡段(各长2m),为B、E型断面衬砌,使用散装模板加支撑立模,采用泵送混凝土衬砌。其余各段均采用2台12m长钢模台车和2台6m长钢模台车立模,商品混凝土泵送入舱。泵选用油动高压混凝土泵,泵送水平距离1300m,混凝土泵放置于洞口,6m³混凝土搅拌车送料。

6)监控量测

必测项目包括地表下沉量测、围岩内部变形量测、钻杆轴力量测、围岩压力量测、支护及衬砌应力量测、钢架内力及所承受荷载的量测、围岩弹性波束度测试等。

【工程案例5-8】 **深圳南山半岛前海综合管廊**

前海综合管廊线路布局为"一环一线"方案。规划综合管廊总长度为12.54km;单独设置的电缆隧道长8.64km。"一环"位于桂湾片区,主要沿桂湾一路(原双界河路)、怡海大道[原十妈湾五路(原二号路)]、前湾一路(原东滨路)以及听海大道北段成环设置,重点结合月亮湾北段现状高压线地下工程以及市政干管走廊[如从南坪快速以及前湾一路(原东滨路)引入的市政干管走廊]进行建设。"一环"综合管廊长度为7.18km。"一线"位于铲湾片区与妈湾片区,包括听海大道南段与兴海大道组成的一条线路。主要是结合听海大道上高压电力通道以及兴海大道上市政干管走廊进行设置。"一线"综合管廊长度为4.02km。另外4段综合管廊分别指怡海大道(原十二号路)北端穿越环形水廊道段、梦海大道(原振海路)穿越桂庙渠段、滨海大道穿越环形水廊道段、梦海大道(原振海路)穿越铲湾渠段。4段综合管廊长度为

1.34km。电缆隧道是敷设高压、中压电缆的专用通道,包括妈湾大道、梦海大道(原振海路)南段、水廊道东侧500kV电力通道以及各变电站连通综合管廊的出线段,其中妈湾大道、梦海大道(原振海路)南段因其他专业干管已建成,也基本符合远期发展需求,且该段暂不考虑供热、供冷管道需求,所以暂按电缆隧道建设。前海综合管廊典型位置如图5-91所示。

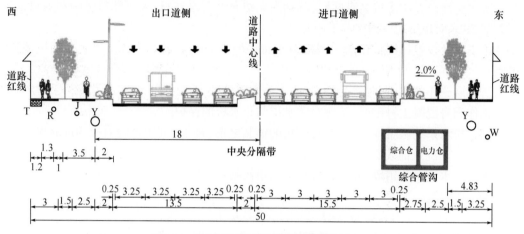

图5-91 前海综合管廊位置示意图(尺寸单位:m)

综合管廊需下穿地铁1号线前海湾站1号、2号出入口。需保护既有出入口,故下穿部分采用暗挖法施工。综合管廊暗挖段分为两部分,分别位于地铁1号线前海湾站1号、2号出入口下方。综合管廊为双跨矩形断面(图5-92),两孔结构内净空分别为2.6m×3.2m与3.4m×3.2m。下穿1号出入口的暗挖段里程为G0+434.683~G0+449.147,长14.464m,规划地面高程为+9.6m。下穿2号出入口的暗挖段里程为G0+341.253~G0+368.096,长26.843m,规划地面高程为+9.2m。前海综合管廊暗挖段横断面如图5-92所示。综合管廊建成现状如图5-93所示。

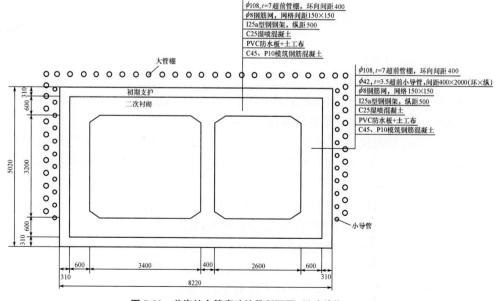

图5-92 前海综合管廊暗挖段断面图(尺寸单位:mm)

图 5-93　前海综合管廊建成现状

5.5　盾构法

5.5.1　概述

从 1843 年布鲁内尔(Brunel)发明盾构隧道工法以来,该法已在城市地铁、水下公路、铁路隧道以及市政隧道中得到大量应用。我国于 1957 年在北京的下水道工程中首次使用了盾构法。我国采用盾构法建设综合管廊的历史不长,且多为配合性局部工程,如天津市刘庄桥海河改造工程中的地下综合管廊过河隧道,盾构施工总长度 226.5m,隧道内部共分为 4 个功能空间,分别供电力、通信、热力自来水、中水和燃气管线通过。南京云锦路电缆隧道莫双线 220kV地下工程中的一部分采用了盾构技术,该工程是江苏省首条盾构法施工的电缆隧道,也是国内首条超高压电缆隧道,盾构隧道全长 849m,埋深 5.2~9.8m,盾构穿越地段主要地层为淤泥质粉质黏土。在当前新一轮城市地下综合管廊建设热潮中,沈阳市南运河段综合管廊率先采用盾构法穿越老城区,其双圆单舱综合管廊总长度 12.6km,于 2018 年 11 月 22 日成功贯通。我国盾构技术尽管起步较晚,但发展迅速,目前已经拥有不同型号 2.44~16m 大直径盾构机,可满足圆形、矩形、马蹄形及其他特殊断面形状的隧道掘进需要,在地铁、过江隧道等建设领域发挥了重要作用。

采用盾构法建设城市地下综合管廊具有一系列优点,主要表现在:

(1)在盾构支护下进行地下工程暗挖施工,不受地面交通、河道、航运、潮汐、季节、气候等条件影响,能经济合理地保证综合管廊安全施工。

(2)盾构的推进、出土、衬砌拼装等可实行自动化、智能化和施工远程控制信息化,掘进速度快,施工劳动强度较低。

(3)地面人文自然景观可以得到良好的保护,周围环境不受盾构施工干扰,这在中央商务区、交通密集区,以及在老旧城区建设综合管廊时优势显著。

当然,盾构法建造地下综合管廊也存在局限性:

(1)经济性

盾构法运用于城市地下综合管廊工程中最突出的问题就是工程造价偏高,这将非常不利于盾构法在该领域的推广应用。从对沈阳市综合管廊试点项目的相关数据比较可知:盾构法施工较明挖现浇法施工,其土建工程造价要高出 1 倍左右。由于目前市面上还没有开发出适应地下综合管廊特点的盾构设备,大部分盾构机都是直接采用修建城市地铁的盾构装置,这样就导致修建综合管廊工程的土建造价与修建同样数量的地铁相当。因此,如何降低其土建造价是一个必须面对和解决的问题。

(2)盾构技术与综合管廊的匹配要求

盾构技术本身还需要与综合管廊的诸多要求相匹配,其相关标准、规范、工程技术等的成型与成熟尚需时日。其中包括:浅埋深状态下(地表高程−15m 左右)综合管廊盾构施工的适宜性,廊道盾构施工与综合管廊附属设施(如通风口、投料口、管线引出口等)的关系处理,如何满足综合管廊廊道特殊设计(主要是转弯、起伏、交叉等)时的盾构施工,如何满足廊道内各类管线的架设、悬吊、支撑等技术要求等。

(3)盾构装备水平及操作技术水平的提升空间

盾构机是与廊道形状一致的,在盾构外壳内装备着推进机构、挡土机构、出土运输机构、安装衬砌机构等部件的隧道开挖专用机械,主要包括 9 大组成部分,分别是:盾体、刀盘驱动、双室气闸、管片拼装机、排土机构、后配套装置、电气系统、液压系统和辅助设备。这样一个庞大的集约化装置,任何一个部件的缺陷或故障都会影响盾构施工效率。事实上,装备的改进一直在进行中,而完整的盾构作业更是需要设备制造、气压设备供应、衬砌管片预制、衬砌结构防水及防堵、施工测量、场地布置、盾构转移等施工技术的高度配合,其系统协调极其复杂。

5.5.2 特点

盾构法的优点:

(1)除竖井施工外,施工作业均在地下进行,既不影响地面交通,又可减少对附近居民的噪声和振动影响。

(2)盾构推进、出土、拼装衬砌等主要工序循环进行,施工易于管理,施工人员也较少。

(3)可有效控制地表沉降。采用合适的盾构机械,可控制超挖,土方量较少,可及时充填衬砌背面的环形间隙,控制地表沉降,且对地下管线及地表建筑物的影响较小。

(4)适宜在较均匀的土层中进行施工,穿越河道时不影响航运。

(5)施工不受风暴等气候条件影响。

(6)在土质差、水位高、埋深大的地方建设隧道,盾构法有较高的技术经济优越性。

盾构法存在的问题:

(1)当隧道曲线半径过小时,施工较为困难。

(2)在陆地建造隧道时,如果隧道覆土太浅,采用盾构法施工困难很大;在水下建造隧道时,如覆土太浅采用盾构法施工不够安全。

(3)在饱和含水土层中,盾构法施工在拼装衬砌时对整体结构防水技术要求高。

(4)盾构机价格较为昂贵,针对性强,断面较为单一。

5.5.3 盾构机种类及断面形式

(1)盾构机种类

盾构机的分类方法较多,可以按掘削地层的种类、盾构机的横截面形状、横截面的大小、掘削面的敞开程度、出土机械的机械化程度、掘削面的加压平衡方式、刀盘的运动形式、盾构机的特殊构造、盾构机的功能以及盾构隧道衬砌施工方法来分,图 5-94 给出了常用的盾构机综合分类。

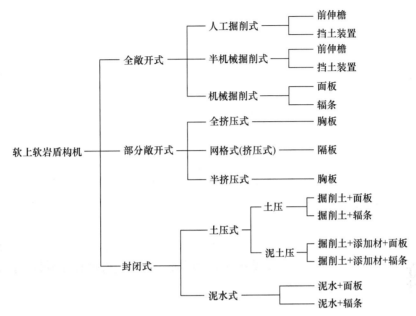

图 5-94　盾构机综合分类

　　全敞开式盾构机的特点是掘削面敞露,挖掘状态是干挖态,所以出土效率高,适用于掘削面稳定性好的地层,对于自稳定性差的冲积地层应辅以压气、降水、注浆加固等措施。人工掘削盾构机的前面是敞开的,盾构的顶部装有防止掘削面顶端坍塌的活动前檐和使其伸缩的千斤顶;半机械掘削式盾构机是在手掘式盾构机的基础上安装掘土机械和出土装置,以代替人工作业;机械掘削式盾构机的前部装有旋转刀盘,故掘削能力大增。掘削下来的砂土由装在掘削刀盘上的旋转铲斗,经过斜槽送到输送机。

　　部分敞开式盾构机即挤压式盾构机,其构造简单、造价低。挤压式盾构适用于流塑性高、无自立性的软黏土层和粉砂地层。半挤压式盾构机(局部挤压式盾构机)在盾构的前端用胸板封闭以挡住土体,盾构向前推进时土体从胸板上的局部开口处挤入盾构内;全挤压式盾构机在特殊条件下,可将胸板全部封闭;网格式盾构机是在盾构切口环的前端设置网格梁,与隔板组成许多小格子的胸板,借土的凝聚力,用网格胸板来支撑开挖面土体。

　　封闭式盾构机即刀盘为封闭的盾构机,其施工安全,自动化程度高,应用最为普遍。泥水式盾构机是通过泥水的加压作用和压力保持机构平衡,能够维持开挖工作面的稳定。盾构推进时,旋转刀盘切削下来的土砂经搅拌装置搅拌后形成高浓度泥水,用流体输送方式送到地面泥水分离系统,将渣土、水分离后重新送回泥水舱。土压式盾构机是把土料(必要时添加泡沫等对土壤进行改良)作为稳定开挖面的介质,刀盘后隔板与开挖面之间形成泥土室,刀盘旋转开挖使泥土料增加,再由螺旋输料器旋转将土料运出,泥土室内土压可由刀盘旋转开挖速度和螺旋输料器出土量(旋转速度)进行调节。

（2）盾构机断面形式

盾构的标准外形是圆形,也有矩形、椭圆形、马蹄形、半圆、双圆、三圆等特殊形状（图 5-95～图 5-98）。但盾构机的基本构造都是由盾壳、开挖系统、推进系统、衬砌拼装系统及附属设备 5 部分构成。

图 5-95　马蹄形盾构

图 5-96　矩形盾构

图 5-97　双圆盾构

图 5-98　三圆盾构

5.5.4　施工工艺

盾构施工的关键工序有:施工准备、竖井施工、盾构的安装与拆卸、土体开挖与推进、衬砌拼装与防水等（图 5-99）。

1）施工准备

为确保盾构施工的正常进行,施工前应在原设计资料的基础上对工程地质、水文地质、地表环境及建筑物、地下管线与地下构筑物等进行补充调查,为制定施工组织设计提供足够的依据。

2）竖井施工

综合管廊隧道一般建设在市区道路之下,限制条件较多,且应充分考虑综合管廊的功能性;竖井应该兼顾管廊投料口、检修口、出入口等工程需求,包括始发井、到达井、工作井及吊装竖井等。竖井一般都设置在盾构隧道轴线上,主要用于盾构机设备的组装、调试、始发、接收等,还可用于施工期间出渣、进料、人员进出及通风。竖井的横断面形状有矩形、圆形、正多边形等,纵断面形状有柱形、阶梯形、锥形等。

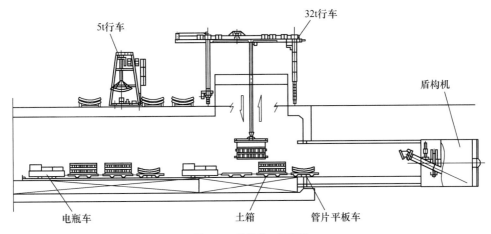

图 5-99 盾构施工示意图

始发井应保证满足其功能所需的最小净空,不仅要在功能上留有余地,还要满足作业者安全作业的需要。除盾构机的尺寸外还要考虑反力架、洞门破除空间、始发洞口大小,并有一定余量。通常,竖井的长度等于盾构机长加 3.5~5.0m,盾构机两侧留 0.75~0.80m 空间。始发井端墙上应预留封门,封门最初起挡土和防止渗漏的作用,一旦盾构安装调试结束后,盾构刀盘抵住端墙,要求封门能尽快拆除或打开。

到达井应方便起吊和拆卸工作,其要求一般比始发井稍低。两条盾构隧道的连接方式有到达竖井连接(图 5-100)和盾构机与盾构机在地下对接两种方式。其中,地下对接方式是在特殊情况下采用,例如连接段在海中难以建造竖井,或者没有场地不能设置竖井等,在正常情况下一般都以到达竖井连接为主。

图 5-100 盾构下井图

竖井施工可采用地下连续墙、沉井等方法。

3）盾构机拼装

盾构在拼装前，先在拼装室底部铺设 50cm 厚的混凝土垫层，其表面与盾构外表面相适应。在垫层内埋设钢轨，轨顶高出垫层约 5cm，可作为盾构推进时的导向轨，并能防止盾构旋转。若拼装室将来作他用，此时可改用由型钢拼装的盾构支撑平台，其上亦需要配备作导向和防止旋转用的装置。由于起重设备和运输条件的限制，通常将盾构机拆成切口环、支承环、盾尾三节运到工地，然后用起重机将其逐一放入井下的垫层或支承平台上。切口环与支承环用螺栓连接成整体，并在螺栓连接面外圈加薄层电焊，以保持其密封性。盾尾与支承环之间则采用对接焊连接。

4）盾构始发

盾构机的始发是指利用临时拼装管片等承受反作用力的设备，包括始发台、反力座和负环管片，将盾构机从始发口进入地层，沿所定的线路方向掘进的一系列施工作业（图 5-101）。

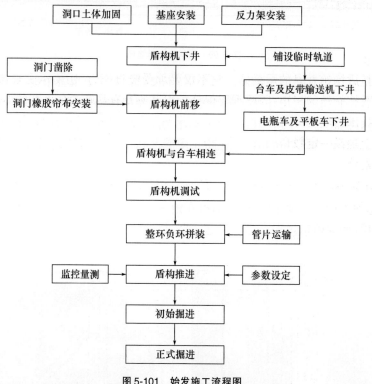

图 5-101　始发施工流程图

（1）洞口土体加固、盾构机基座和反力架安装

①洞口土体加固

为避免盾构机始发阶段由于刀盘对既有稳定土层的扰动造成端头位置结构坍塌或漏水等意外情况，必须对始发端头进行加固，同时到达端头也必须进行加固处理。根据各始发和到达端头的工程地质、水文地质、地面建筑物及管线状况和端头结构等综合分析与评价，可选用深层搅拌桩群、旋喷桩、降水法、冻结法、化学注浆法、新型混凝土搅拌桩墙（SMW 工法桩）等措施（图 5-102、图 5-103）。

图 5-102　旋喷桩加固

图 5-103　冻结法加固

②基座安装

始发基座是盾构始发时的承载体。它不仅要承受竖直压力,还要承受来自纵向与横向的推力以及抵抗盾构旋转的扭矩,因此需要保证始发基座具有足够的强度和整体性。为此,首先要求加工厂家技术过硬,其次始发前必须对始发台周边进行可靠的加固,基座四周每隔一定距离在主体结构上加设一定数量的 H 型钢横向支撑,以便提高始发基座的整体稳定性。

③反力架安装

反力架(图 5-104)为盾构机提供井内支托,用来确保盾构中心、隧道中心、洞口密封中心三心合一,并且为负环管片提供约束和支撑。所以反力架必须牢固安装,后侧位置必须有强有力的横撑或斜撑,一般由型钢加工而成。

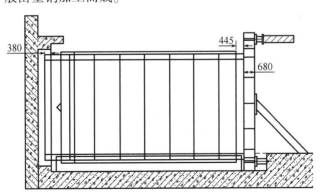

图 5-104　反力架安装示意图(尺寸单位:mm)

(2)洞门凿除

因盾构井始发时,破除洞门作业引起围岩坍塌的危险较大,所以要按合理的分块、顺序破除临时挡土墙体,并在盾构前面及时施作支护等。洞门凿除施工应迅速且谨慎。

(3)洞口密封

洞口密封的作用为始发时在盾构机外壳与混凝土洞口之间形成一个柔性止水密封,在试掘进阶段,在管片与混凝土洞口之间形成止水、止浆密封。洞口密封采用帘布橡胶和折叶式压板密封。其施工分两步进行:第一步在始发端墙施工过程中,做好始发洞门预埋件的埋设工作,在埋设过程中预埋件必须与端墙结构钢筋连接在一起;第二步在盾构正式始发之前,清理完洞口的渣土后及时安装洞口密封压板及橡胶帘布板。

(4)负环管片安装

一般情况下,负环管片在盾壳内的正常安装位置进行拼装(图5-105、图5-106)。在安装负环管片之前,为保证负环管片不破坏盾尾刷,保证负环管片在拼装好后能顺利向后推进,在盾壳内安设厚度不小于盾尾间隙的方木或型钢,以使管片在盾壳内的位置得到保证。

 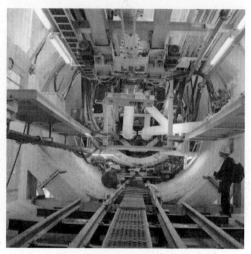

图 5-105　第一次负环拼装　　　　　　　图 5-106　第二次负环拼装

5)盾构掘进和管片拼装

依靠盾构千斤顶推力将盾构从起始工作的墙壁开孔处推出,盾构在地层中沿着设计轴线推进,在推进的同时不断出土和安装衬砌管片。

(1)盾构掘进

为使盾构沿设计轴线推进,可通过一整套测量系统随时掌握盾构位置和姿态,并通过计算机将盾构位置和姿态与隧道设计轴线进行比较,找出偏差数值和原因,启动调整盾构姿态的千斤顶模式从而使前进曲线尽可能接近于隧道轴线。

盾构掘进速度主要通过调整盾构推进力、转速来控制,排土量则主要通过调整螺旋输送机的转速来控制。在实际掘进施工中,根据地质条件、排出的渣土状态以及盾构机的各项工作状态参数等采取渣土改良措施增加渣土的流动性和止水性。

盾构正常推进时应采用排土操作控制模式,即通过土压传感器反馈,调整螺旋输送机的转速控制排土量,以维持开挖面土压稳定,使盾构正常推进。

(2)管片拼装

管片拼装流程如图5-107所示。管片选型以满足隧道线形为前提,管片安装后盾尾间隙应满足下一掘进循环限值,确保有足够的盾尾间隙,防止盾尾直接接触管片。一般来说,管片选型与安装位置是根据推进指令先决定的,目的是使管片环安装后推进液压缸行程差较小。

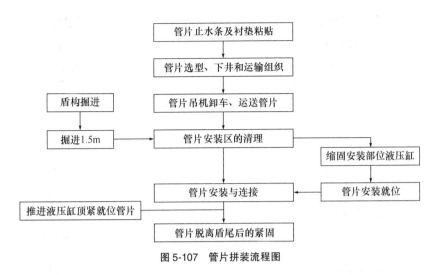

图 5-107　管片拼装流程图

管片安装必须从隧道底部开始,然后依次安装相邻块,最后安装封顶块。封顶块安装前,应对止水条进行润滑处理,安装时先径向插入 2/3,调整位置后缓慢纵向顶推。管片块安装到位后,及时伸出相应位置的推进液压缸顶紧管片,其顶推力应大于稳定管片所需力,之后方可移开管片安装机。管片安装完后及时整圆,在管片环脱离盾尾后要对管片连接螺栓再次进行紧固。

管片安装前应对管片安装区进行清理,清除污泥、污水,保证安装区及管片相接面的清洁。严禁非管片安装位置的推进液压缸与管片安装位置的推进液压缸同时收回。管片安装时必须运用管片安装的微调装置,将待装的管片与已安装管片块的内弧面纵面调整到平顺相接,以减小错台。调整时动作要平稳,避免管片碰撞破损。管片采用错缝拼装。

6) 同步注浆

在管片安装完成后需及时在管片后注浆,注浆的目的是充填盾尾和衬砌间建筑空隙,提高隧道周围土层的稳定性,改善隧道衬砌受力状态以及增强隧道衬砌防水效能。

(1) 一次压注:当地层条件较差,盾尾空隙一出现就会发生坍塌时,随着盾尾的出现,立即压注水泥砂浆,并保持一定压力(图 5-108)。

(2) 二次压注:盾构推进一环后,立即通过管片注浆孔向衬砌背后压注石英砂或卵石,防止地层坍塌。继续推进 5~8 环后,进行二次压注(图 5-109),注入以水泥为主要胶结材料的浆体,使之固结。

7) 衬砌防水

衬砌防水包括密封、嵌缝、螺栓孔防水三种形式。

(1) 密封是在管片接头表面进行喷涂或粘贴胶条的方法。对密封材料的要求是:应具有弹性,在盾构千斤顶推力反复作用及衬砌变形上保持防水性能,在承受紧固螺栓的状态下具有均匀性;对衬砌的组装不会产生不良影响;密封材料和衬砌之间需密贴;具有良好的化学稳定性并可适应气候的变化;易于施工等。

(2) 嵌缝指预先在管片的内侧边缘留有嵌缝槽,后续施工中用嵌缝材料填塞。嵌缝材料需具有以下特点:具有不透水性、化学稳定性及良好的适应气候变化的性能,在湿润状态下易于施工,良好的伸缩及复原性,硬结时不受水的影响,施工后具有不黏着性,终凝时间短、收缩小等。

图 5-108 砂浆输送

图 5-109 二次注浆

(3)螺栓孔防水是在螺栓垫圈及螺栓孔间放入环形衬垫,在紧固螺栓时,此衬垫的一部分产生变形,填满螺栓孔壁和垫圈表面间形成的空隙中,防止从螺栓孔中漏水。衬垫材料须具备下述特点:伸缩性良好且不透水、可承受螺栓紧固力、耐久性好等。一般使用合成树脂类的环状衬垫,也有时采用尿烷类具有遇水膨胀特性的衬垫。

8)盾构到达

(1)洞口加固

盾构到达之前要根据对洞口地层的调查情况,进行地层稳定性评价,并采取有针对性的加固措施。一般采取固结灌浆、冻结法、插板法、浇筑混凝土岩墙、增加斜撑等措施进行洞门加固处理。

(2)洞口凿除

根据经验,在盾构到达前至少一个月,开始进行洞口维护桩的凿除(图 5-110)。

图 5-110 洞口凿除

整个施工分两次进行,第一次先将围护结构主体凿除,只保留围护结构的最内层钢筋和钢筋保护层,在盾构到达后将最内层钢筋割除。在割除完最后一排钢筋之后,要及时检查到达洞口的净空尺寸,确保没有钢筋侵入设计轮廓范围之内。

(3)安装到站导轨

隧道贯通后即盾构刀盘露出洞口后,清除洞口渣土,根据刀盘与接收小车之间的距离与高差情况,安设盾构到达接收导轨。

(4)洞口密封

为防止背衬注浆砂浆或渣土外泄,必须在洞口安设洞口密封。洞口密封的施工分两步进行,第一步在端头结构的施工工程中,做好始发洞门预埋件的埋设工作,在埋设过程中预埋件必须与端头结构钢筋连接在一起;第二步在盾构刀盘露出洞门端头之前,清理完洞口的渣土,完成洞口密封的安装。

5.5.5 工程案例

【工程案例5-9】 天津海河综合管廊

(1)工程概况

海河综合管廊隧道由西向东穿越海河,采用盾构法施工。西岸始发井围护结构为地下连续墙+旋喷桩,连续墙长48.0m,厚1.0m,始发井净空断面尺寸为:长15.0m,宽11.0m;开挖深度27.25m。东岸到达井围护结构为地下连续墙+旋喷桩,连续墙长49.0m,厚1.0m,到达井净空长断面尺寸为:11.0m,宽9.0m,开挖深度28.38m。隧道全长226.5m,设计为直线单坡,坡度为0.5%。河水面高程为+0.75m,河底高程为-6.25m,水深7.0m,河面宽约103.70m,隧道穿越地下管网密布的道路,海河河底及两岸的河堤,施工难度和风险很大。该工程采用土压平衡盾构施工,盾构直径6.34m。隧道平面位置如图5-111所示,综合管廊断面如图5-112所示。

图5-111 海河综合管廊平面位置示意图

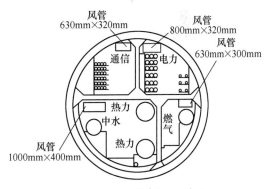

图5-112 综合管廊断面示意图

始发工作井隧道中心高程为-17.46m,地面高程为+3.0m。隧道穿越地段表层为杂填土、素填土,其下土层为粉土及粉性黏土,局部存在砂层。区间隧道主要位于④₁粉土夹粉质黏土、④₂粉土及粉土夹黏质粉土、⑤粉土、⑤₁粉土夹粉质黏土层,局部为粉细砂层,呈饱和状态,液化等级为严重。本区间地层自上而下依次为杂填土、粉质黏土、粉土,隧道主要穿越粉土。始发井平面图如图5-113所示。

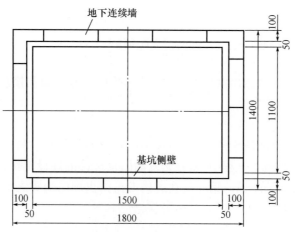

图 5-113　始发井平面示意图(尺寸单位:cm)

场区的第四系孔隙潜水含水层主要为第一海相层及其以上的黏土、粉土、人工填土层,以沼泽相黏性土层、顶部黏性土层为相对隔水底板。地下水补给来源主要为大气降水,勘察期间刘庄桥附近地下水埋深 0.80～2.20m,地下水位高程为 1.19～2.25m,该处海河水面高程为 0.75m,地下水和海底水具有较强水力联系。隧道穿越地层水平渗透系数约为 $9.14×10^{-4}$ cm/s,垂直渗透系数约为 $8.68×10^{-4}$ cm/s。砂土层为承压含水层,具有微承压性,该承压水层厚度约为 1.5m,该承压水隔水顶板位于隧道底部以下 3～5m。

场区地下水化学成分类型主要为 SO_4^{2-}、Cl^-、HCO^{3-}、Ca^{2+}、Na^+,根据本工程的地下水水质分析试验结果,依据《岩土工程勘察规范》(GB 50021—2001)的有关规定,拟建场区的地下水对混凝土结构和钢筋混凝土结构中的钢筋不存在腐蚀性,对钢结构具弱腐蚀性。

(2)第一次始发加固

在第一次始发时,始发井先后进行了 3 次地面加固:第一次采用高压旋喷桩加固,加固区长度纵向为 10m,宽度为 14.2m,深度为地面以下 30.25m;第二次在原加固区与地下连续墙之间施作了三排高压旋喷桩,并进行了补充注浆;第三次在加固区外围施作了两排高压旋喷桩,旋喷桩成 U 形布置,和前两次施工的旋喷桩联合将竖井始发端头土体围闭,设计桩径 100cm,咬合 30cm,深度为地面以下 40m,地面三次旋喷桩加固如图 5-114 所示。但由于该区域地质条件特别复杂,虽然经过三次旋喷加固,但在盾构始发前破除洞门连续墙的过程中仍然发生了涌水流砂,造成淹井,因此第一次盾构始发未能成功(图 5-115)。

(3)第二次始发加固

考虑到盾构主机长度为 8.68m,为保证盾尾完全进洞后,刀盘前方仍有足够厚的胶结体抵抗水土压力,同时为了不破坏最外侧的旋喷桩加固体,全断面注浆纵向加固长度确定为:左侧为 15m,右侧为 12m,保证盾构正常掘进之前的安全,径向加固范围为隧道开挖工作面及开挖轮廓线以外 4m。采用 HD120-A 液压履带钻机和 KBY50/70 注浆泵进行注浆,注浆材料以普通水泥—水玻璃双液浆为主,普通水泥、超细水泥单液浆为辅,注浆顺序为:先下半断面,再上半断面,先内圈孔,后外圈孔。在地下连续墙附近施作三排垂直注浆孔,采用袖阀管注入聚氨酯进行补强加固,以弥补洞内水平注浆的不足。

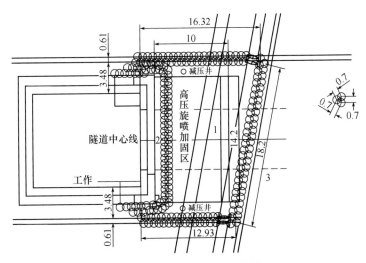

图 5-114　地面旋喷桩加固图(尺寸单位:m)

图 5-115　水平超前钻孔涌水涌砂

（4）盾构始发

盾构进洞施工前必须对加固土体进行取样试验,确定其加固效果是否符合要求,还需要在洞圈上钻有 5 个孔观察洞口土体加固情况。进洞时,需要在盾构机上标识盾构刀盘接触土体以及盾构机切口出加固区具体位置,以确定旋转刀盘、螺旋输送机以及进行同步注浆施工的时间。刀盘贴近土体之前对刀盘进行检查和清理。在刀头和密封装置上涂抹黄油,盾尾刷内必须充分填满盾尾油脂。

（5）盾构掘进

为了减小盾构穿越过程中对河床下土体的扰动,盾构机以 5 环管片/d 的速度向前推进。经过计算每环标准出土量为 $36.23m^3$,盾构出土量控制在 98%~100%,即 35.50~36.23m^3 之间。注浆压力以保证足够注浆量的最小值为佳,一般为 0.2~0.4MPa,注浆时加强观测。过河期间保持较低的土仓压力和注浆压力,海河河底土仓压力理论值在 0.12~0.16MPa 之间,刀盘采用低扭矩、高旋转速度向前挖土。

海河水位观测时,在河岸边设置带刻度的不锈钢管标尺,及时监测海河水位变化。为确保安全,监测频率为6次/d,河床沉降点以5m为间距,洞内沉降、收敛监测点按照10m的间距布置,同时安排专人对河面情况进行24h观察,观察内容包括河水水位变化,河面有无漏浆、冒泡等情况,确保一旦发生不利情况,能够第一时间了解情况,及时采取应急措施。

河水和护岸相交处,盾构机所受上部荷载产生突变,容易出现问题,根据盾构推进情况及时调整推进参数和注浆参数,实行动态信息化施工。

隧道采用C50钢筋混凝土管片,管片外径6.2m,内径5.5m,厚度35cm,环宽1.2m,抗渗等级为P10,由封顶块(XK)、邻接块(XL1)、邻接块(XL2)、标准块(XB1、XB2、XB3)组成。管片纵、环向均采用M30双头螺栓连接,衬砌接缝防水采用遇水膨胀橡胶和三元乙丙橡胶制成的弹性密封垫,采用错缝拼装方式。

(6)盾构到达

盾构出洞前隧道定向测量复核,确保盾构姿态准确,在凿除洞门过程中在洞门中心凿一个孔观察盾构机"鼻尖"位置,盾构机鼻尖距封门50cm时,视土体情况开通盾构机壳体注浆孔,用盾构机配备的注浆设备向周边土体压注双液浆,使之形成一个环箍,阻断水土流失的通道。盾构进入到达井之前,对盾构管片之间进行纵向连接,选择15~20环管片采用槽钢连接,焊接在管片纵向螺栓上。采用二次进洞方法,即盾构机先露出一部分,通过焊接钢板和快速水泥将盾构机外壳和洞圈封闭起来,然后通过洞圈上的预埋注浆孔进行注浆施工,形成环箍,待注浆加固土体达到一定强度后盾构机进行二次进洞施工,待盾构机完全露出后通过进洞环管片上预埋的钢板进行焊接封住洞门处空隙,并继续进行注浆加固施工。

【工程案例5-10】　日本双圆盾构地下综合管廊

东京临海区域性繁华区从市中心往南约6km,横跨江东区、港区、品川区,包括东京湾中的填海陆地。该地下综合管廊(图5-116)收容各种公共管线,管廊下穿国道357线,采用横向2连型泥土加压盾构工法(DOT工法)建设,长度249m。1993年9月开始掘进,在次年的2月份顺利到达。

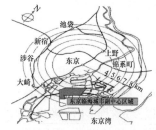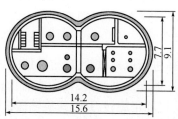

图5-116　日本双圆盾构综合管廊(尺寸单位:m)

对周边道路的影响:施工场所附近为交通大动脉——357号国道线,该道路是通向长距离轮渡的重要工业道路,不能对上述路面交通产生妨碍。

对周边建筑的影响:由于既有的重要构筑物全部位于软弱的土层中,必须严格抑制周边地基的变形和对既设构筑物的影响。

与其他工程交错施工:该工程和临海高速铁道的明挖工程同时施工,在交错施工情况下,必须尽量缩小作业用地。

通过采用DOT工法、加强地基加固、完善测量监控措施,该工程在软弱浅覆土、沉降变形控制严格的施工条件和要求下,很好地完成了施工,没有事故发生。虽然如此,组合圆隧道仍然有泵房设置复杂、施工难度较大、两圆相交处几何形状不利、容易产生背土或积浆、沉降控制难等问题。因此,双圆隧道渐渐淡出了人们的视野,而矩形盾构因其在空间拓展和沉降控制方面的优势,逐步取代了组合圆形盾构。

【工程案例5-11】 山东矩形盾构地下综合管廊

山东省济北新区地下综合管廊工程(图5-117)中应用了高3.0m、宽2.7m(净空2.2m×2.5m)矩形盾构工艺。该两拼矩形盾构工艺只有上下两片管片,减少了管片接点,且使管片能够在隧道内旋转,解决了管片接点多、漏点多的难题,减少了渗漏,提高了地下综合管廊结构的强度和美观度,同时也突破了盾构施工局限,提高了施工速度。

图5-117 矩形盾构机及管片

【工程案例5-12】 海口U形盾构地下综合管廊

在地下综合管廊建设过程中,盾构机作为先进的隧道掘进设备,已经成为综合管廊建设的重要装备,但常见的盾构机主要是用于暗挖隧道,对于埋深较浅采用明挖工法的隧道则无能为力,因此中铁装备和中铁四局将明挖工法和盾构法的优点进行有机融合,联合研制出适用于明挖施工的U形盾构机。国内首创U形盾构机在海南省海口市椰海西延路段地下综合管廊项目成功始发,填补了我国盾构设备领域的空白,开创了国内综合管廊施工的新工法(图5-118、图5-119)。

图5-118 海口市椰海西延路段地下综合管廊　　　　图5-119 U形盾构机始发基坑全景
U形盾构机施工现场

首台 U 形盾构机全名是"管廊 U 形敞口盾构机",设备型号:U8500×5000,长 12.9m、宽 9.2m、高 9.4m,适应埋设预制管节截面最大可达 8.3m×3.1m。U 形盾构机顶部是敞口的,两侧加上底板共有三面插板,这三面插板具有顶进功能,在掘进开挖、向前顶进的同时成为移动式支挡结构,从而为取土出渣和管片安装提供结构保护。

U 形盾构机顶部有控制室(类似于驾驶舱),盾构机既可以现场控制也可以进行远程控制。U 形盾构机在推进、出土、衬砌拼装等工序可实现自动化、智能化和施工远程控制信息化操作,可广泛应用于埋深较浅的预制管廊、综合管道铺设、地下通道、雨污水箱涵等施工领域。

U 形盾构综合管廊施工工法与传统的明挖施工工法相比,机械化程度和安全性能更高,成本低、速度快,施工范围小,出渣少、噪声振动小,对周边环境的影响也更小,具有安全、快捷、经济、环保等技术优势。

据测算,与普通明挖法施工相比,U 形盾构施工工法可减少人工 50% 以上,节省费用 20%~40%,缩短工期 30% 以上。以建设 100m 综合管廊为例,传统工法需 30 个工人施工一个月才能完成,而使用 U 形盾构综合管廊施工工法仅需七或八个工人,十几天就能完工。

5.6 顶管法

5.6.1 概述

顶管法是继盾构法之后发展起来的一种用于土质条件下施工的新型工法(图 5-120),主要用于地下排水管、进水管和燃气管等各种地下管道的敷设。顶管法是借助顶推设备将工具管从工作坑(始发井)内穿过土层一直推到接收坑(到达井)内,通过激光导向系统进行铺管方向纠偏,依靠安装在管道头部的钻掘系统切削土屑,由出土系统将切削的土屑排出,边顶进,边切削,边输送,同时,将紧随工具管或掘进机后的管道埋设在两坑之间的一种非开挖施工技术。

图 5-120 顶管法施工示意图

近年来,随着顶管机制造和顶管施工技术的日益完善,顶管法施工已经完全能够满足修建综合管廊的要求,顶管法作为一种非开挖施工技术已经越来越多地应用到城市地下综合管廊的建设中。由于顶管法施工对环境影响小,因此该工法主要应用于车流及人流量大、地面建筑众多、地下管线混杂等区域中较短距离的隧道施工,这些区域显然不允许明挖法施工,相对于浅埋暗挖法,顶管法施工具有效率高、质量好的优势。而使用盾构法,造价相对过高,因此,使用顶管法更加明智。在需要穿越既有构筑物或河流时也可使用顶管法,例如,苏州城北路综合管廊穿越地铁隧道时采用了顶管法施工(图5-121)。

图5-121 苏州城北路综合管廊穿越地铁隧道模型图

顶管法施工中,管道壁与土体之间存在摩擦力,并且在综合管廊建设中,管节断面普遍较大,顶进长度较长,这就导致需要很大的顶力,因此,对后座、背墙及背后土体有较高要求。顶管法施工的关键技术是方向控制、合理的顶力、维持工具管开挖面正面土体的稳定性和承压壁后靠结构及土体的稳定性。

(1)顶管法的优点

①不需开槽路面,施工面由线变点,占地面积少,可减少破路费用。

②施工面移入地下,地面活动不受施工影响,减少了对交通的干扰。穿越铁路、公路、河流、建筑物等障碍物时可减少沿线的拆迁工作量,不影响正常通航,一般也不需修建围堰和进行水下作业。

③顶进速度快,施工周期短,综合成本低,在覆土深度大的情况下比开槽施工经济。

④施工中噪声影响小,不影响环境,不破坏现有的管线和构筑物。

⑤可用于承载力较小但有一定承载力的土层中,不必先进行地基处理。

(2)顶管法的不足

①如果管线为曲线,施工难度大,尤其是小半径曲线,在顶进过程中容易出现偏差,偏差发生后几乎不能纠正。

②距离过长的顶管工程普遍存在不均匀沉降的问题。

③推进过程中如果遇到障碍物则处理起来非常困难。

④在覆土浅的条件下显得很不经济。

(3)顶管法的适用条件

①适用于非岩性土层,在岩石层、含水层中施工难度大时。

②管廊穿越铁路、公路、河流或建筑物时。

③街道狭窄、两侧建筑物多时。

④在交通繁忙的市区街道施工,管道既不能改线也不能断绝交通时。

⑤现场条件复杂,与地面工程交叉作业,相互干扰,易发生危险时。

⑥管廊覆土较深,开槽土方量大时。

5.6.2　分类

顶管技术分类有多种方式,根据顶进的管节口径的大小,可分为:①大口径,管径不小于2000mm,人可以在其中直立行走;②中口径,管径为1200~2000mm,人在其中需弯腰行走,大多数顶管为此类;③小口径,管径为500~1200mm,人只能在其中爬行,有时甚至爬行都比较困难;④微型顶管,管径通常不大于500mm,最小的只有75mm。根据一次顶进长度(顶进工作坑和接收工作坑之间的距离),可分为普通距离顶管、长距离顶管、长大距离顶管。根据顶管材料,可分为钢筋混凝土顶管、钢管顶管、玻璃管顶管、其他管材顶管。根据顶进管轨迹的曲直,可分为直线顶管、曲线顶管。根据顶管机的类型,可分为手掘式人工顶管(图5-122、图5-123)、挤压顶管(图5-124)、水射流顶管、机械顶管(图5-125~图5-127)。

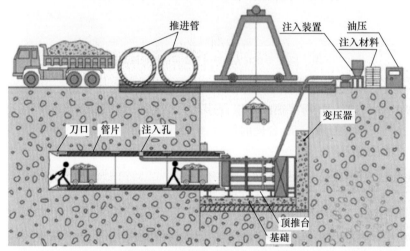

图 5-122　手掘式顶管施工示意图

图 5-123　手掘式顶管施工现场图

5.6.3　施工工艺

顶管施工工艺流程如图5-128所示。

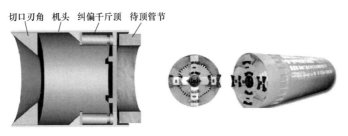

切口刃角　机头　纠偏千斤顶　待顶管节

挤压式机头

图 5-124　挤压式顶管机

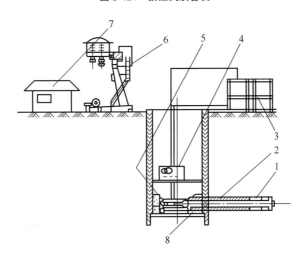

图 5-125　泥水平衡顶管系统

1-掘进机；2-进排泥管路；3-泥水处理装置；4-主顶油泵；5-激光经纬仪；6-行车；7-配电间；8-洞口止水圈

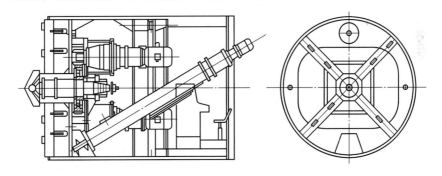

图 5-126　单刀盘土压平衡顶管机

1）工作井和接收井

工作井（图 5-129）是安放所有顶进设备的场所，也是顶管掘进机的始发场所，接收井是接收顶管机的场所。顶管施工前必须首先在顶管线路上按设计高程修建工作井和接收井。工作井和接收井的建筑方法有钢筋混凝土沉井、地下连续墙和钢板桩等方法。根据现场具体情况工作井和接收井可修建为方形、圆形、腰鼓形等。工作井沿顶管路线前进方向须设置预留洞口、反向加垫后靠背，圆形井壁或钢板桩井施工一般须在井壁和后靠背之间加设后背墙。

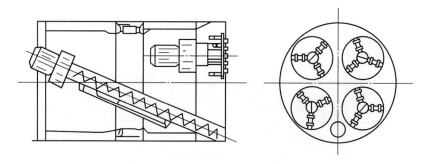

图 5-127　多刀盘土压平衡顶管机

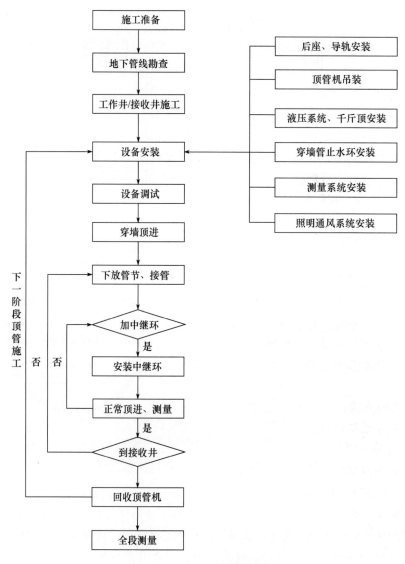

图 5-128　顶管施工工艺流程图

在顶管出洞前需要采取不同的技术措施,确保出洞安全。工作井施工时在软眼处浇筑一定强度并能抵抗洞口外水土压力的封堵墙体,顶管机在进入出口器后直接切割封堵墙出洞;在工作井软眼处安装钢封门,同时对洞口外的土体进行加固并降低洞口外的地下水位,确保在洞口打开后其外加固土体稳定;对无地下水地区顶管的出洞,采取在洞口外打钢板桩等措施来抵抗洞口打开后的土压力,待洞口打开顶管机进出口器后,拔出钢板桩继续顶进直到完成出洞。初始顶进是指从破洞一直到第三节混凝土管全部推进土中的全过程,在顶管施工中,初始顶进是一个至关重要的阶段,它的成败将决定整个顶管过程的成败。

5)正常顶进

在管节正常顶进过程中(图 5-134),应通过控制顶进速度及出土量等使土仓的压力与机头的正面水土压力保持动态平衡。当土质发生变化时,应根据土质的变化情况对顶管机的相关参数等进行相应调整。

(1)中继环布置

中继环(图 5-135、图 5-136)是一根管节顶入一定深度后,在其内安装千斤顶和顶铁的一种装置。随着中继接力技术发展成熟,管道的顶进长度不再受承压壁后靠土体极限反推力大小的限制,只要增加中继环的数量,就可增加管道顶进的长度。

图 5-134　管节顶进

图 5-135　中继环

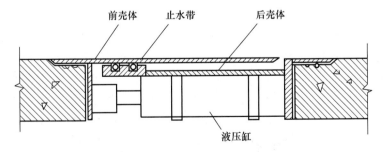

图 5-136　中继环构造示意图

中继环(图 5-137)应符合下列要求:具有足够刚度、卸装方便,在使用中具有良好的连接性和密封性;中继环的设计最大顶力不宜超过管子承压面抗压强度的 70%;中继环应在主顶设备顶力达到中继环设计顶力的 3/4 前使用;中继环的液压设备与工作井顶进设备宜集中控制。

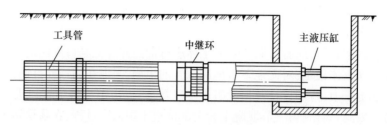

图5-137　中继环布置示意图

（2）纠偏控制

当高程或中线超出标准值2cm以上时，根据监视器内的光点位置变化趋势进行纠偏，必须有一个提前量；纠偏遵循"先纠高程，后纠中线，小角度连续纠偏"的原则，纠偏液压缸的伸出量一次不得太大（以不超过2cm为宜）；顶进过程中，操作人员应随时监测监视器各项数据的变化，并及时记录，在分析记录数据的基础上进行纠偏。

（3）注浆工艺

进行同步注浆，首先要装压力表，控制好注浆压力。在每节管节开始顶进时打开机尾球阀之前，先确定机尾的泥浆压力表是否已建立起压力，以确保浆液通达。只有当沿线所有管节上的补浆球阀全部关闭，而机尾的同步压出球阀开启时，才能保证机尾处定点定量地同步压浆（图5-138）。

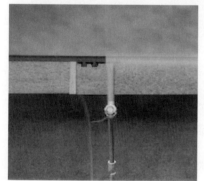

图5-138　同步注浆

沿线补浆的目的是对管外壁泥浆渗透到土层中造成的泥浆套缺损进行修补。具体操作是在运动中逐一开启球阀，压出一些浆后立即关闭。沿线补浆一般是2~3节管节设置一个断面。并与同步压浆区分开，分别计量。管节刚进入洞口时如果没填充浆液，土体就会立即塌落而裹住管节。洞口是泥浆套的破坏源，在洞口要进行专门针对性的不断填充。一般是在洞口止水圈内安装专门的球阀，并且另行计量。洞口地面是否塌陷是判断洞口注浆质量的标准之一。

6）顶管接收

由于顶管机进洞姿态控制有一定难度，在接收井一般不采用洞口止水装置。对接收井洞口一般采用地基加固措施，并用扇形板将首管与接收井预埋钢法兰焊接。顶管机进入接收井时，坑内应按照设计高程安放引导轨。在顶管机进洞前复核顶管机的位置和姿态，保证顶管机以标准姿态进洞，准确就位在顶管机接受基座上。一般在顶管机距离接收井30m左右时，需做一次定向测量。根据顶管机姿态在接收井内放置接收架并固定，接收架高程比顶管机高程略低，并适当设置纵向坡度。基座位置与高程应与顶管机靠近洞门时的姿态相吻合，以防机头磕头。为防止顶管机进洞时由于正面压力突降造成前几节管节松脱，应将顶管机至前五节管节全部连接牢固，以防磕头。顶管机在靠近洞口时，应降低正面土压力的设定值，同时控制顶进速度与出泥量的平衡。如果是砖封门，进洞时可用顶管机直接把砖封门挤掉或用刀盘慢慢把砖封门切削掉。洞门拆除后，顶管机以最快速度切入洞口，当顶管机切口伸出洞口后，再安装一道环形钢板临时封堵。当顶管机通过穿墙洞后，再安装一道环形钢板，并与进洞的钢管节牢固焊接,同时通过管道内注浆孔向外压注水泥浆,填充穿墙洞处空隙。

7)顶管机起吊和转移

顶管机到达接收井后,解除机头与管道的连接(图5-139)。通过提前安装好的起吊设备把机头吊到地面,并用专用运输车运到工作井区进行顶管机的维修和保养。

图5-139　顶管机出洞

5.6.4　工程案例

【工程案例5-13】　包头地下综合管廊

1)工程概况

包头地下综合管廊工程位于210国道以西,建华路以东,110国道以南及哈屯高勒路以北(图5-140)。顶管顶进长度为85.35m,覆土深度6.2m,位于③层砾砂土中,采用矩形顶管工艺实施,最大顶力为23080kN。矩形管廊内截面尺寸为6000mm×3300mm,外截面尺寸为7000mm×4300mm,每节长1.5m,壁厚500mm,共57节。

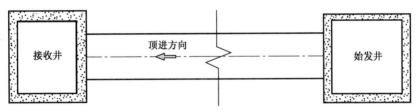

图5-140　平面示意图

2)地质及水文情况

矩形顶管管廊隧道所处的地层从上到下分别为:第①单元层以填土为主,含少量砾砂、碎石块,平均层厚0.997m;第②单元层粉砂为稍密状态,砂质一般,该层分布连续,发育稳定,平均层厚2.307m;第③单元层砾砂颗粒不均匀,含有圆砾、角砾岩,分布连续,发育稳定,平均层厚7.385m;第④单元层粉砂呈中密状态,砂质一般,颗粒不均匀,该层分布连续,发育稳定,平均层厚4.307m,如图5-141所示。

3)工程特点

(1)本工程中双舱矩形管廊顶推技术在国内首次应用于砾砂层,顶进施工如何能顺利进行,工程的进度、质量如何保证,是本工程的重难点之一。

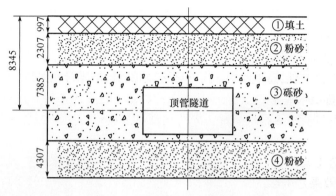

图 5-141 地层分布图(尺寸单位:mm)

（2）矩形顶管管廊埋深为 5.4m,地层成拱效应差,穿越土层为有大量孤石、漂石的砾砂层,具有土层空隙大、渗透系数高的特点。在该类地层中顶进施工时,容易对四周地层造成较大的扰动,导致顶进速度缓慢、影响顶进效率,而且使刀盘磨损更加严重,同时片石之间的夹杂砂土层黏聚力小、自稳性差、易造成螺旋机排土不顺畅,导致大面积土体下陷。然而,在该种地层条件下,矩形顶管机施工参数的选择还没有可以参考的经验。

（3）矩形顶管隧道下穿的建设路属于城市主干道,车流量大,施工风险极大,对地表沉降变形控制要求高。

4）管廊矩形顶管施工技术

（1）矩形顶管机设计参数

本工程采用大、小刀盘组合设计的矩形顶管机,由中心 1 个大刀盘和四角 4 个小刀盘组成,大、小刀盘前后错开可使切削面积达 90% 以上。其外形尺寸为 4850mm × 7020mm × 4320mm,如图 5-142 所示。刀盘的破碎刀具有破碎功能,可以把大粒径石头破碎为粒径在 20cm 以内的小石头。为保证只有粒径在 20cm 以内的石头可以进入土仓内,刀盘前后间距控制在 20cm。在顶管机四周刃口设有铲齿,可以有效铲碎前方的砂石。螺旋输送机叶片的直径为 670mm、螺距为 454mm,确保能排出粒径 250mm 的卵石。

图 5-142 矩形顶管机刀盘布置图

（2）进洞施工

采用高压旋喷桩将进出洞位置4.5m范围内的土体改良并进行加固,以确保矩形顶管机能够安全进洞。同时,放慢顶管机进洞时的顶进速度,保证刀盘和周边刀能对水泥土进行有效切削;加固区水泥土比较硬,造成螺旋输送机开挖过程困难,此时,通过加水来软化和润滑土体。当加固区基本排出水泥土、全断面原状土从螺旋输送机内出来后,适当提高顶进速度,防止顶管机出现"磕头"现象,从而减少对土体的扰动以及避免会发生的地面沉降,使正面土压力略大于理论值。

（3）土仓砾砂渣土改良技术

土仓渣土改良效果是矩形顶管机能否顺利顶进的重要条件。矩形顶管机穿过的土层为砾砂层,该土层有自稳时间短、刀盘上方小范围土体极易形成黏聚力小、成拱效应差、易塌方、流塑性差、出土困难、土仓压力波动敏感、土仓与工作面土压的动态平衡控制困难等特征。为了建立开挖面土压平衡,必须对土仓内渣土进行改良,使其具有良好的塑性、流动性、抗渗性、高压缩性和低摩擦性。为此,在顶进过程中对土仓内的渣土进行改良,由黄黏土、膨润土、CMC外加剂、水配备改良的浆液材料,配合比根据在顶推过程中测试到的摩阻力进行动态调整。

（4）减摩泥浆套技术

高效可靠减摩泥浆套的形成与否直接决定着矩形顶管长距离顶进的成败。为此,在顶进过程中,在矩形管节与地层之间注入减摩泥浆材料,一方面,可以减少管节与土体之间的摩擦力,降低对周围地层的扰动;另一方面,泥浆材料可以填充管节与地层中的空隙,起到填充支撑作用,减少地层损失。考虑到砾砂地层注浆时扩散效果好的特点,注浆量取理论值的5~8倍,具体注浆量需要根据土质情况、顶进状况、地表隆沉监测数据进行及时调整。

（5）严格控制开挖量与出土量平衡

顶进过程中,应严格控制出土量,出土量要与开挖量保持一致,当出土量大于开挖量时,土仓内欠压,将引发地表沉降;当出土量小于开挖量时,土仓内过压,将引发地表隆起变形,适当的隆起变形对于矩形顶管隧道后期沉降的控制是有益的。出土量与开挖量一致的关键是,使顶进速度与螺旋输送机转速相匹配。

（6）控制顶进速度

顶进过程中,应控制好顶管机顶进速度,保证施工的连续性与均衡性,避免因长期停机或待机而造成前方土体塌陷或隆起。初期顶进速度一般控制在5~10mm/min,在顶管机离开工作井加固区,到达原状土层后,顶进速度及地表现场监测数据正常时,顶进速度可控制在10~15mm/min。

（7）顶管结束浆液置换

矩形顶管机进洞后,要做好洞口的封堵工作,将洞门与管节间的间隙闭合后,选用双液浆进行首尾3环的填充注浆。管节施工完毕后,将水泥浆液注入注浆孔管道外壁置换减摩泥浆,注浆压力由水土压力确定,将通道外土体加固,降低管廊运营阶段产生不均匀沉降的可能性。

【工程案例5-14】 北京新机场永兴河北路综合管廊

1）工程概况

本工程综合管廊（K0+414.300~K0+542.700）下穿大广高速公路（图5-143）,采用矩形顶管工法施工（采用矩形顶管机对矩形断面土进行全断面切削,保持土压平衡,并采用千斤顶对管节进行顶推,边切削边顶推)。根据管廊设计断面尺寸,采用双孔顶管布置,两台顶管设备外尺寸分别为9.1m×5.5m和7m×5m,双孔净距1m,顶进长度128.4m,从东往西上坡顶进,坡度0.2%,顶管长度实为129m。先顶进9.1m×5.5m管节,贯通后再顶进7m×5m管节。管廊工程概况见表5-10。

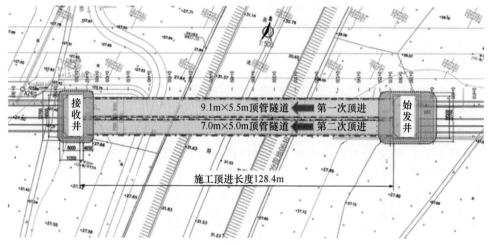

图5-143 顶管综合管廊平面图

北京新机场永兴河北路综合管廊概况 表5-10

序号	项　目	内　容
1	管廊长度	总长1.67km(0+020～1+669)
2	结构分舱	电力舱、水信舱、燃气舱、水舱(共4舱)
3	顶管段管廊结构尺寸	9.1m×5.5m管节净尺寸8m×4.1m(燃气舱和水舱)、7m×5m管节净尺寸6m×3.8m(电力舱和水信舱)
4	下穿大广高速顶管长度	128.4m(K0+414.300～K0+542.700)
5	工作井桩号	接收井(K0+403.7～K0+414.3)、始发井(K0+542.7～K0+557.3)
6	管廊顶管混凝土	强度等级C50,抗渗等级P8

2)顶管管节

顶管结构全部采用预制矩形钢筋混凝土管节,管节混凝土强度为C50,抗渗等级为P8,管节接口采用"F"型承插。管节设计概况见表511,断面图如图5-144所示。

管节设计概况表 表5-11

序号	项　目	第一次顶进	第二次顶进
1	管节尺寸	9.1m×5.5m×1.5m	7m×5m×1.5m
2	内径尺寸	8m×4.1m	6m×3.8m
3	顶板、底板厚	700	600
4	侧壁厚度	550	500
5	单片重量	63.4t	44.8t

续上表

序号	项 目		第一次顶进	第二次顶进
6		管节数量	86 片	86 片
7	预埋件	DN25 钢管压浆孔	每个管节 12 只	每个管节 10 只
8		DN12.7 防水压浆孔	每个管节 12 只	每个管节 10 只
9		φ120mm 钢管,壁厚 8mm	每个管节 8 只	每个管节 8 只
10		2 寸(1 寸=0.033m)钢管压泥孔	每个管节 12 只	每个管节 10 只

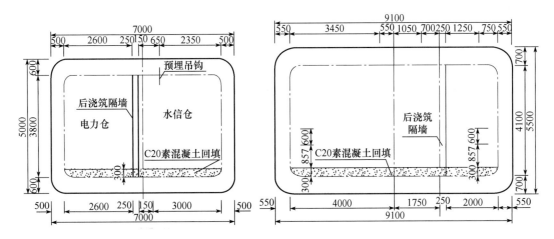

图 5-144 顶管综合管廊断面图(尺寸单位:mm)

3)顶管始发

(1)洞门护坡桩凿除

在顶管机始发或抵达前,需破除预留洞门范围内钻孔灌注围护桩背土面钢筋,至迎土面钢筋外露为止。在顶管机正式始发或抵达时再将剩余钢筋割除,清理始发井内破除洞门所产生的混凝土渣及杂物并检查确认洞门范围内无剩余钢筋。

(2)洞口止水措施

洞圈与管节间存在着20cm的周边空隙,在顶管始发及正常顶进过程中极易出现外部土体及触变泥浆涌入始发井内的严重质量安全事故。为防止此类事故发生,施工前在洞圈上安装帘布橡胶板密封洞圈,橡胶板采用20mm厚钢压板压紧固定,压板的螺栓孔采用腰子孔形式,以便顶进过程中可随管节位置的变动而随时调节,保证帘布橡胶板的密封性能。为方便操作人员下井工作,在始发井内安装了一个钢扶梯,上铺走道板。同样在接收井内也要安装钢扶梯和走道板,方便作业人员上下井。

(3)顶进设备安装、后靠背做法

始发井内配套组装顺序(图5-145~图5-150):导轨→后靠钢盒→液压缸架→主顶液压缸→顶环→过渡顶铁。顶管机吊装顺序:后配套吊装→主机吊装→液压系统吊装→其他配套系统吊装。主机组装顺序:前壳体1→动力系统→前壳体2→中后壳体1→中后壳体2→刀盘安装→螺旋输送机安装→后配套与主机连接。

图 5-145　矩形顶管导轨

图 5-146　后靠钢盒及主顶设备

图 5-147　顶管前段下井

图 5-148　顶管大小刀盘安装

图 5-149　顶管顶铁下井

图 5-150　顶管后段下井

4）管节吊装

管节吊装由 300t 履带式起重机将管节从堆放区直接吊装,利用管节侧身偏心吊装孔将管节由平放吊装成直立状态,再下放至始发井内进行安装(图 5-151)。

图 5-151　管节吊装下井

5）顶管顶进

（1）顶进速度

初始阶段不宜过快，一般控制在 5~10mm/min，正常施工阶段可控制在 10~20mm/min。

（2）土压力设定

本工程采用土压平衡式顶管机，利用压力舱内的土压力来平衡开挖面的土体，达到对顶管正前方开挖面土体支护的目的，并控制好地面沉降。因此平衡土压力的设定是顶进施工的关键。土压平衡式顶管机土压力值设定的上限为：

$$P_{上} = P_1 + P + P_3 \tag{5-1}$$

土压力值设定的下限为：

$$P_{下} = P_1 + P_a + P_3 \tag{5-2}$$

式中：$P_{上}$——顶管机土压力值设定的上限值（kN/m^2）；

　　　$P_{下}$——顶管机土压力值设定的下限值（kN/m^2）；

　　　P_1——地下水压力（kN/m^2）；

　　　P——静止土压力（kN/m^2）；

　　　P_a——主动土压力（kN/m^2）；

　　　P_3——预备压力，土压平衡顶管取 10~20kN/m^2，此处根据施工经验取 20kN/m^2。

（3）出土量及渣土运输

严格控制出土量，防止超挖或欠挖，9.1m×5.5m 管片一节管节的出土量为 75.51m^3，考虑加入土体改良剂因素及松方系数，实际一节管节出土量为 80~85m^3。7m×5m 管片一节管节的出土量为 52.86m^3，考虑加入土体改良剂因素及松方系数，实际一节管节出土量为 55.5~59.2m^3。出土采用吊斗吊送至地面的集土坑内。在顶进过程中，应尽量精确统计出每节的出土量，使之与理论出土量保持一致，确保正面土体的相对稳定，减少地面沉降量。

顶管工程中，螺旋出土量与顶管机头刀盘削土量应一致，如果出土量大于顶进削土量，可能产生地面沉降，如果出土量小于顶进削土量，则可能出现地面隆起，造成管节周围的土体扰动。因此需控制出土量与顶进削土量相一致，减小对管节周围土体的影响，才能保证地面不受影响。而要使出土量与削土量一致，则要严格控制土体切削的尺度，防止超量出土。

出土运输采用厂家特制外形尺寸为3.72m×2.1m的斗车，小车导轨尺寸为1.7m×1.5m的15号轻轨，15kg/m。

（4）管节触变泥浆减阻措施

在顶管管节吊装下井前，对预制管节外壁四周涂蜡、烤烘处理，对管节外侧混凝土表面孔隙进行填充，使其起到一定的隔离作用，利于减少管节与泥浆、土体间的摩阻力。为减少土体与管壁间的摩阻力，提高工程质量和施工进度，在顶管顶进的同时，向管道外壁压注一定量的润滑泥浆，变固固摩擦为固液摩擦，以达到减小总顶力的效果（图5-152）。并制定合理的压浆工艺，严格按压浆操作规程进行。为使顶进时形成的建筑间隙及时用润滑泥浆所填补，形成泥浆套，达到减少摩阻力及地面沉降的目的，压浆时必须坚持"先压后顶，随顶随压，及时补浆"的原则。现场设置泥浆储备池，最大储备量按照顶进9.1m×5.5m管节时计算。9.1m×5.5m管节顶进速度为3节/d，则实际每天需要置备泥浆量0.876×3×4＝10.512m³。

图5-152　压注触变泥浆管路

（5）姿态测量控制

推进过程中，时刻注意机体姿态的变化，及时纠偏，纠偏过程中不能大起大落，尽量避免猛纠造成相邻两段形成很大的夹角，避免顶管机"蛇"行。管节安装完毕后，也应该测出相对位置、高程，并做好记录。

顶管在正常顶进施工中，必须时刻注意顶进轴线及高程控制。在每节管节顶进结束后，必须进行机头的姿态测量，并做到随偏随纠，且纠偏量不宜过大，以免土体出现较大扰动及管节间出现张角。

由于矩形顶管对管道的横向水平要求较高，因此在顶进过程中应密切关注机头的转角，机头一旦出现微小转角，应立即采取刀盘反转、加压铁等措施回纠。

顶进轴线偏差控制要求：高程±50mm；水平±50mm，当偏差超过2倍中误差时才可考虑纠偏，纠偏应从小角度缓慢过渡到大角度，纠偏过程应加强对地面沉降位移的监测。

在正常情况下，均由井内的激光经纬仪按设计顶进轴线打出激光束，射在顶管机中心的光靶上，顶进过程中可以从监视器内观察到轴线的偏差。施工时还要经常对测量控制点进行复测，以保证测量的精度。

（6）扭转控制

顶进过程中由于周围土质的变化、纠偏的影响及管内设备的不均匀性会导致推进时管道发生不同程度的扭转，直接影响到施工质量。因此主要采取以下措施：顶管机由多刀盘组成，且左右对称布置，对于轻微扭转可采取刀盘正、反转来进行抗扭转调节；顶进时，如因单侧地质差异情况引起的扭转，可通过调节左右螺旋出土器的出土量及进行轻微纠偏处理来调整；如顶管机扭转量较大时，可采用高压浓泥压注抬升法进行抗扭转处理，通过对单侧顶管机预留孔外压注高压浓泥可以将单侧机头抬升从而纠正扭转。顶进过程中，由于顶管机迎面阻力分布及管壁周围摩擦力不均，加上千斤顶作用力的偏心，顶管机在前进过程容易出现偏离或扭转，使其不能正常出土，导致顶进失败。因此，在顶管机中心胸板及后方两侧均设监测点，根据设备自身监测仪和倾斜仪上的数据决定是否需要扭转纠正及如何纠正。如果需纠正，每次纠正量不宜过大，以避免土体出现较大的扰动及管节出现张角。

6）顶管接收

接收井施工完成后，必须立即对洞门位置的坐标进行测量确认，根据实际高程安装顶管机接收基座，并在顶管机头进入接收井前准备破除接收井洞口的钻孔桩钢筋混凝土。当顶管机头逐渐靠近接收井时，应加强测量的频率和精度，减少轴线偏差，确保顶管机能准确接收。顶管贯通前的测量是复核顶管所处的方位、确认顶管状态、评估顶管接收时的姿态和拟定顶管接收的施工轴线及施工方案等的重要依据，以便顶管机始终按预定方案实施，以良好的姿态接收，正确无误地坐落到接收井的基座上。

在顶管机切口进入接收井洞口加固区域时，应适当减小顶进速度，调整出土量，逐渐减小机头正面土压力，以确保顶管机设备完好和洞口结构稳定。凿除洞门内的混凝土墙，迅速将顶管机头推进接收井，第一节管节离接收井内壁约45cm时停止推进，使用顶管机尾脱困液压缸将机头与管节脱开。用吊车将顶管机头逐段吊出接收井。接收井内预制40cm宽的钢筋混凝土作接收架的基础，接收架采用厚30mm钢板（3m×1m）和轨道（38kg/m）制作。

5.7 预切槽及移动支护施工方法

5.7.1 概述

预切槽法是一种独特的施工技术，是介于浅埋暗挖法和盾构法之间的一种方法，它和浅埋暗挖法配合可以形成复杂地质和地面环境下的新型隧道施工技术。采用此法可大大提高施工的机械化水平，保障人员安全，改善施工环境。由于切槽的阻隔作用，这种技术在近接施工的优越性也很明显。预切槽法的基本原理是沿修建拱圈拱腹的理论断面切割一条有限厚度的沟槽，同时向沟槽内灌注混凝土，以构成连续的超前预筑拱，减少开挖过程中的"减压"现象，减小地表及拱顶沉降，保证掌子面稳定。

预切槽技术最早出现于美国，于1950年一个大坝工程的隧道施工中得到应用，20世纪70

年代在法国预切槽技术得到了进一步发展。1974—1976 年间施工的巴黎 Fontenay-sous-Bois 隧道在穿越黏性土和页岩地层时采用了预切槽技术,相较另一条采用新奥法施工且地层基本相同的地铁隧道地表沉降减小约 70%。日本于 1981 年在成田机场 150m² 的隧道中首次采用预切槽技术,并于 1991 年在北陆公路的名立隧道做了试验研究。近年来日本采用预切槽法在坚硬岩体中开挖隧道的工艺得到了发展,开发了适合本国国情的超前支护施工技术,例如新型初砌支护法(New PLS 法)等。1991 年,日本采用曲线形链锯切槽机在现场进行了 New PLS 法施工试验。目前日本针对软土地层正在研制 S 形链锯切槽机,可使衬砌平整无搭接。

20 世纪 90 年代初,我国铁道建筑研究设计院以土质隧道为对象,对预切槽机及其施工工艺进行了研究,完成了预切槽机链锯式工作头及其试验机的设计和试制。2011 年以来,我国开始在预切槽机械设备、预切槽技术理论以及现场实践方面进行研究,取得了一些研究成果。

5.7.2　特点

(1)预切槽法的优点

①施工过程非常简单,可分为构筑预支护拱壳和工作面开挖两大步骤。由于采用了标准高效的大型开挖和出渣作业,可以大幅提高施工效率。

②可以有效控制地表沉降,并且可以保障施工人员的安全。

③预切槽法较盾构法更加经济灵活。预切槽机体积小,可以进行小曲线和多工作面同时作业,而且造价仅为盾构机的 1/4~1/3。

④预切槽法较矿山法机械化施工程度高,工程质量好。

⑤可以减少隧道的超挖和欠挖现象,消除轮廓偏差,施工质量易于控制。

⑥施工中避免了锚杆作业,适合安全通道、综合管廊等小断面隧道施工。

⑦工艺过程重复性高,工期短,造价低。

⑧可根据地质情况结合新奥法等方法灵活使用。

(2)预切槽法的不足

①对于断面特别小的隧道施工较为困难。

②若隧道周围土层的渗透系数大于 10^{-5} m/s,施工较为困难。

③预切槽法较盾构法推进速度慢。

(3)预切槽法适用条件

①特殊地质条件,例如各种老黄土、湿陷性黄土及中硬介质地层。

②地质条件变化较大的施工地段。

③土、砂等强度极低的场合。

④埋深较浅,且需严格控制地表沉降的场合。

⑤临近有重要建筑物的场合。

5.7.3　预切槽机

预切槽机主要由链式切槽刀具、切槽导轨、龙门架和走行机构四部分组成(图 5-153、图 5-154)。

刀具表面呈锯齿状。通常刀具采用双导轨,相互间锯齿咬合。链式刀具安装在导轨上,导轨的形状即断面的外轮廓形状。龙门架用来确保导轨的结构刚度和稳定性。此外,还包括两个相互独立的走行机构,分别布置在导轨的两端,主要用于支持龙门架。

图 5-153　预切槽机

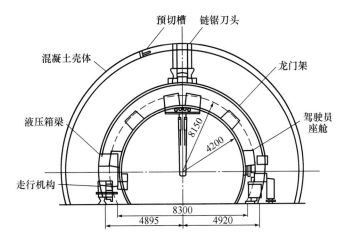

图 5-154　预切槽机断面示意图(尺寸单位:mm)

　　考虑道床施工的灵活性,两边的走行机构可以沿隧道纵断面移动,具体形式是整个预切槽机分步向前和向后移动;走行机构可以直接安装在轨道上面,这样移动是连续的。一般的走行机构是由一个箱形梁组成,安装在液压调节支架上面;龙门架底座反扣在走行机构的横梁上面,可以沿着横梁移动。另外一种方式是龙门架直接通过操作台安置在隧道底板上面,走行机构的横梁相对于龙门架移动。

　　为了适应不同的隧道断面和地层的需要,预切槽机设有调节和定位系统;在走行机构上设有一个龙门架的定位装置,使得刀头可以沿着特定的路线进行切割作业。由于走行机构和龙门架下设有足够的净空,可以保证凿岩台车和出渣车顺利通过。

　　从龙门架上伸出一悬臂钢拱架,上面设置了两根钢制导轨,驱动切割机的小齿轮和导轨上的齿轨啮合,引导切割机沿着导轨运作。整个预切槽机中,切割头是特制的,可以通过制作不同的切割头适应不同半径的隧道断面,一般的切割头由一个驱动马达、一个齿轮和一个安装有支撑和导向装置的链锯组成。

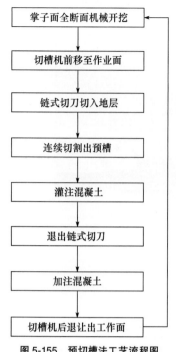

图 5-155　预切槽法工艺流程图

5.7.4　施工工艺

预切槽法工艺流程如图 5-155 所示,详细步骤如图 5-156~图 5-160 所示。

(1)在工作面开挖前,用特制的链式机械切刀沿断面周边连续切割出一条宽数十厘米、深数米的窄槽。为使预筑拱有一定的宽度,软岩中的切槽宽度一般比硬岩大,常用的切槽宽度为 7.5~30cm,切槽深度为 3~5m,在困难土体中需减少深度,每段切槽沿隧道的轮廓线呈喇叭状,以便两段预筑拱之间有一定的搭接长度,搭接长度通常为 0.5m 左右。

(2)在切槽的同时应用切刀一体化的混凝土灌注设备注入混凝土,以形成一个连续的、起预先支护作用的混凝土拱壳。一般情况下在预切槽内灌注混凝土 3~4h 后即可进行开挖,此时混凝土强度应达到 3~10MPa,必要时还需要加设拱架对预筑拱进行加固,然后在其支护下进行工作面的全断面机械开挖。隧道开挖后,可根据地质情况在开挖面后 10m 左右喷射混凝土施作封闭仰拱。预切槽法施工的二次衬砌一般在开挖面后 25m 左右施作,国外也有不施作二次衬砌的情况。

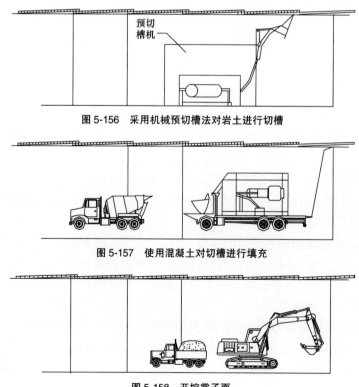

图 5-156　采用机械预切槽法对岩土进行切槽

图 5-157　使用混凝土对切槽进行填充

图 5-158　开挖掌子面

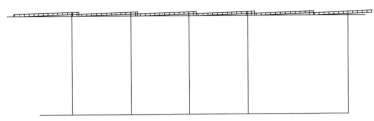

图 5-159　在预切槽和喷射混凝土下设置钢拱架

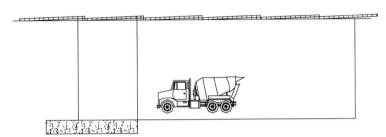

图 5-160　浇筑仰拱

5.7.5　移动支护隧道施工方法

1) 移动支护法开发背景

预切槽方法本身有缺陷：①边切槽边灌注混凝土施工困难，对设备的要求高且工效较低；②每环需要进行搭接，搭接长度约为 20%，而且每环的三角区填充会产生很大浪费；③采用素混凝土，强度不足。

锁扣管幕(图 5-161、图 5-162)是一种独特的地下空间建设方法，它利用较大直径的钢管在地下密排并相互咬合预先形成钢管帷幕，然后在此钢管帷幕的保护下进行开挖，是一种安全可靠的地下暗挖技术。锁扣管幕因钢管之间采用锁扣形成一块铁板而使支护强度大大提高。锁扣管幕中的钢管以相邻钢管的锁扣为轨道而向前掘进。同预切槽类似，在管幕拱壳的保护下能进行全断面机械化的隧道开挖。近年来，我国在隧道施工中对锁扣管幕的应用取得了一定的成果。

图 5-161　管幕锁扣连接三维图

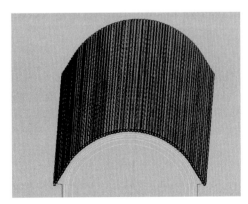

图 5-162　管幕成拱三维图

移动支护隧道施工方法,采用类似锁扣管幕的作业方式,在隧道拱部形成多个环向相互咬合的钢制箱体,从而在隧道拱部形成移动支护结构。该结构的尾部带有类似盾构机尾盾的护盾,开挖后的隧道支护在护盾的保护下进行。而且该移动支护结构可沿着隧道向前移动从而形成不断重复使用的隧道超前支护。

2)移动支护法施工原理

移动支护结构由多个箱体按照隧道外轮廓形状咬合拼接而成,箱体的尾部带有向后延伸的护盾。在咬合成环的箱体及其尾部护盾组成的移动支护结构的保护下可以安全快速地进行隧道开挖和衬砌。

在移动支护结构保护下的隧道施工主要包括场地准备、移动支护结构的拼装及施工设备安装调试、移动支护结构就位及设备定位、隧道开挖、预制件拼装或初期支护施工等工序。

移动支护结构(图5-163、图5-164)可实现滑动式隧道超前支护:隧道开挖、初期支护或二次衬砌均可在移动支护结构的保护下进行。在复杂地层情况下无须多环实施隧道超前支护施工,无须反复进行设备的拆卸与安装,减少了费用,提高了工效。在移动支护结构保护下的隧道施工方法具有安全性及通用性等优点。

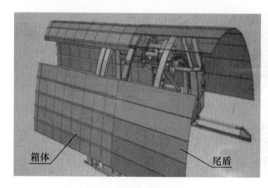

箱体　　　　　尾盾

图5-163　移动支护设备三维图

图5-164　移动支护设备内部三维图

3)移动支护法优点

(1)施工过程较为简单,可分为土体开挖、箱体掘进、衬砌或初期支护施工三大步骤。施工时只需单纯重复这三步,可大幅度缩短工期、降低造价、保证安全。

(2)掘进可采用螺旋出土箱体顶进方法,可以适应于各种软弱围岩地层。

(3)施工过程中引起的土体变形微小,对地层基本无扰动。在移动支护结构的保护下,保证了开挖的安全并能有效控制变形。

(4)与传统机械预切槽法不同,新方法不是采用在开挖线外切槽并灌注混凝土而是用一组钢制箱体在开挖线内掘进并成拱替代。避免了预切槽方法的不确定性,而且进一步提高了隧道施工的机械化程度。

4)施工步骤

移动支护法施工流程如图5-165所示。

(1)场地准备

根据工程特点,进行相应的场地准备工作。

（2）箱体组结构的拼装及施工设备

箱体组结构是根据隧道外轮廓形状、将多个箱体通过箱体间的咬合构件拼接而成的环状结构；每个箱体都是根据隧道形状而特制的，箱体外面板尾部向后延伸形成护盾；当多个箱体相互拼接形成箱体组结构后，其尾部的护盾形成护盾组结构。施工设备包括驱动箱体掘进设备、隧道掌子面开挖出土设备、预制件拼装设备。

（3）移动支护结构就位及设备定位

移动支护结构就位包括箱体组结构在掌子面就位及隧道循环施工就位。隧道循环施工就位，是指箱体组结构在掌子面就位后，箱体组结构沿隧道轴线向前掘进到达预定位置，为后续隧道开挖、箱体掘进、预制件拼装或初期支护施工的循环施工做准备。

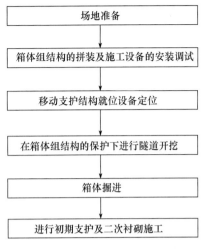

图 5-165　移动支护法施工流程图

（4）在箱体组结构的保护下进行隧道开挖

将上一步骤中箱体结构内部掌子面的土体开挖 1.5m 左右，每次开挖深度要小于箱体及护盾长度。根据隧道围岩地质情况，合理保留部分掌子面超前核心土。

（5）箱体掘进

驱动单个箱体沿隧道轴向掘进，在掘进同时通过掘进钻具将土体收集排出，到达预定深度后进行下一箱体掘进，相邻箱体通过咬合构件进行咬合，并利用咬合构件作为互为滑动的轨道；如此依次将相互咬合拼接形成隧道支护外轮廓形状的所有箱体推到预定深度；全部箱体推入土体后，相互咬合拼接的箱体和护盾形成的箱体组结构和护盾组结构将承担来自土体的压力，起到隧道临时支护作用。

（6）进行初期支护及二次衬砌施工

在箱体组结构和护盾组结构保护下进行预制件拼装或初期支护施工。在护盾组结构和箱体组结构的保护下利用预制件拼装设备将预制件安装成环，形成隧道衬砌；也可以不采用预制件拼装方式而用型钢拱架或格栅钢架现场架设，先形成隧道初期支护然后进行二次衬砌施工。

5.7.6　工程案例

【工程案例 5-15】　日本名立隧道

1）工程概况

1991 年 11—12 月，日本在北陆公路（Ⅱ期线）上的名立隧道米原端洞口附近 20m 地段进行了新预切槽支护（Pre-Lining Support，PLS）法施工试验，与采用新奥法施工的剩余段进行对比。新 PLS 法对 1981 年采用的 PLS 法进行了大幅度改进，主要特点是：改用稍为弯曲的双链式切削头，切槽后立即灌注混凝土以代替喷射混凝土，而后进行全断面开挖。

2）地质情况

名立隧道所处地带属于新第三纪鲜新世，大致可分为谷浜层与名立层，且大部分属于名立层。组成名立层的主要是粉砂岩与砂岩交错层，其间含有砂岩与砾岩，若粉砂岩所占比例较大则比较稳定,若砂岩较多则其固结度较低、渗透系数较大。

名立隧道试验段位于洞口附近,地形陡峻,地表为山麓堆积物覆盖,试验段处覆盖层厚17～30m,地质为粉砂质泥岩、砂岩互层,部分破碎裂隙严重,坚硬的粉砂质泥岩的岩石质量指标(Rock Quality Designation,RQD)为60%～80%,单轴抗压强度50～70kgf/cm²(1kgf/cm² = 0.98MPa)。

3)试验设计

新奥法施工段采用上半断面短台阶开挖法施工,支护设计为厚15cm的喷射混凝土、H-125型钢支撑。新PLS法试验段采用预先切槽灌注32cm厚的混凝土后再全断面开挖,即用32cm的新PLS法切槽灌注混凝土代替了新奥法施工时用的15cm喷射混凝土及H-125型钢支撑。为了保障安全采用长4m的锚杆以环向间距1.2m、纵向间距1.0m设置。切槽灌注混凝土每环施工长度为2.0m,切削头掘进与灌注长度为2.8m,超前支护长度为0.8m(图5-166、图5-167)。因此,20m试验段准备施工10环切槽混凝土。

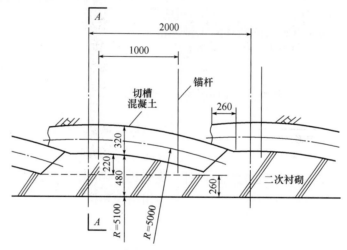

图5-166 预切槽衬砌搭接断面示意面(尺寸单位:mm)

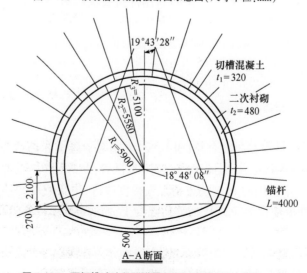

图5-167 预切槽试验段隧道横断面示意图(尺寸单位:mm)

新 PSL 法具有以下特点：

（1）新 PSL 法可在环形连续切槽的同时灌注混凝土，故可保持围岩的三轴应力状态形成超前支护，而使大断面开挖时的围岩松弛降到最低限度。

（2）灌注的混凝土早期强度大于 $30kgf/cm^2$，壳体刚度大，灌注后 4h 即可进行全断面开挖。

（3）由可弯双链式切削头切削时，会切除部分原超前支护的端部混凝土，所以隧道的纵向混凝土是连续的。

（4）厚 32cm 的切槽灌注混凝土刚度较高，支护效果好，故可代替喷射混凝土与钢拱支撑。

4）施工工艺

名立隧道预切槽试验段施工流程如图 5-168 所示。

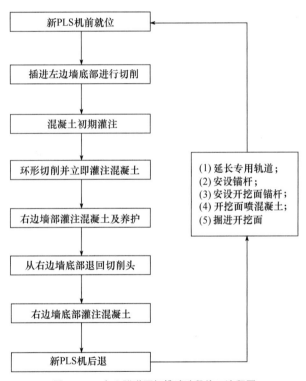

图 5-168　名立隧道预切槽试验段施工流程图

（1）准备工作

先将新奥法施工段的上部短台阶扩挖成全断面，然后把新 PLS 机在洞外分为五部分运入洞内组装后进行新 PLS 法施工试验。

（2）施工顺序

首先将长 2m 的专用轨道延伸到开挖面前，接着用设置在开挖面后的自动追尾式光波测距仪测定出新型 PLS 机的位置，并将机体推到所定位置放好。同时，要将混凝土泵及速硬性材料泵等后续设备用 4t 的载货汽车装好，运载到离新 PLS 机后 10m 左右的地方。另外，还要将开挖切口时堆积在开挖面附近的砂土用小型反铲挖土机铲走。

（3）切槽混凝土

所用的混凝土性能要求与喷射混凝土的性能相同,还要求具有如下性能:①切口内的充填性(坍落度为18cm左右);②侧边的混凝土要有自立性(防止充填时的流浆和泄漏);③要具有一定的早期强度(为了缩短施工时间,目标强度为30kgf/cm^2)。混凝土配合比见表5-12。

混 凝 土 配 合 比

表5-12

骨料最大尺寸(mm)	坍落度范围(cm)	空气量范围(%)	水灰比W/C(%)	细集料S/a(%)	单位用量(kg/m^3)				
					水 W	水泥 C	细集料 S	粗集料 G	减水剂 EA
10	12±2.5	4±1	44.8	60	179	400	1043	692	1.0
水/速凝剂W/KD-AX	每立方米底脚混凝土的添加剂(kg)								
	水 W		速凝剂 KD-AX			固化调整剂 KD-DX			
50%	40		60			0.480			

（4）挖掘

切槽内混凝土硬化后,由双链挖土器进行2m的切口开挖,由履带式挖土机和自卸汽车进行出渣。之后,要考虑全断面开挖的稳定性问题,进行开挖面的喷浆与打锚杆(纤维质锚杆,长度4m),接着打周边的岩石锚杆,延伸专用轨道。

（5）监测

监测分坑道外与坑道内两部分,坑外监测利用水平与垂直钻孔监测土体中的变位情况,坑内监测主要按监测要求进行,监测位置在STA115+10m处。

5）试验段施工效果

新PLS法试验段施工总计19d,共施工10环切槽混凝土,从第4环起每环施工1.5d。每环切槽混凝土设计用量为16.6m^3,实际使用量要增加20%。平均每环切槽混凝土的作业时间,除去准备及收尾时间外,约为10h。每环切槽开挖周长22m,切割速度平均为8.4cm/min,可在4~5h完成一切槽混凝土。

以2车道全断面开挖为对象的新型PLS施工方法通过在名立隧道的试验性使用,证明可进入实用性阶段。

5.8 开挖支护一体化施工方法

5.8.1 概述

目前,明挖法依然是城市综合管廊施工的主要方式,包括放坡法施工和钢板桩围护结构施工法,如图5-169所示。放坡法施工主要用于周边环境简单(起伏小)、地下水位较低、开挖深度不大、土质较好的情况,但该法施工占地面积大,不适合城市中心区域或交通繁忙条件下施工;钢板桩围护结构施工法无须占用大面积地表,但须沿管廊基坑两侧预先施作钢板桩、水泥桩等围护结构,施工成本高,钢板桩在拔出时可能造成土体位移,有可能影响两侧建筑、道路结构安全,且在含有坚硬卵石等复合地质下钢板桩难以插入。

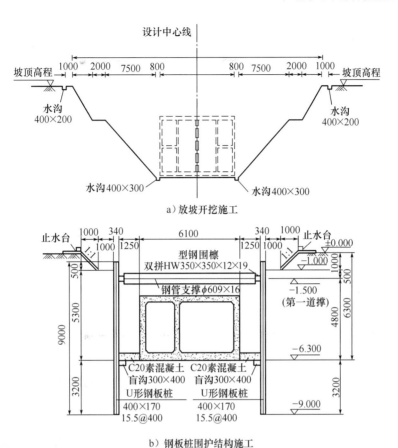

a）放坡开挖施工

b）钢板桩围护结构施工

图 5-169　综合管廊典型明挖施工断面图（尺寸单位：mm；高程单位：m）

开挖支护一体机（图 5-170）较好地解决了上述问题，主要思路：采用活动盖板在设备横穿道路时可作为临时通道允许车辆、行人通过，此时地下主机可同步实施基坑开挖支护作业，设备后部已拼装管节还可采用固化土材料同步回填，快速恢复路面。

图 5-170　开挖支护一体机

5.8.2 设备组成

(1)插刀系统

布置在前盾侧壁上,由插板、顶进液压缸、导向结构组成。工作时,插板在顶进液压缸推动下向前伸出插入土体,起到超前支护或清理两侧残留覆土功能,插刀装置结构与工作原理如图5-171所示。插刀系统既可单独控制也可成组控制,根据地层自稳性可采用不同的工作模式:

①清渣挡土模式,适用于含水率小、自稳性较好的地层。这种地层在一定深度范围和开挖周期内开挖,边坡自稳性较好,无须超前支护。

②超前支护模式,适用于含水率大、自稳性较差的地层,这种地层插刀插入阻力较小。先由插刀插入前方土体一定深度(0.5~1m),建立超前侧向支护,然后再用铲斗开挖,铲斗开挖深度不超过插刀插入深度。

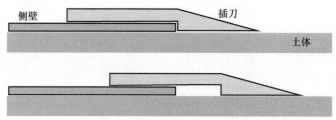

图5-171 插刀装置结构与工作原理

(2)开挖系统

开挖系统采用机械化装置开挖管廊基坑断面,并在开挖的同时实时支护基坑侧面墙体,避免塌方、失稳。开挖系统主要由挖掘机、升降平台、活动挡土板三部分组成(图5-172、图5-173)。设备上配置的挖掘机采用小型液压挖掘机,其固定安装在前盾内的升降平台上,开挖范围能够覆盖从地面至6m深基坑底部。通过调整升降平台高度,可确保挖掘机以最佳的作业高度开挖不同深度的掌子面土层。

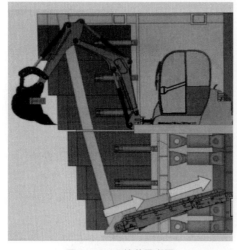

图5-172 开挖装置布置

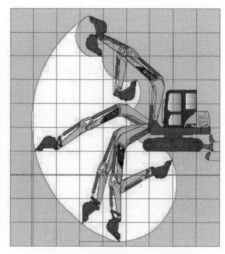

图5-173 通用挖掘机工作范围

（3）盾体与铰接系统

盖挖快速装配支护一体机须具备主动调节开挖姿态的功能，设计上采用铰接式盾体结构和配置主动铰接系统解决（图5-174）。设备做抬头姿态调节时，控制下部铰接液压缸伸出、上部铰接液压缸收回，可推动前盾相对尾盾向上转动最大3°；设备左右偏转时，可控制左、右两侧铰接液压缸伸缩距离调节左右（水平方向）转角。

（4）出渣系统

出渣系统是将挖掘装置开挖下来的渣土运输到地面，主要由水平转运部分和垂直提升部分组成（图5-175）。水平转运部分采用连续皮带输送机以15°～20°的大角度出渣，在皮带输送机尾端设置两个横向并排布置的接渣斗，可交替装渣实现连续垂直提升。渣斗提升区域的盾体内设置六根竖向导轨，保障渣斗提升过程中的安全性。渣斗提升可采用吊运箱涵的汽车起重机，不增加配置且可充分利用已有设备。

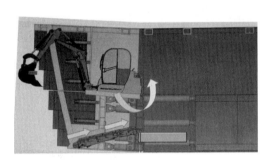

图5-174 盾体向上偏转

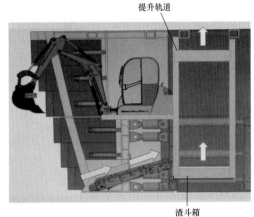

图5-175 出渣系统

（5）推进系统

推进系统推动整机在已开挖的管廊基坑内前移，主要由布置在下层的多组推进液压缸及其控制系统组成（图5-176）。推进液压缸分别布置在下层安装支架的上、下、左、右四个侧支架上，既可独立控制每根液压缸也可成组控制。

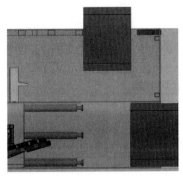

a）液压缸回收、管节下放

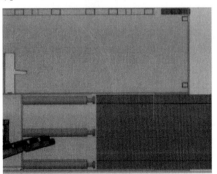

b）管节安装就位、液压缸撑紧复位

图5-176 推进系统布置及工作原理

（6）基底处理与回填系统

基底换填作业由人工实施，换填材料为按照一定配合比配置的砂石骨料，按照厚度200mm 左右进行分层压实，达到设计高程、表面平整度和密实度指标后，地面箱涵才能下放（图 5-177）。

图 5-177　箱涵下放、拼装

5.8.3　施工方法

以太原姚村项目工程为例进行说明。该工程处于山西转型综合改革示范区现代产业园区核心位置，建设内容包括管廊主体工程及管廊附属工程等。本项目以雨水箱涵作为雨水排出系统组成部分，采用新型明挖施工装备进行应用，基坑开挖总长度500m。箱涵基坑开挖深度5.44~7.11m（含 500mm 厚砂石垫层），涵顶覆土 2.2~3.2m；箱涵基础底换填 500mm 厚砂石垫层。雨水箱涵设计断面尺寸如图 5-178 所示。场地土主要由第四纪全新世粉土、粉质黏土和砂类土构成，地下水静止水位埋深介于 0.55~1.70m 之间。

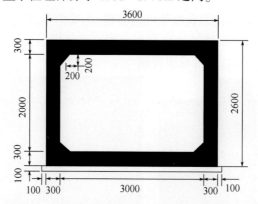

图 5-178　试验段雨水箱涵标准截面尺寸（尺寸单位：mm）

（1）钢板桩施工

围护结构采用40c 热轧普通工字钢，截面尺寸为 400mm×146mm，插入深度 12m，一丁一顺连接，工作井及工字钢具体连接方式如图 5-179、图 5-180 所示。

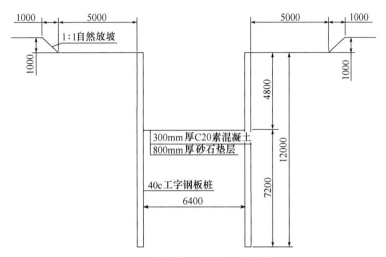

图 5-179　工作井剖面示意图(尺寸单位:mm)

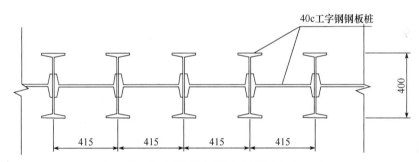

图 5-180　工字钢连接方式示意图(尺寸单位:mm)

(2)高压旋喷桩施工

本工程采用二管法高压旋喷法施工(图 5-181),一排 $\phi650mm@400mm$ 密插 40c 工字钢,三排 $\phi650mm@400mm$,咬合 250mm。旋喷桩采用 P.O42.5 普通硅酸盐水泥,水泥掺入量不小于 $450kg/m^3$,水灰比为 1.0 左右,水泥浆压力应大于 20MPa,喷射速度提升为 8~12cm/min。

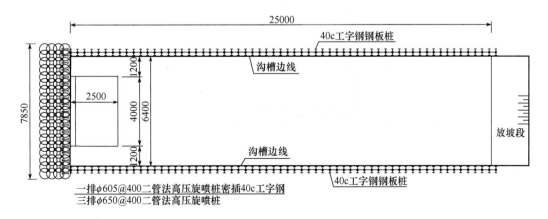

图 5-181　高压旋喷桩平面图(尺寸单位:mm)

（3）设备拼装、调试

盖挖快速装配支护一体机外形尺寸为17.78m×4.42m，质量约为210t，最大零部件质量为24.2t。根据盖挖快速装配支护一体机的主要设备尺寸大和质量大的特点，结合现场实际情况，通过分析和验算，选择合适的吊装设备和吊装方式（图5-182）。始发井盖挖快速装配支护一体机吊装采用100t汽车起重机。

图5-182　设备始发井内安装、调试

（4）始发步进

首先安装设备始发管片，管片通过汽车起重机下放至设备管片拼装区域，在推进液压缸推动下向设备后部反力墙方向移动；设备管片拼装区域距离反力墙端面距离约5.5m，而单块管片轴向长度为2m，需拼装多块管片才能形成完整的反力支撑段（图5-183）。

图5-183　盖挖快速装配支护一体机施工（始发步进）

（5）开挖掘进

由于地层稳定性差异巨大，为充分利用地面设备开挖功能，在保障安全的前提下，采用两种作业模式：地面+设备联合开挖模式和完全设备开挖模式（图 5-184、图 5-185）。在地面+设备联合开挖模式下，地面部分采用大方量挖掘机开挖浅层土，设备上采用通用小型挖掘机开挖。完全设备开挖模式下，所有开挖土方均通过设备出渣系统运出，综合施工效率受到一定限制。

图 5-184　地面—设备联合开挖模式　　　　　图 5-185　完全设备开挖模式

（6）出渣

上层土体主要由机载挖机或地面挖机开挖，开挖渣土直接堆放在管廊一侧或卸放到停在一侧的渣土车上。设备内的出渣系统（图 5-186）负责将挖掘装置开挖下来的渣土运输到地面，主要由水平转运部分和垂直提升部分组成，具体见第 5.8.2 节。

图 5-186　出渣

（7）地基处理和垫层施工

根据现场地层承载力确定是否需要进行地基处理和垫层施工（图 5-187），每当推进一个管节长度后，在设备尾部完成垫层施工。

（8）管节吊装与管节张拉

管节采用整体预制。管节张拉在管节吊装完毕后立刻进行，采用预应力钢绞线和张拉设备作业，张拉幅数不得超过 3 幅（图 5-188）。

图 5-187　基底垫层压实处理

图 5-188　管节张拉

（9）推进系统顶进

推进系统推动整机在已开挖的基坑内前移，在完成 2m 长度的管节开挖距离后，下放新的管节，推进液压缸伸出，顶推管节与后续已安装管节对接，并以新安装的管节作为反力支座，推动设备整体前移（图 5-189）。推进液压缸最大行程 2.6m，最大推力 6150kN，能够满足 2m 长箱涵拼装和整机推进力需求。

图 5-189　推进系统作业

（10）基坑回填及路面恢复

利用开挖渣土回填，倒运至已施工完成的管节上部，按要求分层对称回填并夯实后，根据设计恢复路面（图 5-190）。

（11）设备到达接收

盖挖快速装配支护一体机到达接收井后，根据吊车起吊吨位将设备解体分块、吊出（图 5-191）。

图 5-190　路面回填压实作业

图 5-191　设备完成施工吊出

第6章 城市地下综合管廊结构防水

6.1 概述

城市地下综合管廊的防水工程,即是给管廊结构外部穿上一件不透水的"外衣",在保证管廊建筑结构安全的同时,确保所有管线在不漏水的环境下运行。做好综合管廊防水,是提高管廊耐久性和保证内部管线正常运营的关键环节,综合管廊防水工程要从管廊自防水和外防水两方面考虑。在综合管廊设计及施工阶段均应按照"以防为主,刚柔结合,多道防线,因地制宜,综合治理"的理念,采用"排堵结合"的方法进行工程防水设计与施工。

(1)城市地下综合管廊工程防水的特点

①城市地下综合管廊主要有单舱、双舱、多舱等形式,开挖方式根据周边环境可选择明挖或暗挖工法、现浇或预制拼装形式。根据不同的施工方法和结构形式,防水和密封措施也有所不同。城市地下综合管廊主体结构横向跨度小、纵向距离长,采取的主要防水措施为设置纵向变形缝,底板主要排水构造为集水坑。又因管线进小区,穿墙管道数量多,人员出入口及进料口为城市地下综合管廊特有的构造设施。

②城市地下综合管廊的主要作用是输送电力、通信、热力、燃气、给排水等,为保障输送安全,应根据气候条件、水文地质状况、结构特点和使用条件等因素进行防水设计。城市地下综合管廊防水等级标准为二级,含高压电缆和弱电线缆时防水等级为一级,并应满足结构安全、耐久性和使用要求。

(2)城市地下综合管廊防水设计的基本原则

①加强对防水工程基本质量的重视

城市地下综合管廊建设包括防水设计、施工以及原材料等方面,因此在工程设计过程中应进行综合考虑。在实际施工过程中,城市地下综合管廊的施工缝和变形缝以及穿墙管渗漏等问题较为突出。城市地下综合管廊各道施工工序的施工质量都直接影响着防排水效果,因此必须增强对各道工序施工质量的严格控制,按照施工标准展开施工工作,从而保障地下管廊防排水的基本质量。

②选择合适的防水材料

防水材料直接影响着地下防水工程的质量,在选用防水材料过程中应综合考虑建筑结构构造、工程施工方案以及现场施工条件等因素。不同防水材料的特点和适应性有所差异,应充分发挥防水材料的基本性能,全面提高防水工程的质量。在选择施工材料过程中还应严格监督原材料质量,保障地下管廊的使用寿命。

(3)合理确定城市地下综合管廊工程防水等级

要确保城市地下综合管廊的使用功能,首先应确定合理的防水等级。防水等级过低,会影响整个工程的正常使用,甚至会导致整个工程的防水设计失败,造成管廊工程报废;防水等级过高,则会造成浪费。

《城市综合管廊工程技术规范》(GB 50838—2015)中明确规定:综合管廊工程的结构设计使用年限应为100年;综合管廊应根据气候条件、水文地质状况、结构特点、施工方法和使用条件等因素进行防水设计,防水等级标准应为二级,并满足结构安全、耐久性和使用要求。

从地下工程防水标准和适用范围来看,综合管廊属于构筑物,应该归入其他地下工程隧道类,如综合管廊仅包含给水、排水、燃气管道(燃气报警系统),则应达到二级防水标准,即不允许漏水,结构表面可有少量湿渍,总湿渍面积不大于总防水面积的0.2%;任意100m² 防水面积上的湿渍不超过3处,单个湿渍的最大面积不大于0.2m²;隧道工程还要求平均渗水量不大于0.05L/(m²×d),任意100m² 防水面积上的渗水量不大于0.15L/(m²×d)。采用二级防水标准足以满足使用要求,即该类综合管廊从防水标准而言二级设防的设计要求是合适的。

城市地下综合管廊通常涵盖高压电缆、弱电线缆,若管廊结构有湿渍或渗水情况,则易引起高压电缆和弱电线缆连接件的锈蚀和高压电缆打火现象,严重影响负载端设备的正常运转及工程运营安全。因此,从适用范围和使用功能来看,包含高压电缆和弱电线缆的综合管廊的防水等级设为一级是科学、合理和安全的。

6.2 明挖法综合管廊结构防水

6.2.1 主体结构防水

1)混凝土结构自防水

管廊结构采用防水混凝土,需严格遵循结构的有效配置。生产过程中通过配合比试验确定配合比,经准确、有效地调配,并在混凝土中掺入一定量的外加剂,既能保证混凝土防水性能,满足施工要求。防水混凝土应满足抗裂及抗侵蚀性等耐久性要求,除此之外,还应符合以下规定:结构底板混凝土垫层抗压强度等级不应低于C15,厚度应不小于100mm;环境温度应不大于80℃;管廊结构厚度应不小于250mm;变形缝两侧需做等厚处理,变形缝处外墙结构厚度应不小于300mm;最大裂缝宽度及钢筋保护层厚度应符合结构设计要求。

2)涂料防水层及施工工艺

(1)涂料防水层组成

涂料防水层主要包括基层处理剂、防水涂料、增强材料、隔离材料、保护材料等。

①基层处理剂

基层处理剂是在防水层施工前,刷涂或喷涂在防水基面上,起除去表面灰尘、清洁基面作用的涂料,按主要成分可分为合成树脂类、合成橡胶类以及改性沥青类(溶剂型或乳液型)。施工时,可购买配套的市售成品或采用稀释的防水涂料作为基层处理剂。

②防水涂料

防水涂料主要分为沥青类、聚合物改性沥青类、合成高分子类,其作用是构成涂膜防水的主要材料,使建筑物表面与水隔绝,对建筑物起到防水与密封作用。屋面防水层不仅能防止室内漏水,还具有防止楼板钢筋锈蚀、保证建筑物安全使用的功能;地下室外包防水还有防止氡污染及保证混凝土寿命的作用。

③增强材料

增强材料主要有玻璃纤维(简称玻纤布)、合成纤维(聚酯、丙纶等)无纺布或纺织布,采用"一布二涂"或"二布三涂"施工工艺,可以增加涂料防水层的强度,提高防水层抵抗基层发生微小变形的能力,延长防水层的使用寿命。在立面和斜屋面施工时,加铺增强材料可以起到固胶、减少流痕的作用。

④隔离材料

常用的隔离材料有油毡、100g/m²以上的无纺布、低强度等级砂浆、纸筋灰等。在防水涂膜上直接施作刚性防水层、细石混凝土保护层等时,应在防水涂膜上空铺一层隔离材料,防止混凝土的收缩裂纹破坏防水层,同时也为弹性防水层提供宽松的空间,充分发挥防水涂层高延伸率的特性。若在防水涂层上铺设聚苯保温板,则无须施作隔离层。

⑤保护材料

平面防水涂层可涂刷反射涂料,抹水泥砂浆或聚合物水泥砂浆,浇筑细石混凝土,铺砌块体等作为保护材料;立墙防水涂层保护层宜选用聚苯乙烯泡沫板、砖砌体、水泥砂浆等;外墙防水涂层可选用装饰涂料或其他装饰材料,其作用是保护防水涂膜免受破坏和美化建筑物。

(2)防水涂料分类及性能指标

根据基料的不同,涂料防水层可以分为无机防水涂料和有机防水涂料,具体分类见表6-1。

防水涂料层分类 表6-1

分 类	代 表 类 型
无机防水涂料	水泥基渗透结晶型防水涂料、掺外加剂或掺合料的水泥基防水涂料
有机防水涂料	聚氨酯防水涂料(PU)(反应型)、有机硅橡胶防水涂料(水乳型)、丙烯酸防水涂料(水乳型)、聚合物水泥防水涂料(JS)

无机防水涂料、有机防水涂料的性能指标应符合表6-2和表6-3的规定。

无机防水涂料的性能指标 表6-2

涂 料 种 类	抗折强度 (MPa)	黏结强度 (MPa)	一次抗渗性 (MPa)	二次抗渗性 (MPa)	冻融循环 (次)
掺外加剂或掺合料的水泥基防水涂料	>4	>1.0	>0.8	—	$>D_{50}$
水泥基渗透结晶型防水涂料	≥4	≥1.0	≥1.0	>0.8	$>D_{50}$

(3)防水涂料的设计要点

①无机防水涂料宜用于结构主体的背水面,有机防水涂料宜用于结构主体的迎水面。用于背水面的有机防水涂料应具有较高的抗渗性,且与基层具有较强的黏结性。

②防水涂料的选择应符合下列规定:

a.潮湿基层宜选用与潮湿基面黏结力强的无机涂料或有机涂料,或采用先涂水泥基类无机涂料后涂有机涂料的复合涂层。

b.冬季施工宜选用反应型涂料,如水乳型涂料,温度不得低于5℃。

c.埋置深度较深的重要工程、有振动或有较大变形的工程宜选用高弹性防水涂料。

d.有腐蚀性的地下环境宜选用耐腐蚀性较好的有机防水涂料,并施作刚性保护层。

e.采用有机防水涂料时,基层阴阳角应做成圆弧形,阴角直径宜大于50mm,阳角直径宜大于10mm,在底板转角处应增加胎体增强材料,并应增设防水涂料。

f.在地下工程防水中聚合物水泥防水涂料应选用Ⅱ型产品(以水泥为主的防水涂料),且应采用外防外涂法。

g.掺外加剂、掺合料的水泥基防水涂料厚度不得小于3.0mm,水泥基渗结晶型防水涂料的厚度不小于1.0mm且用量不小于1.5kg/m²,有机防水涂料的厚度不得小于1.5mm。

有机防水涂料的性能指标 表6-3

| 涂料种类 | 可操作时间(min) | 潮湿基面黏结强度(MPa) | 抗渗性(MPa) | | | 浸水168h后拉伸强度(MPa) | 浸水168h后断裂伸长率(%) | 耐水性(%) | 表干时间(h) | 实干时间(h) |
			涂膜	砂浆迎水面	砂浆背水面					
反应型	≥20	≥0.5	≥0.3	≥0.8	≥0.3	≥1.7	≥400	≥80	≤12	≤24
水乳型	≥50	≥0.1	≥0.3	≥0.8	≥0.3	≥0.5	≥350	≥80	≤4	≤12
聚合物水泥	≥30	≥1.0	≥0.3	≥0.8	≥0.6	≥1.5	≥80	≥80	≤4	≤12

注:1.浸水168h后拉伸强度和断裂伸长率是在浸水取出后只经擦干即进行试验所得的值。

2.耐水性指标是指材料浸水168h后取出擦干即进行试验测得,其黏结强度即抗渗性的保持率。

(4)涂料防水层施工工艺

①施工准备

a.材料准备

工程所使用的防水材料,应有产品的合格证书和性能检测报告,使用前对主要性能指标进行复检,复检合格后方可使用。材料的品种、规格、性能等应符合现行国家产品标准和设计要求,不合格的材料不得在工程中使用。

b.主要机具

包括垂直运输机具和作业面水平运输机具、配料专用容器、计量器具以及施工用的涂刷、辊压等小型工具。

c.作业条件

涂刷防水层前应降低地下水位并做好排水处理,地下水位降至防水层底高程50cm以下,并保持到防水层施工完成;溶剂型涂料施工现场必须严禁烟火,并备有完善的消防设施,现场消防道路应畅通。此外,地下工程施工时,还应注意通风;涂刷防水层的基层表面,应将尘土、杂物清扫干净,表面残留的灰浆硬块及突出部分应刮平、扫净、压光,阴阳角处应抹成圆弧或钝角;基层表面应保持干燥,含水率不大于9%,并要平整、牢固,不得有空隙、开裂及起砂等缺陷。在防水层大面积施工前应先进行隐蔽工程检查验收。

②施工工艺

a.工艺流程

涂料防水层施工工艺流程为:基层验收→基层清理、修补→喷(涂)基层处理剂→防水涂料准备→特殊部位加强处理→涂刷防水涂料(铺贴胎体加强材料)→收头处理、节点密封→清理、检查、修理→验收保护层。

b.操作工艺

基层处理:涂料防水层施工前,先将基层表面的尘土、砂粒、砂浆、硬块等杂物清扫干净。涂刷防水层的基层表面,不得有凹凸不平、松动、空鼓、起砂、开裂等缺陷。配置底胶时应按比例(质量比)配合并搅拌均匀,配制好的底胶混合料应均匀喷涂在基层表面。喷涂基层处理剂时,应用刷子用力薄涂,使涂料尽量刷进基层表面毛细孔中,并将基层可能留下的少量灰尘等无机杂质混入基层处理剂中,使之与基层牢固结合。

节点细部施作附加层:穿过地面、墙面的管道根部及排水口、阴阳角、变形缝等细部薄弱环节,应在大面积涂刷前,先施作防水附加层,可采用"一布二涂"或"二布三涂"方式,其中胎体增强材料亦优先选用聚酯毡。

涂料涂刷:第一道涂层是将已配好的防水涂料用塑料或橡皮刮板或毛刷均匀涂刮在已涂好底胶的基层表面,每平方米涂量和厚度参考材料说明书,不得有漏刮和鼓泡等缺陷。经过规定时间固化后,将涂布上层的灰尘、杂质清理干净后,涂刮第二道涂层。两涂层施工间隔时间不宜过长,防止形成分层。第二道涂层是在已固化的涂层上,采用与第一道涂层相互垂直的方向均匀涂刷,涂刷量略少于第一道,不得有漏涂和鼓泡等现象。

胎体增强材料铺设:胎体增强材料可以是单一品种,也可将玻纤布和聚酯毡混合使用。如果两层以上混合使用时,一般下层采用聚酯毡,上层采用玻纤布。胎体增强材料铺设后,应严格检查表面是否有缺陷或搭接不足现象。如发现上述情况,应及时修补完整,使其形成一个完整的防水层。

收头处理:为防止收头部位出现翘边现象,所有收头均应密封材料压边,压边宽度不得小于10mm。收头处的胎体增强材料应裁剪整齐,如有凹槽时应压入凸槽内,并多遍涂刷,不得出现翘边、皱褶、露白等现象,否则应先进行处理后再涂密封材料。

防水涂层施工(图6-1):涂膜施工完毕后,经检查合格后,应立即进行保护层的施工,及时保护防水层免受损伤。保护层材料的选择应根据设计要求及所用防水涂料的特性而定。

3)防水卷材及施工工艺

地下结构防水的发展趋势表明,地下防水已从单一的刚性防水向刚柔结合的复合防水方向发展。防水卷材作为一种使用较为广泛的柔性防水方式,常用于处于地下水环境,且受侵蚀介质作用或受振动作用的地下工程。防水卷材铺设在混凝土结构的迎水面,即从综合管廊结构底板垫层铺设至顶板基面,在外围形成封闭的防水层。

(1)防水卷材选择

目前适用于地下工程的防水卷材主要分为高聚物改性沥青类防水卷材和合成高分子类防水卷材,具体可按表6-4选用,并符合下列规定:卷材外观质量、品种规格应符合现行国家或行业标准的规定;卷材及其胶粘剂应具有良好的耐水性、耐久性、耐刺穿性、耐腐蚀性和耐菌性。

图 6-1　综合管廊防水涂层施工

防　水　卷　材　品　种　　　　表 6-4

类　　别	品　种　名　称
高聚物改性沥青类防水卷材	弹性体改性沥青防水卷材
	改性沥青聚乙烯胎防水卷材
	自粘聚合物改性沥青防水卷材
合成高分子类防水卷材	三元乙丙橡胶防水卷材
	聚氯乙烯(PVC)防水卷材
	聚乙烯(PE)丙纶复合防水卷材
	高分子自粘胶膜防水卷材

高聚物改性沥青类防水卷材和合成高分子类防水卷材的构成及特点见表 6-5 和表 6-6。

高聚物改性沥青类防水卷材的构成及特点　　　　表 6-5

品　种　名　称	构　　成	特　　点
弹性体改性沥青防水卷材	以苯乙烯—丁二烯—苯乙烯(SBS)热塑性弹性体作改性剂,聚酯毡或玻纤毡为胎基,两面覆以隔离材料所制成	(1)耐高低温性强; (2)耐腐蚀、抗老化、热塑性好; (3)抗拉力大、延伸率高、抗撕裂性强
改性沥青聚乙烯胎防水卷材	以高密度聚乙烯膜为胎体,以聚乙烯膜或铝箔为上表面覆盖材料,经滚压、水冷、成型制成	(1)抗拉强度高、延伸率大; (2)不透水性强
自粘聚合物改性沥青防水卷材	以聚酯纤维无纺布为胎基,以掺有增粘材料的聚合物改性沥青为浸涂材料,聚乙烯膜、细砂或隔离膜为卷材表面隔离层,附可剥离的涂硅隔离膜或隔离纸作为防粘隔离材料制成	(1)抗拉强度高、延伸率较大,对基层伸缩和开裂变形适用能力强; (2)不动用明火,对环境无污染; (3)耐高低温性强; (4)材料自粘性好,施工时仅需将卷材与干净的被粘物表面接触并施加一定外力即可粘牢

合成高分子类防水卷材的构成及特点　表 6-6

品 种 名 称	构 成	特 点
三元乙丙橡胶防水卷材	由三元乙丙橡胶(乙烯、丙烯和少量双环戊二烯共聚合成的高分子聚合物)、硫化剂、促进剂等,经压延或挤出工艺制成	(1)拉伸性能好,延伸率大,能够较好适应基层伸缩或开裂变形的需要; (2)耐高低温性能好,低温可达-40℃,高温可达160℃; (3)质量轻,结构负载小
聚氯乙烯防水卷材	以聚氯乙烯树脂为主要原料,加入各类专用助剂和抗老化组分,采用先进设备和先进的工艺生产制成	(1)有拉伸强度大、延伸率高、收缩率小; (2)低温柔性好、使用寿命长; (3)性能稳定、质量可靠、施工方便
聚乙烯丙纶复合防水卷材	以原生聚乙烯合成高分子材料,并加入抗老化剂、稳定剂、助粘剂以及高强度新型丙纶涤纶长丝无纺布等,经过自动化生产线一次复合而成	(1)价格低廉、工艺简单; (2)耐水性、耐久性、适应基层变形能力差; (3)可靠性低
高分子自粘胶膜防水卷材	由高分子片材[PVC、PE、乙烯—醋酸乙烯共聚物(EVA)、乙烯光聚物改性沥青(ECB)、热塑性聚烃类(TPO)等]、自粘橡胶沥青胶料、隔离膜组成,并可根据需要在高分子片材上复合织物加强	(1)抗穿刺,可自动恢复; (2)耐候性、耐高低温性好; (3)化学性能稳定

卷材防水层必须具有足够的厚度,才能保证防水的可靠性和耐久性。地下防水工程中卷材厚度应根据卷材的原材料性质、生产工艺、物理性能与使用环境等因素确定。表 6-7 按卷材品种、使用卷材的层数,列出了不同品种卷材的厚度要求。

不同品种卷材的厚度要求　表 6-7

卷材品种	高聚物改性沥青类防水卷材			合成高分子类防水卷材			
	弹性体改性沥青防水卷材、改性沥青聚乙烯胎防水卷材	自粘聚合物改性沥青防水卷材		三元乙丙橡胶防水卷材	聚氯乙烯防水卷材	聚乙烯丙纶复合防水卷材	高分子自粘胶膜防水卷材
		聚酯胎	无胎体				
单层厚度(mm)	≥4	≥3	≥1.5	≥1.5	≥1.5	卷材:≥0.9 粘接料:≥1.3 芯材:≥0.6	≥1.2
双层总厚度(mm)	≥(4+3)	≥(3+3)	≥(1.5+1.5)	≥(1.2+1.2)	≥(1.2+1.2)	卷材:≥(0.7+0.7) 粘接料:≥(1.3+1.3) 芯材≥0.5	—

按照上表选择卷材防水层的厚度时要注意以下问题:

①弹性体(SBS)改性沥青防水卷材单层使用时,应选用聚酯毡胎,不宜选用玻纤胎;双层

使用时,必须有一层聚酯毡胎。

②聚乙烯丙纶复合防水卷材整体厚度为 0.7mm。在地下工程防水中,考虑到这类卷材的特性,聚乙烯丙纶复合防水卷材宜双层铺设。

③高分子自粘胶膜防水卷材在地下防水工程中应用时,一般采用预铺反粘法单层铺设。

(2)热熔法施工工艺

热熔法施工适用于弹性体改性沥青防水卷材、改性沥青聚乙烯胎防水卷材。该工法工艺特点:采用高聚物改性沥青防水卷材热熔法施工较冷贴法施工可节省改性沥青胶粘剂,降低防水工程造价,同时不影响防水质量,不污染环境,即使在寒冷的季节,也能进行防水施工;采用高聚物改性沥青防水卷材热熔法施工较采用三元乙丙高分子防水卷材冷贴法施工操作简便、工期短、抗渗能力强、耐温差性强。

工艺原理:用喷灯火焰加热卷材粘接部位,利用其表面熔化的沥青,完成卷材与卷材之间的粘接。

工艺流程:施工准备→基层处理→涂刷基层处理剂→细部节点附加层粘贴→弹基准线→热熔粘贴大面卷材→滚压排气、粘牢→搭接边粘贴和压实→立面收头卷材固定→封固处理→密封处理→质检、验收→防水层保护。

该工法主要操作要点如下:

①基层表面处理:基层表面必须平整,无起砂、空鼓、开裂等缺陷;基面与直尺间的缝隙不超过 5mm,且每米长度内空隙不多于一处;基层的转角部位要用 1∶2.5 水泥砂浆抹出 150mm 的平顺圆角。

②涂刷冷底子油:基层隐检合格后,在基层用滚刷涂刷一道冷底子油,涂刷质量应均匀一致,不得漏刷。干燥 12h 或手摸涂层表面不粘手后,方可进行下道工序施工。

③转角部位防水附加层处理:根据阴阳角的细部形状剪好宽度为 500mm 的卷材,将卷材底面用汽油喷灯加热烘烤,待其底面呈热熔状态时,立即粘贴在已处理好的基层上,并用橡胶压实铺牢,如图 6-2 所示。

④穿墙管防水附加层处理:根据穿墙管管径大小,在宽度为 500mm+管径的方形卷材上开洞,同时在穿墙管根部 500mm 范围内涂一道改性沥青胶粘剂,卷材穿过套管铺贴在管根部,用密封膏封严,如图 6-3 所示。

⑤变形缝防水附加层处理:根据变形缝设计宽度用热熔法铺贴附加层卷材,在结构厚度的中央埋设止水带,止水带的中心圆环应对准变形缝中心位置,变形缝内可用浸过沥青的木丝板填塞,缝口用密封膏嵌缝。

⑥铺贴第一层防水卷材:按间隔法分步铺贴卷材,先铺贴单数段,再铺贴双数段,应按规定与单数段卷材在横纵两个方向搭接。铺贴立面与底面相连的第一层卷材时,应由平面向立面自下而上紧贴阴阳角热熔铺贴,并用压滚压实排气。铺贴完成后,进行热熔封边,将卷材边缝用压铲轻轻掀起,手持喷灯从接缝外斜向烘烤卷材,热熔后用压铲抹压一遍至封口密实。

⑦铺贴第二层防水卷材:上下两层卷材的搭接缝应错开 1/3 幅宽。在三面角的面层卷材接缝应留在底面上,距墙根不小于 600mm 处。

⑧防水层清理、检查、修补:对于已铺好的卷材要及时清理表面杂物和堆放品,未铺牢的卷材用压铲掀起重新热熔铺贴,破损处要重新铺贴。

⑨保护层:防水层做完后,应按设计要求做好保护层。抹砂浆的保护层应在卷材铺贴时,表面涂刷聚氨酯涂膜稀撒石渣,以利保护砂浆层黏结。

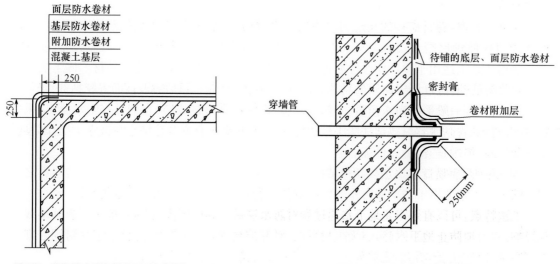

图6-2 阳角防水附加层处理(尺寸单位:mm)　　　图6-3 穿墙管防水附加层处理

(3)冷贴法施工工艺

冷贴法施工适用于弹性体改性沥青防水卷材、三元乙丙橡胶防水卷材、聚氯乙烯(PVC)防水卷材、聚乙烯丙纶复合防水卷材。

工法特点:常温下冷施工,不需要热熔;施工极为方便,可有效缩短工期,具有较高的撕裂强度,能有效抵御基层开裂、变形产生的应力对防水系统的破坏;具有极高的抗穿透、抗冲击性能,优异的粘接性保证了卷材搭接缝的连续性与密封性;耐高低温,抗老化,使用寿命长;施工质量容易得到保证,能够满足较高的防水要求。

工艺原理:采用与卷材配套的专用冷胶粘剂粘铺卷材而无须加热的施工方法,减少了环境污染、改善了施工条件,提高了劳动效率,有利于安全生产,是一种很好的卷材铺贴工艺。

工艺流程:基层处理→基层干燥程度检验→喷涂基层处理剂→节点附加增强、空铺层→定位、弹线、试铺→胶粘剂搅拌→基层、卷材涂料粘剂→滚铺或抬铺贴卷材→滚压、排气、贴实→涂刷接缝口胶粘剂→滚压,排气,粘合→接缝口、卷材末端收头,节点密封→检查、整理→保护层施工。

该工法主要操作要点如下:

①基层清理:施工前将基层上的杂物、尘土清扫干净。干燥的基面需预先洒水调湿,但不得残留积水。

②聚氨酯底胶配制及涂刷:聚氨酯材料按甲:乙=1:3(质量比)的比例配合,搅拌均匀即可进行涂刷施工。涂刷的底胶经4h干燥,手摸不粘时,即可进行下道工序。

③特殊部位增补处理:聚氨酯涂膜防水材料分甲、乙两组分,按甲:乙=1:1.5的质量比配合搅拌均匀,即可在管根、伸缩缝、阴阳角部位,均匀涂刷一层聚氨酯涂膜。特殊部位,如阴阳角、管根,可用卷材铺贴一层处理。

④铺贴卷材防水层:将卷材铺展在干净的基层上,待底胶干燥后,用长把滚刷蘸CX-404

胶均匀涂刷,涂刷面不宜过大;在基层面及卷材粘贴面已涂刷好 CX-404 胶的前提下,将卷材用 $\phi30mm$、长 1.5m 的圆心棒(圆木或塑料管)卷好,粘接固定端头,然后沿弹好的标准线向另一端铺贴。

⑤接头处理:卷材搭接的长边与端头的短边 100mm 范围,用丁基胶粘剂粘接;将甲、乙两组分,按 1:1 质量比配合搅拌均匀,涂于搭接卷材的两个面,待其干燥 15~30min 即可进行压合。

⑥收头处理:防水层周边用聚氨酯嵌缝,并在其上涂刷一层聚氨酯涂膜。

⑦保护层:一般平面为水泥砂浆或细石混凝土保护层,立面砌筑保护墙或抹水泥砂浆保护层,外做防水层的可贴有一定厚度的板块保护层。抹砂浆的保护层应在卷材铺贴时,表面涂刷聚氨酯涂膜、稀撒石渣。

(4)预铺反粘法施工工艺

该工法工艺适用于自粘聚合物改性沥青防水卷材、高分子自粘胶膜防水卷材。

工法特点:可以有效阻止地下水通过卷材防水层后在其内窜流;防水性能不受主体结构沉降影响,有效地防止地下水渗入;无须找平层,对基层要求低,不受天气及基层潮湿影响,施工工序简单;冷作业、无明火、无毒无味、无环境污染及消防隐患,安全环保。

工艺原理:先在基础垫层上铺设防水卷材,卷材的自粘面朝上,然后在卷材的自粘面上浇筑混凝土,卷材与混凝土反应达到自粘效果。浇筑混凝土时的水泥浆与卷材粘接层特殊的高分子聚合物发生湿固化反应而粘接,粘接强度随混凝土抗压强度增加而增加。

工艺流程:施工准备→基层清理→定位放线→铺贴细部防水附加层→防水卷材大面积空铺→去除隔离膜撒水泥粉→现浇钢筋混凝土施工。

该工法主要操作要点如下:

①基层清理:基层应坚实、平整、无结冰,清除表面灰尘和油污。

②细节点防水层施工:在平立面交接处、变形缝、施工缝、管根等细部设置卷材附加增强层,附加层采用双面自粘防水卷材。一般部位附加层卷材应满粘于基层,应力集中部位应根据规范空铺。满粘的部位施工前应先涂刷油性基层处理剂,干燥后再铺贴附加层自粘卷材。

③防水层自粘卷材大面积铺贴:按照所选卷材的宽度,留出搭接缝尺寸,按基准线进行卷材铺贴施工。施工时,相邻两幅卷材的搭接要错开,错开长度不小于 1500mm,搭接长度为 80mm,如图 6-4 所示。铺贴后卷材应平整、顺直、搭接尺寸正确,不得扭曲。

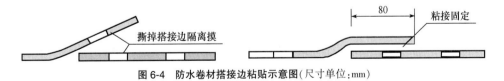

图 6-4 防水卷材搭接边粘贴示意图(尺寸单位:mm)

④底板与外侧墙交接处防水做法:砖胎膜顶部盖砖清除,卷材清理干净后上卷与外墙防水卷材搭接,在接茬部位,最外层卷材的接茬应设置盖口条,以保证接茬部位的可靠性,如图 6-5 所示。

⑤卷材收头细部节点处防水密封:防水卷材伸至砖胎膜顶部,上压一层砖固定;后浇带位置防水卷材预留足够的搭接长度,并上盖木模板进行保护。

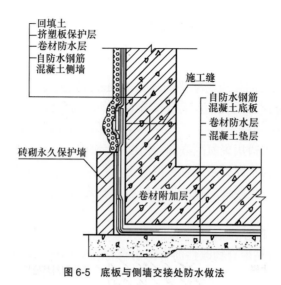

图 6-5　底板与侧墙交接处防水做法

6.2.2　现浇结构接缝防水

1）变形缝防水

管廊结构沿长度方向每隔一定距离设置环向变形缝，由于变形缝数量较多，使得其成为防水薄弱点，如果防水设计或施工方法不当，将导致变形缝处漏水。

目前现浇管廊变形缝接头形式主要有平接变形缝接头、承插变形缝接头两种。承插变形缝接头在变形缝处设置承口、插口，能有效适应变形缝两侧产生不均匀沉降时引起的管廊错位变形，可避免平接变形缝接头弊端。

（1）防水构造

综合考虑材料性能、结构特点及施工可操作性等因素，底板变形缝防水构造采用中埋式钢边橡胶止水带与遇水膨胀橡胶止水条复合使用的方式，同时施作防水加强层。若侧墙及顶板使用橡胶止水条，止水条难与混凝土贴合密实，易产生空隙，使用效果较差。经综合分析，侧墙及顶板变形缝防水构造采用中埋式钢边橡胶止水带与密封膏复合使用的方式，同时施作防水加强层。复合使用的结构防水方式，可达到有效互补、增强防水性能的效果。底板变形缝防水构造如图 6-6 所示，侧墙及顶板变形缝防水构造如图 6-7、图 6-8 所示。

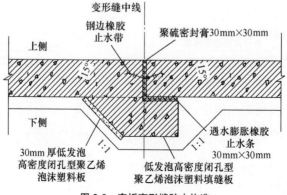

图 6-6　底板变形缝防水构造

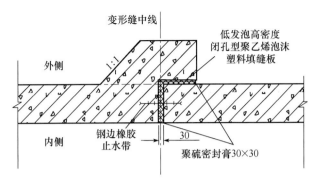

图 6-7　侧墙变形缝防水构造(尺寸单位:mm)

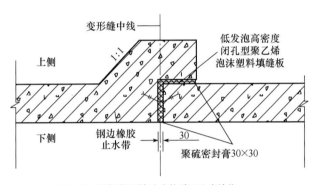

图 6-8　顶板变形缝防水构造(尺寸单位:mm)

(2)底板变形缝防水施工工艺

底板变形填缝板采用预埋的方式在混凝土浇筑前安装。遇水膨胀橡胶止水条应提前固定,在底板细石混凝土的挤压下与填缝板及底板贴合紧密,以达到良好的止水效果。底板变形缝承插口处防水加强层做法为:首先施工 C15 细石混凝土填充层(起模板作用),然后施作防水附加层(2mm 厚非固化橡胶沥青防水涂料+1.5mm 厚无胎自粘卷材,施作于 C15 混凝土模板阳角处)。非固化橡胶沥青防水涂料始终保持黏稠状,具有优异的渗透性、蠕变性及密封性,一次涂刷成型后便能适应基层变形及开裂。无胎自粘防水卷材采用自粘方式搭接,操作简易,不需要粘接剂,具有良好的搭接质量。非固化涂料和自粘卷材各具特点,两者复合使用时可互补,使防水系统更加可靠。底板变形缝防水施工工艺流程如图6-9所示。

(3)侧墙及顶板变形缝防水施工工艺

侧墙及顶板采用中埋式钢边橡胶止水带与密封膏复合使用的防水措施,同时施作防水附加层,施工工艺流程如图6-10所示。

2)施工缝防水

管廊结构混凝土多为2次浇筑,第1次对管廊底板及距底板表面不小于300mm 的侧墙墙体进行浇筑,第2次浇筑剩余墙体及顶板。施工缝处埋设钢板止水带用于防水,钢板止水带宽300mm,钢板厚度不小于3mm。水平施工缝处混凝土浇筑前应将其表面浮浆和杂物清除,然后凿毛或涂刷混凝土界面处理剂,再铺 30~50mm 厚水泥砂浆。及时、连续浇筑混凝土,浇筑过程中对所有需要埋设的部件进行检查,防止出现偏移现象,如出现偏移应立即调整。施工缝防水构造如图6-11所示。

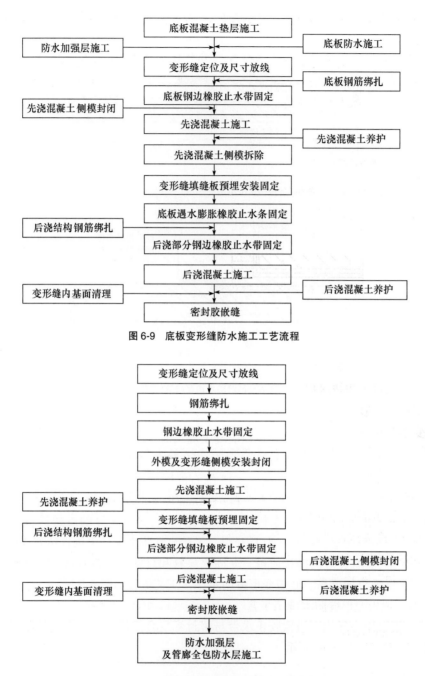

图 6-9 底板变形缝防水施工工艺流程

图 6-10 侧墙及顶板变形缝防水施工工艺流程

止水带施工技术要求：

①止水带必须正确埋设。埋入式止水带在浇筑混凝土前必须妥善固定于专用钢筋套中，并在止水带边翼用镀锌铅丝绑牢，以防移位。止水带中间的空心圆与变形缝中心线应重合。水平安装时应呈盆形，挂在钢筋上，以便浇捣混凝土时使空气逸出，减少气泡。

②止水带接头不得设在转角处,应留在较高的部位。在转角或转弯处应做成半径大于200mm的圆弧形。

③水膨胀性腻子止水条或水膨胀性橡胶可用作中埋式橡胶止水带。设置水膨胀性橡胶条时,混凝土基面需找平,然后粘贴。水膨胀性腻子止水条固定时,可采用黏结方式,亦可用射钉固定(间距60cm),一般不必找平混凝土基面,但平面黏结处不应有凹坑,以防雨水滞留。

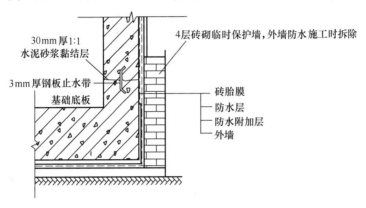

30mm厚1:1
水泥砂浆黏结层

3mm厚钢板止水带

基础底板

4层砖砌临时保护墙,外墙防水施工时拆除

砖胎膜
防水层
防水附加层
外墙

图6-11 施工缝防水构造

6.2.3 预制结构接头防水

《城市综合管廊工程技术规范》(GB 50838—2015)规定预制综合管廊防水等级标准应为二级,并要求明挖法变形缝采用2~3种防水措施,尽管预制综合管廊的接头不是严格意义的变形缝,但其与变形缝相似,故普通开挖埋置的预制综合管廊,其防水构造应以双胶圈防水为主。

预制管廊一般采取多段式小节段管廊拼装,小节段管廊应事先预制,施工现场不存在水平施工缝及预埋套管防水处理,只对纵向拼接处进行防水处理。

常见的预制拼装混凝土综合管廊接头形式包括纵向锁紧承插接头、柔性矩形(弧形)承插接头及胶接预应力接头。其中胶接预应力接头采用环氧胶粘剂和预应力钢索实现预制管节的拼装,整体性强,接头密封措施与前两者显著不同。实际工程中,以承插式构造的接头形式最为常见,包括纵向锁紧承插接头、柔性矩形(弧形)承插接头等。接头密封防水措施见表6-8,构造如图6-12和图6-13所示。

预制拼装综合管廊不同构造承插接头密封防水措施　　　　　　表6-8

接头位置	胶条密封道数	位置	材　质	密封圈(条)截面形状
柔性矩形(弧形)条插接头	2	插口工作面	三元乙丙橡胶弹性密封圈、氯丁橡胶弹性密封圈	楔形
预应力钢绞线锁紧承插接头	2	插口端面	丁基腻子弹性橡胶复合密封条、遇水膨胀橡胶密封条	矩形、梯形
		插口工作面　1		三元乙丙橡胶弹性密封圈、氯丁橡胶弹性密封圈	楔形
		插口端面　1		丁基腻子弹性橡胶复合密封条、遇水膨胀橡胶密封条	矩形、梯形

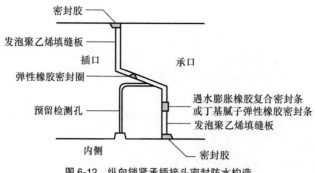

图 6-12 纵向锁紧承插接头密封防水构造

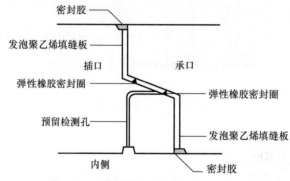

图 6-13 双胶圈柔性承插接头密封防水构造

利用各种防水材料的特性,按照先后顺序在插口安装楔形胶圈,在承口安装遇水膨胀弹性橡胶圈,通过千斤顶张拉管廊压紧胶圈,张拉完毕后进行闭水试验。在预制管廊靠内外侧接缝安装聚乙烯泡沫板和密封胶,使各种防水材料的特性在施工中达到最佳,避免预制管廊接缝处出现渗漏现象,保证预制综合管廊接缝处防水达到内外结合、相互补充的效果,从而使预制综合管廊接缝处防水质量符合施工规范要求。

为降低预制拼装综合管廊渗漏水风险,在借鉴现浇混凝土结构综合管廊防水设计经验的基础上,考虑到预制管节的混凝土质量较好,防范的重点在于拼接缝等部位。故在相同的防水等级要求下,规定一级设防的预制拼装综合管廊外设防水层不应少于一道,二级设防宜为一道。在选择外设防水层时,考虑到形变影响,推荐采用柔性的卷材防水层或涂膜防水层。需要注意的是,高分子自粘胶膜预铺防水卷材的施工工艺和作用机理与预制混凝土构件拼装不同,不应采用;同时,考虑到预制构件的混凝土质量较好,表面坚实、光洁,也宜采用水泥基防水涂料。

6.2.4 工程案例

【工程案例 6-1】 南京市浦口新城明挖现浇法综合管廊

1) 工程概况

南京市浦口新城核心区综合管廊工程位于浦口新城核心区,南至滨江岸线,东至七里河,北至迎江路,南至商务东街。总长 9565m,覆盖范围约 $10km^2$,如图 6-14 所示。

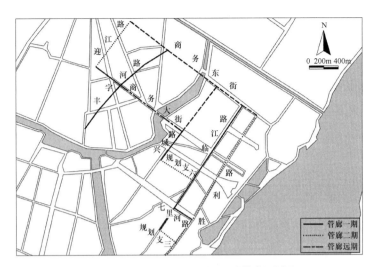

图 6-14　南京市浦口新城地下综合管廊规划图

2)防水工程施工技术

该工程防水等级为二级,结构混凝土抗渗等级为 P8,主要采用结构混凝土自防水施工、结构外包防水施工、变形缝防水施工等方式。

(1)结构混凝土自防水施工

①在施工中应按规定检查防水混凝土的质量及防水混凝土的原材料,如原材料有变化及时调整混凝土的配合比,每班检查原材料称量不少于一次;在拌制和浇筑地点测定混凝土的坍落度,每班测定次数不少于两次;如混凝土配合比有变动时,及时检查坍落度。

②严格执行见证取样及监督抽检制度,连续浇筑混凝土量在 500m³ 以下时,留两组抗渗试块,每增加 250~300m³ 增留两组。如使用的原材料、配合比或施工方法有变化时,另行留置试块,试块在浇筑地点制作,试块养护期不少于 28d。

③防水混凝土结构内部设置的各种钢筋或绑扎铁丝,不得接触模板。

④模板要架立牢固,尤其挡头板,不能出现跑模现象,模缝应严密,避免出现水泥浆漏失现象,确保表面规则、平整。

⑤混凝土振捣前先根据结构物设计好振捣点的位置,振捣时间为 10~30s。对新旧混凝土结构面、施工缝、止水带位置要严格按设计点位和时间控制振捣。

⑥在防水混凝土结构中有密集管群穿过处、预埋件或钢筋稠密处、预埋大管径的套管处、预埋面积较大的金属板处,要特别注意振捣,由专人负责监督实施。

⑦防水混凝土拆模时,混凝土结构表面温度与周围大气温差应不超过 15℃。

(2)结构外包防水施工

外包防水材料主要为 3mm 厚防水卷材,底板和顶板防水卷材铺设后,施作细石混凝土保护层。侧墙防水卷材铺设后,设置 80mm 外包厚聚乙烯泡沫塑料板保护墙。防水层施工完毕后,应及时按有关规定做好回填工作。结构防水外包构造如图 6-15~图 6-17 所示。

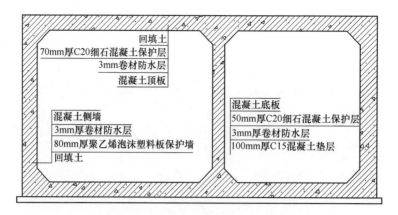

图 6-15　主体结构外包防水构造示意图

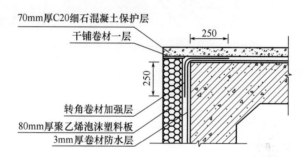

图 6-16　顶板外墙交角防水构造示意图(尺寸单位:mm)

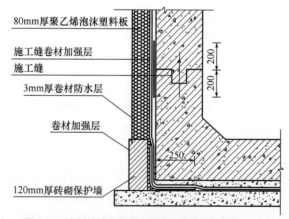

图 6-17　底板外墙交角防水构造示意图(尺寸单位:mm)

（3）变形缝防水施工

变形缝施工的关键在于确保橡胶止水带在施工中不产生移位及变形,变形缝处的混凝土要振捣密实。为保证变形缝的施工质量,采用以下施工方法及技术措施。

变形缝端头处的钢筋,在端头部分制作成上、下两半,利用它们夹住止水带的一侧,并用铁丝绑扎固定止水带;止水带中心线和变形缝中心线重合,保证止水带安装平直。挡头模板采用沥青木板,兼作嵌缝板代替泡沫板;挡头模板亦分上、下两半制作,并以模板将止水带夹牢固;

挡头模板用主筋接出拉筋固定,确保支撑牢固,不跑模;将分成许多段的挡头模板安在同一竖直平面上,并用油木条封闭模板的间隙;挡头模板不移位、不漏浆是变形缝防水的关键所在,挡头模板背面用木条支架固定,并辅以 $\phi42mm$ 钢管斜撑加固。变形缝浇筑混凝土时,先浇筑止水带处;混凝土浇筑时需加强振捣,使止水带与混凝土接缝的气泡排出,模板拆除时,只需拆除模板背后的支架及拉筋即可。变形缝防水构造如图 6-18~图 6-21 所示。

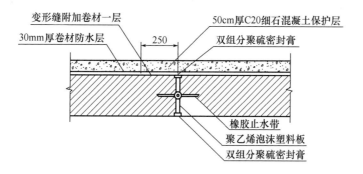

图 6-18　顶板变形缝防水构造示意图

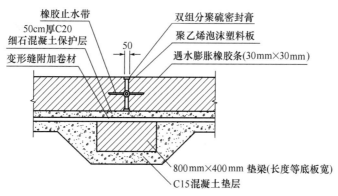

图 6-19　底板变形缝防水构造示意图

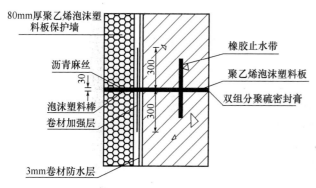

图 6-20　外墙板变形缝防水构造示意图(尺寸单位:mm)

图 6-21　中隔板变形缝构造示意图
(尺寸单位:mm)

①橡胶止水带施工

橡胶止水带安装：橡胶止水带应根据端头模板支立情况进行安装，并合理安排安装顺序。端头模板与橡胶止水带接触面上应设限位条，以免混凝土浇筑过程中橡胶止水带移位而影响止水效果。在安装过程中应采取措施防止橡胶止水带变形、移位和撕裂，止水带埋入混凝土中的两翼部分与混凝土紧密结合。

橡胶止水带接头：橡胶止水带应采用硫化接头，橡胶止水带的接头强度与母材强度之比应不小于60%，硫化过程中的接头在模具加热关闭后宜至少停留10min。

施工细节控制：混凝土浇筑过程中，橡胶止水带将要埋没时，应人工清除其表面溅染的水泥浆等污垢，使橡胶止水带和混凝土紧密结合，保证止水效果。橡胶止水带安装后，在其附近进行钢筋焊接作业时，应对橡胶止水带进行覆盖保护。混凝土浇筑完成后，外露橡胶止水带应加强保护，避免污染暴晒，防止其破坏和老化。

②泡沫塑料板施工

泡沫塑料板采用后贴法施工。首先在混凝土及闭孔泡沫塑料板表面用砂浆涂满刷匀，然后将闭孔泡沫塑料板贴于混凝土表面，并充分压实，用钢钉固定。

③聚硫密封胶施工

密封胶槽成形：密封胶槽宜采用预留法成形。在进行闭孔泡沫板施工时，在需填充密封胶的部位安装预留物(尺寸为缝宽×密封胶填充深度，材料可为闭孔泡沫塑料板、泡沫保温板等)，随闭孔泡沫塑料板一同安装，填充密封胶前将预留物取出即成密封胶槽。

密封胶槽清理：密封胶槽应严格进行表面清洁处理，除去灰尘和油污，保证基层干燥。采用钢丝刷、手提式砂轮机修整，妥善清理，用高压风将槽内的尘土与余渣吹净，确保涂胶面干燥、清洁、平整并露出坚硬的结构层。

密封胶填充：聚硫密封胶由A、B两组分组成，施工时按厂家说明书进行配制与操作。使用前应做小样试验，施工中应注意施工环境和配制质量。

涂胶施工：涂胶时，首先用毛刷在密封胶槽两侧均匀地刷涂一层底涂料，20~30min后用刮刀在涂胶面上涂2~5mm厚的密封胶，并反复挤压，使密封胶与被黏结界面更好地结合。然后用注胶枪向密封胶槽内注胶并压实，保证涂胶深度。

为保证填充后的密封胶表面整齐美观，同时也防止施工中多余的密封胶把结构物表面弄脏，涂胶前可在变形缝两侧粘贴胶带，预贴的胶带在涂胶完毕后除去。

施工细节控制：密封胶槽应用手提砂轮机或钢丝刷进行表面处理，必要时用切割机切割处理，确保黏结面干燥、清洁、平整，并露出坚硬的结构层。密封胶应充分混合，双组分混合至颜色均匀一致。密封胶应随配制随使用，并在规定的时间内用完，严禁使用过期胶料。涂胶时应从一个方向进行，并保证胶层密实，避免出现气泡和缺胶现象。胶层未完全硫化前应注意养护，不得有直接踩踏及其他破坏性行为。

【工程案例6-2】厦门集美新城明挖预制法综合管廊

1）工程概况

厦门集美新城和悦路综合管廊工程(图6-22)采用节段预制拼装施工工艺。该路段综合管廊长607.5m，预制综合管廊每孔跨根据长度不同划分了5~11个预制节段，根据节段的构造不同,分为端节段、中间标准节段、燃气横穿管标准节段、污水引出口横穿口节段。标准节段长为2.5m,吊重约为42.5t。箱室截面采用单箱单室结构,全高4.3m,顶宽均为5.3m,侧壁顶设搭板牛腿,根据综合管廊所处道路横断面面位置不同,分单侧设牛腿和双侧设牛腿两种。

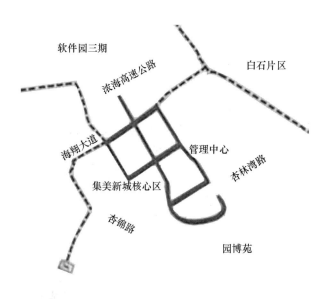

图6-22 厦门集美新城综合管廊示意图

2）防水施工工艺

（1）预制节段预留孔洞堵漏施工工艺

①清除孔洞内PVC管壁。采用人工凿除PVC管,以确保堵孔更密实,保证防水质量。

②填堵孔洞。清洗孔洞尘渣,选用3~4mm厚的模板,加工成40cm×30cm和8cm×8cm两种尺寸,分别打孔,由内向外用铁线提拉,做成孔洞底托模板。

③采用质量比为水泥:水:砂:石子=1:0.34:1.77:2.45并添加10%膨胀剂的混凝土浇充孔洞,充分振压至密实,洞口预留10mm堵漏沿口。

④待混凝土强度达到后,剪去铁线,拆去模板,用刚性堵漏材料填封10mm沿口,达到密闭堵漏效果。

（2）非焦油彩色弹性聚氨酯防水涂层施工工艺

①清洁基面,确保无浮尘、无污染。

②将非焦油聚氨酯甲、乙两组分,按1:2质量比例混合搅拌3min,翻倒在另一个空桶中再次搅拌至混合均匀,30min内施工完。

③顶面施工采用刮板将混合液料均匀刮涂在基面上,一遍施工可达到规定厚度的1%。节点及施工缝部位须强化施工,适当增加厚度。

④侧面施工采用滚筒将混合液料均匀滚涂于基面,分两遍施工达到规定厚度的1%,施工第一遍后,间隔12h以上再施工第二遍。

（3）水泥砂浆隔离层

非焦油彩色弹性聚氨酯防水涂层完全固化后，进行水泥砂浆隔离层施工。为了确保非焦油彩色弹性聚氨酯防水涂层与三元乙丙防水卷材有效地粘接，在两者间刷 2cm 厚的 M7.5 水泥砂浆隔离层，以保证防水卷材平整密实、不空鼓。

（4）三元乙丙橡胶防水卷材施工工艺

①选用 1.5% 三元乙丙橡胶背贴 150g 土工布防水卷材。

②施工基面需为坚实平整、干燥、干净的结构层或水泥砂浆找平层，阴阳角应抹成圆弧形或折角，以先立墙后顶板的顺序进行施工。

③侧面施工工艺。

a.划控制线。以卷材幅宽度减搭接宽度（8cm）为基准，打纵向平行线，以控制卷材铺贴的平直度与搭接宽度。

b.采用满铺法，从上到下铺贴。综合管廊牛腿部位的防水卷材采用分段搭接施工。即将牛腿内倾斜面以下 10cm 裁断，牛腿部位和立面墙体分段施工，在立面顶部搭接 10cm 施工，确保牛腿内倾斜面黏结密实，不出现空鼓现象，保证施工防水质量。

④顶面施工工艺。

a.划控制线。以卷材幅宽度减搭接宽度（8cm）为基准，打横向平行线，以控制卷材铺贴的平直度与搭接宽度。

b.采用满铺法，从前往后铺贴。将一袋（1kg）建筑速溶胶粉兑 50kg 干净水在大容器内搅拌 3～5min，使其快速形成胶液，再将胶液分两半桶，加入 25～30kg 优质水泥，搅拌成糊状胶液待用。

c.将卷材以顶面宽度为准，缩减 4cm 裁剪成块，平铺在基面施工部位，左右两边留 2cm 空余，与侧面上翻包边卷材形成 8cm 搭接，固定卷材。将平铺卷材从前向后翻折一半，露出半边毛面和半边基面，用滚刷均匀将胶液涂刷在半边卷材毛面和基面上，稍晾片刻，即可翻铺下去，用滚筒从中间向两头横向碾压，依次赶走空气，挤压密实，粘贴牢固后再上翻另一半，按照上述方法涂胶粘贴施工。

⑤每条卷材粘贴都应严格按划线定位施工，确保铺贴平整、搭接标准。施工完成后，再从前往后，采用水泥胶封口，确保了卷材的整体密实度和坚硬度，且水泥胶层面与后续施工的贴砖墙的灰浆更易粘接。

⑥局部加强防水层。在所有预留口均用聚氨酯涂料做附加防水封堵处理。

⑦待两道防水施工结束 3d 后进行综合管廊防水层渗漏检验，即蓄水 24h 或喷淋 2h 检验防水层施工的质量。

（5）混凝土保护层施工工艺

在综合管廊防水卷材施工符合设计要求的基础上，侧面再次刷（2.0±0.5）mm 厚水泥砂浆隔离层，使综合管廊外侧卷材和后期施工的砂层隔开，防止卷材在外部砂层施工时破损；顶面先满铺 E4 钢筋焊网，间距 15cm×15cm，后浇筑 10cm 厚 C15 混凝土保护层，为防止开裂，每间隔 2.5m 设置一道断缝。

6.3 暗挖法综合管廊结构防水

6.3.1 结构防水

通常情况下暗挖法结构主要是以塑料防水板(图6-23)作为防水层,使用挂铺的形式进行施工,在防水板搭接边进行相应焊接,并于二次衬砌主体结构和初期支护间构成防水薄膜。

图6-23 暗挖法塑料排水板

为解决防水板与二次衬砌结构之间的蹿水现象,可选用具有预铺反粘功能的高分子自粘类材料[不小于1.5mm厚热塑性聚烯烃类(TPO)防水卷材或不小于1.2mm厚高密度聚乙烯(HDPE)自粘胶膜防水卷材]。预铺反粘可解决防水板与二次衬砌结构之间结合不紧密的问题,若发生渗漏,水会被限制在一定范围内,便于维修处理,不影响二次衬砌结构的使用安全。

由于矿山法施工的管廊主体主要是二次衬砌,而二次衬砌混凝土又是采用台车模板浇筑,因此需采用高性能、防水、免振捣的混凝土,以确保结构自防水性能,暗挖矿山法施工的管廊防水构造如图6-24所示。

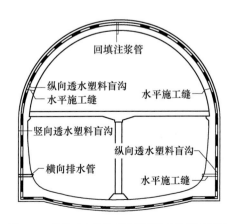

图6-24 暗挖矿山法施工的管廊防水构造示意图

采用卷材全外包防水,同时应根据工程所处的环境特点,选择是否采用局部排水。如果选择局部排水,则需对排水的水质、水量等进行严格地监控。

6.3.2 施工缝及变形缝防水

结构施工缝及变形缝宜采用多道防水及密封止水措施:变形缝选用中埋式止水带、外贴止水带、防水密封材料等三种以上防水密封措施;施工缝采用钢板止水带、水泥基渗透结晶型防水涂料、遇水膨胀止水带(胶)等两种以上防水密封措施。

由于台车施工时,端头需用封板封闭,结构的竖向垂直施工缝不宜使用预埋式止水带,可以采用后装式注浆管或密封胶(条)等替代,如图6-25所示。

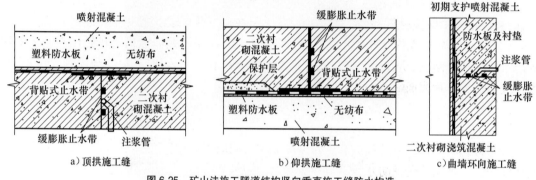

图6-25 矿山法施工隧道结构竖向垂直施工缝防水构造

少数变形缝必须采用预埋式止水带,在端头模板封闭时,需做好止水带与封头模板的密封工作,防止混凝土漏浆、止水带预埋位置不准等问题,如图6-26所示。

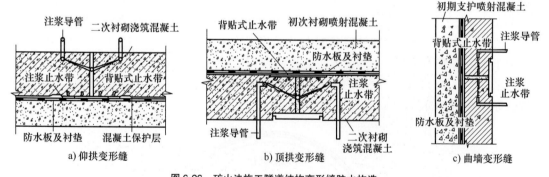

图6-26 矿山法施工隧道结构变形缝防水构造

6.4 盾构法综合管廊结构防水

6.4.1 管片自防水

在管片生产制作方面应选择高精度模板,可采用钢模,其刚度足以控制施工过程中的各种变形。制作工艺及方法应标准化、规范化,并加强生产过程中的质量监督和计量装置的检验校核。加强对混凝土振捣质量的管理,管片进行蒸气养护后,继续喷淋养护,直至达到设计强度为止,对每个成品管片进行质量检验和制作精度校验,按批对管片进行抽样检漏,抽样不合格的严禁出厂。

管片出厂前必须通过各道验收程序,包括各道生产工序的检查,抗渗、抗压试验和三环水平拼装验收等,验收合格后在管片内弧面加盖验收合格章和生产日期。加强管片堆放、运输中的管理检查,防止管片产生附加应力而开裂或在运输中碰掉边角。对运输到现场的管片进行验收,确认没有缺角掉边及不满足养护周期等问题后分类堆放。

在管片涂刷外防水涂层,可有效降低混凝土的渗透系数与氯离子扩散系数。常用的涂料有:

(1)环氧沥青、环氧聚氨酯、环氧氯磺化聚乙烯涂料。可作为混凝土开裂下的防水、防腐蚀、耐盾尾钢丝刷摩擦材料,厚度为 0.3~0.8mm,但在雨季存在难以涂刷及场地受限问题。

(2)水泥基渗透结晶型防水涂料。其用量为 1~1.5kg/m²,是以涂刷形式施作于管片背面的防水材料。因结晶深入内部,越在地下或渗水环境越利于晶体增殖,适宜雨季施工,可克服因搬运等造成管片背面缺角损伤导致防水层破坏的问题。

6.4.2　接缝防水

管片接缝防水包括管片间的弹性密封垫防水、隧道内侧相邻管片间的嵌缝防水及必要时向接缝内注入聚氨酯药液防水等。其中,弹性密封垫防水最可靠,是接缝防水的重点。

(1)弹性密封垫选型要求

①弹性密封垫(图 6-27)通常加工成框形、环形,套裹在环片预留的凹槽内,形成线防水,沟槽形式、截面形式、截面尺寸应与弹性密封垫形式和尺寸相匹配。应按防水要求设一道密封垫沟槽,甚至多道密封垫沟槽。

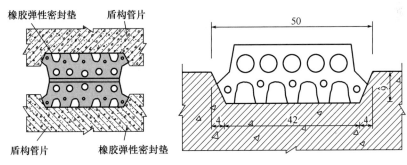

图 6-27　弹性密封垫(尺寸单位:mm)

②接触面上必须设置密封沟槽,其体积应为密封垫体积的 1~1.5 倍。

③弹性密封垫应具有足够的宽度。其大小视埋深和管片环纵面的凹凸榫而定。

④弹性密封垫的材料应从下列三类中选取:单一类,如未硫化的异丁烯类、硫化的橡胶类、海绵类、两液型的聚氨酯类等;复合类,如海绵加异丁烯类加保护层、硫化橡胶加异丁烯类加保护层等;水膨胀类,如水膨胀橡胶。

⑤弹性密封垫材质应对下列性能提出技术指标:硬度、伸长率、扯断强度、恒定压缩永久变

形、老化系数、防霉等级,对于水膨胀橡胶还应增加吸水膨胀率等。

⑥弹性密封垫应符合下列规定:密封垫选型应保证在盾构千斤顶定力作用下仍保持其弹性变形的能力;密封垫在长期压应力的作用下,应限制其塑性变形量(永久压缩变形不大于25%);密封垫在长期水压作用下,当环缝纵缝达到预定的张开量(3~10mm)时仍能满足止水要求;压应力与压缩变形的关系应是环缝张开0mm,对密封材料的压缩力小于千斤顶最大顶力;弹性密封垫材料的性能指标应符合表6-9的规定。

氯丁橡胶、水膨胀橡胶性能指标

表6-9

性　能	氯丁橡胶	水膨胀橡胶
硬度(邵氏,度)	(45±5)~(65±5)	(35±5)~(50±5)
伸长率(%)	450~700	450~600
扯断强度(MPa)	8~14	4~8
恒定压缩永久变形(%)	≤20~28	≤25
老化系数	≥0.85	≥0.85
防霉等级	1~2	1~2
吸水膨胀率	—	150~350

（2）弹性密封垫施工

弹性密封垫一般为预制品,但也可采用现场涂抹。无论采用哪一种形式的密封垫,施工前都必须用钢丝刷将密封槽内的浮灰和油污除去、烘干,并涂刷底层涂料以保证黏结良好。对预制的密封垫,尤其是管片上有两道以上的密封槽时应"对号入座",不得装错。嵌入槽内的密封垫要用木槌敲击,以提高黏结效果,不致在管片运输和拼装时掉落和错位。拐角处的密封垫,粘贴时尤应注意,必要时应采取加强措施。对于K型管片,在纵向或径向插入时,密封垫容易被拉长或剥落,此时宜在密封垫上涂一层减摩剂,最好选用后期能凝固止水的减摩剂。在曲线推进或纠正蛇形需要加设楔形垫板时,其厚度应与密封垫板相匹配,以确保接缝防水要求。

（3）接缝嵌缝防水

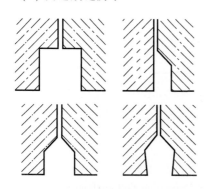

嵌缝防水是构成接缝防水的第二道防线。在密封垫寿命期满之后,虽然无法更新密封垫,但作为内道防水线的嵌缝材料容易剔除并重新嵌填,故应对局部关键区段做管片嵌缝处理。

嵌缝槽的形状要考虑拱顶嵌缝时,不致使填料坠落、流淌,其深度通常为20mm,宽度为12mm。嵌缝材料要求与基础面的黏结性良好、材料性能稳定,通过充填嵌缝防水材料与基础面良好的黏结性能达到隧道密封防水的效果(图6-28、图6-29)。隧道管片嵌缝材料种类繁多,大致可以分为密封膏类材料、密封膏外加封固材料以及定性密封材料3种。

图6-28　管片嵌缝槽断面构造形式

嵌缝作业应在衬砌稳定后,在无千斤顶推理影响的范围内进行,一般距盾尾20~30m。嵌缝前要将嵌缝槽内的油、锈、水清除干净,必要时用喷灯烘干,不得在渗水情况下作业。涂刷底层涂料后再填塞填料,进行捣实。

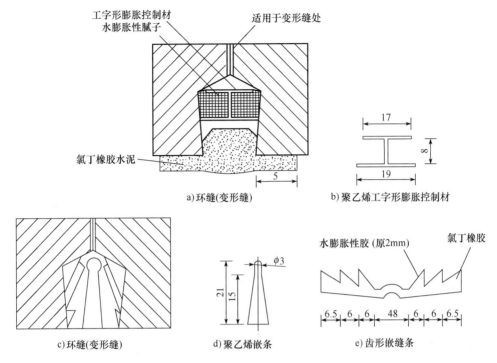

图 6-29　接缝嵌缝防水构造(尺寸单位:mm)

6.4.3　螺栓孔和压浆孔防水

螺栓孔采用可更换的遇水膨胀橡胶密封垫圈加强防水(图 6-30),利用压密和膨胀双重作用加强防水,由于螺栓垫圈会发生蠕变而松弛,在施工中需要对螺栓进行二次拧紧。注浆孔采用遇水膨胀橡胶圈止水,材料为三元乙丙橡胶,并用微膨胀水泥砂浆封孔。二次注浆结束后,清除注浆孔内残余物。

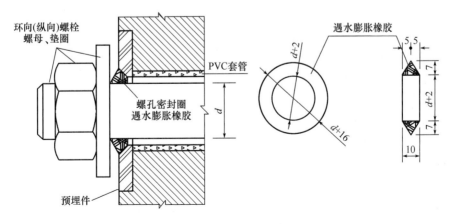

图 6-30　螺栓孔防水构造图(尺寸单位:mm)

d-螺栓直径

6.5 顶管法综合管廊结构防水

6.5.1 施工防水

进出工作井是顶管法最为重要的工序之一,为避免地下水和泥土大量涌入工作井,需要布置出井及进井防水措施。目前出井防水措施多采用密封压板及帘布橡胶板,如图 6-31 所示。当设备顶至洞口时,首先接触到带铰轴的密封压板,密封压板转动驱使帘布橡胶板被动变形,从而实现设备与洞口密封,并且在顶进一定距离后,需注入减阻泥浆,该措施可有效阻止减阻泥浆外泄及地层中水体外泄,确保地层稳定,防止水土流失,确保工程安全。

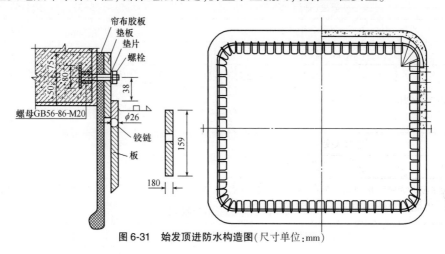

图 6-31 始发顶进防水构造图(尺寸单位:mm)

由于工作井洞圈与设备之间存在空隙,设备进井前,必须采取措施减小或消除空隙。通常做法是在破除洞门口,在洞圈范围内沿环向焊接钢板,纵向一般设置 2~3 道,底部钢板高度为 10cm,顶部钢板高度为 20~30cm,钢板间距 15~20cm,钢板缝隙间填塞高密度海绵。在存在高风险地区(地质环境复杂、水位较高等)建议采取二次接收工艺,即采用上述方法完成第一次接收后,及时进行后续管节拼装,待设备尾部距结构内壁 20cm 左右,焊接整圆弧形钢板,用聚氨酯材料进行封堵后,再进行洞圈封堵注浆。

6.5.2 管道及接口防水设计

1)一般要求

目前管廊结构主要为钢筋混凝土管,钢筋混凝土接口有平口、企口、承口形式,使用的止水材料随接口形式的不同而异,常有齿形、q 形等样式,同时《给水排水工程顶管技术规程》(CECS 246—2008)中规定:

(1)用于顶进工法的钢筋混凝土管节混凝土强度等级不宜低于 C50,抗渗等级不应低于 P8。

(2)当地下水或管内储水对混凝土和钢筋具有腐蚀性时,应对钢筋混凝土管内外壁做相应的防腐处理口。

（3）混凝土骨料的碱含量最大限值应符合规范和设计要求。

（4）采用外加剂时应符合现行国家标准《混凝土外加剂应用技术规范》（GB 50119）的规定。

（5）钢筋应选用 HPB235、HRB335 和 HRB400 钢筋，宜优先选用变形钢筋。

（6）混凝土及钢筋的力学性能指标，应按现行国家标准《混凝土结构设计规范》（GB 50010）的规定采用。

（7）应满足《城市综合管廊工程技术规范》（GB 50838—2015）第8.2节关于材料的要求，特别是弹性橡胶密封垫及遇水膨胀橡胶密封垫的主要物理性能指标，见表6-10、表6-11。

弹性橡胶密封垫物理指标　　　　　　表6-10

序号	项　目		指　标	
			氯丁橡胶	三元乙丙橡胶
1	硬度（邵氏，度）		(45±5)~(65±5)	(55±5)~(70±5)
2	伸长率（%）		≥350	≥330
3	拉伸强度（MPa）		≥10.5	≥9.5
4	热空气老化 （70℃×96h）	硬度变化值（邵氏）	≥+8	≥+6
		扯伸强度变化率（%）	≥-20	≥-15
		扯断伸长率变化率（%）	≥-30	≥-30
5	压缩永久变化（70℃×24h）（%）		≤35	≤28
6	防霉等级		达到或优于2级	

注：以上指标均为成品切片测试的数据，若只能以胶料制成试样测试，则其伸长率、拉伸强度的性能数据应达到本规定的120%。

遇水膨胀橡胶密封垫物理指标　　　　　　表6-11

序号	项　目		指　标			
			PZ-150	PZ-250	PZ-450	PZ-600
1	硬度（邵氏A，度）		42±7	42±7	45±7	48±7
2	拉伸强度（MPa）		≥3.5	≥3.5	≥3.5	≥3
3	扯断伸长率（%）		≥450	≥450	≥350	≥350
4	体积膨胀倍率（%）		≥150	≥250	≥400	≥600
5	反复浸水试验	拉伸强度（MPa）	≥3	≥3	≥2	≥2
		扯断伸长率（%）	≥350	≥350	≥250	≥250
		体积膨胀倍率（%）	≥150	≥250	≥500	≥500
6	低温弯折-20℃×2h		无裂纹	无裂纹	无裂纹	无裂纹
7	防霉等级		达到或优于2级			

注：1.硬度为推荐项目。

2.成品切片测试应达到标准的80%。

3.接头部位的拉伸强度不低于上表标准性能的50%。

2）接头密封形式

钢筋混凝土接头按照刚度大小分为刚性接头和柔性接头。在工作状态下，相邻管端不具备角变位和轴向线位移功能的接头,如采用石棉水泥、膨胀水泥砂浆等填料的插入式接头及水泥砂浆抹带、现浇混凝土套环接头等为刚性接头;在工作状态下,相邻管端允许有一定量的相对角变位和轴向线位移的接头,如采用弹性密封圈或弹性填料的插入式接头等为柔性接头。柔性接头管按接头形式分为钢承口管、企口管、双插口管和钢承插口管,柔性接头钢承口管分为 A 型、B 型、C 型(图 6-32~图 6-34),刚性接头管接头形式为企口管。其中柔性接头钢承口管具有方便施工、防水质量容易控制等优点,使用较多。下面以包头纬三路下穿建设路顶推综合管廊为例进行介绍。

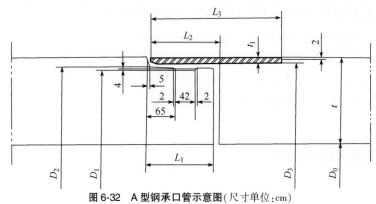

图 6-32 A 型钢承口管示意图(尺寸单位:cm)

L_1-插口长度;L_2-插入长度;L_3-钢承口长度;D_0-管内径;D_1-插口内径;D_2-插口外径;D_3-钢承口内径;t-管壁厚度;t_1-钢承口厚度;下同

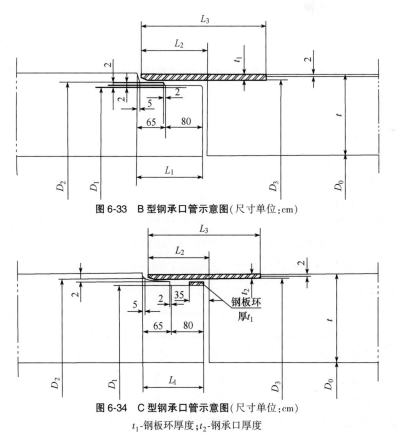

图 6-33 B 型钢承口管示意图(尺寸单位:cm)

图 6-34 C 型钢承口管示意图(尺寸单位:cm)

t_1-钢板环厚度;t_2-钢承口厚度

管节止水圈材质为氧丁橡胶与水膨胀橡胶复合体,用粘接剂粘贴于管节基面上,粘贴前必须进行基面处理,清理基面的杂质,保证粘贴的效果。管节下井拼装时,在止水圈斜面上和钢套环斜口上均匀涂刷一层硅油,接口插入后,用探棒插入钢套环空隙中,沿周边检查止水圈定位是否准确,发现有翻转、移位等现象,应拔出重新粘接和插入。施工时如若发现止水条有质量问题,立即上报技术部门,整改后方可继续使用。

管节与管节之间采用中等硬度的木制材料作为衬垫,以缓冲混凝土之间的应力,板接口处以企口方式相接,板厚为15mm。粘贴前注意清理管节的基面,管节下井或拼装时发现有脱落的立即进行返工,确保整个环面衬垫的平整性、完好性。

管节与钢套环间形成的嵌缝槽采用聚氨酯密封胶嵌注,在钢套环上的两圆筋之间嵌入遇水膨胀橡胶条,从而构成封闭环,这部分工作在管节厂事先完成。

顶进结束后,管节下部的嵌缝槽采用高模量聚氨酯嵌填。

6.6 综合管廊防水质量检验

6.6.1 刚性防水材料质量检验

1) 聚合物水泥防水涂料

聚合物水泥防水涂料检测的实验室标准试验条件为:温度为 (23 ± 2) ℃,相对湿度为45%~70%。检测前样品及所用器具均应在标准条件下放置至少24h。首先进行外观检查,即用玻璃棒将液体组分和固体组分分别搅拌后目测。液体组分应为无杂质、无凝胶的均匀乳液;固体组分应为无杂质、无结块的粉末。

将聚合物水泥涂料的试样按照生产厂指定的比例混合均匀后,按照《建筑防水涂料试验方法》(GB/T 16777—2008)第4章A法的规定测定固体含量、干燥时间、拉伸性能、低温柔性、不透水性、潮湿基面黏结强度等参数指标。

2) 水泥基渗透结晶型防水涂料

(1) 目测粉末外观均匀、无结块、无异物。

(2) 通过使用混凝土抗折仪、韦卡仪、压力机、抗折仪等设备进行净浆安定性、凝结时间、抗折强度、抗压强度、湿基面黏结力、渗透压力比等参数测定。

(3) 按《混凝土外加剂匀质性试验方法》(GB/T 8077—2012)进行含固量测定。

(4) 按《混凝土外加剂》(GB 8076—2008)进行氯离子含量、总碱量、细度测定。

(5) 按以下方法进行抗渗压力测定:将成型的混凝土试件静置1h脱模,用钢丝刷刷去混凝土两端水泥浆膜,清除试件表面油污,用一块干净的毛巾擦去表面水滴,使表面处于干燥状态。按推荐用量和配合比拌制浆料,搅拌均匀后用刷子刷于已处理好的试件表面。分两次涂刷,第一层涂层表面干燥后涂刷第二层。第二层涂刷后,将试件浸在深为试件高度3/4的水中养护(涂层面不浸水),水温为 (20 ± 3) ℃。基准试件和涂层试件同条件养护。按《普通混凝土长期性能和耐久性能试验方法标准》(GB/T 50082—2009)进行试验,涂层试件初始压力为

0.4MPa。混凝土迎水面或背水面的最大抗渗压力为每组 6 个试件中 4 个试件未出现渗水时的最大水压力。

6.6.2 柔性防水材料质量检验

1）拉伸性能测定

（1）使用拉力、压力和万能试验机进行拉伸性能测定。

（2）整个拉伸试验应制备两组试件，一组纵向 5 个试件，一组横向 5 个试件。试件可用模板或用裁刀在试样上距边缘 10mm 以上任意裁取，矩形试件宽度为（50±0.5）mm，长度为（200mm+2×夹持长度），长度方向为试验方向。表面的非持久层应去除。试件在试验前在温度为（23±2）℃和相对湿度为 30%～70% 的条件下至少放置 20h。

（3）将试件紧紧地夹在拉伸试验机的夹具中，注意试件长度方向的中线与试验机夹具中心在一条线上。夹具间距离为（200±2）mm，为防止试件从夹具中滑移应做标记。当用引伸计时，试验前应设置标准间距离（180±2）mm。为防止试件产生松弛，推荐加载不超过 5N 的力。试验在（23±2）℃下进行，夹具移动的恒定速度为（100±10）mm/min，连续记录拉力和对应的夹具（或引伸计）间的距离。根据最大拉力和夹具（或引伸计）间距离与起始距离的百分率来计算延伸率。

2）断裂伸长率测定

（1）依据《建筑防水卷材试验方法　第 8 部分：沥青防水卷材　拉伸性能》（GB/T 328.8—2007）进行弹性体改性沥青防水卷材、塑性体改性沥青防水卷材、沥青复合胎柔性防水卷材、胶粉改性沥青玻纤毡与玻纤网格布增强防水卷材、胶粉改性沥青玻纤毡与聚乙烯膜增强防水卷材、胶粉改性沥青聚酯毡与玻纤网格布增强防水卷材等的延伸率试验。

（2）拉力试验机测量范围 0～2000N，最小分度值不大于 5N，夹具夹持宽度不小于 50mm。

（3）试件裁取后，应在试验前在温度为（23±2）℃和相对湿度为 30%～70% 试验环境条件下至少放置 20h 后再进行拉伸试验。试件用模板或裁刀在试样上距边缘 100mm 以上任意裁取，矩形试件宽度为（50±0.5）mm，长度为（200mm+2×夹持长度），长度方向为试验方向。表面的非持久层应去除。

（4）调整好拉力机后，将试件紧紧地夹在拉伸试验机的夹具中，注意试件长度方向的中线与试验机夹具中心应在一条线上。夹具间距离为（200±2）mm，速度为（100±10）mm/min 或50mm/min。为防止试件从夹具中滑移，应做好标记。开动试验机以恒定的速度至受拉试件被拉断为止，记录最大拉力时的伸长值。

（5）取纵、横向试件伸长率的平均值作为各自的试验结果，数据结果精确到 1%，拉力的平均值约到 5N，延伸率的平均值约到 1%。

（6）试件的算术平均值达到标准规定的指标则判该项合格。

3）低温柔性测定

（1）依据《建筑防水卷材试验方法　第 14 部分：沥青防水卷材　低温柔性》（GB/T 328.14—2007）进行低温柔性测定。

（2）将裁取的试件上表面和下表面分别绕浸在冷冻液中的机械弯曲装置上弯曲 180°。弯曲后，检查试件涂盖层存在的裂纹。

4）低温弯折性测定

（1）依据《建筑防水卷材试验方法　第 15 部分：高分子防水卷材　低温弯折性》（GB/T 328.15—2007）进行低温弯折性测定。

（2）测量每个试件的全厚度。

（3）试验前试件应在温度为（23±2）℃和相对湿度为 50%±5% 的条件下放置至少 20h。除了低温箱，试验中所有操作在（23±5）℃下进行。沿长度方向弯曲试件，将端部固定在一起，例如用胶带粘贴。卷材的上表面弯曲朝外，分别弯曲固定一个纵向、横向试件，再将卷材的上表面弯曲朝内，弯曲固定另外一个纵向和横向试件。

（4）调节弯折试验机两个平板间的距离，使其为试件全厚度的 3 倍。

（5）将弯曲试件放置在试验机上，胶带端对着平行于弯板的转轴。将翻开的弯折试验机和试件放置于调好规定温度的低温箱中。

（6）放置 1h 后，弯折试验机从超过 90°的垂直位置到水平位置，1s 内合上，保持该位置 1s，整个操作过程在低温箱中进行。

（7）从试验机中取出试件，恢复到（23±5）℃。

（8）用 6 倍放大镜检查试件弯折区域的裂纹或断裂。

（9）临界低温弯折温度弯折程序每 5℃ 重复一次，直至步骤（7），试件无裂纹和断裂。

（10）标准规定温度下，试件均无裂纹出现即可判定该项符合要求。

5）不透水性测定

（1）依据《建筑防水卷材试验方法　第 10 部分：沥青和高分子防水卷材　不透水性》（GB/T 328.10—2007）进行不透水性测定。

（2）高差水压透水性的试验，试件在 60kPa 压力下保持 24h。采用有四个规定形状及尺寸夹缝的圆盘保持规定水压 24h，或采用 7 孔圆盘保持规定水压 30min，观测试件是否保持不渗水。

另外在施工时，需按照《地下防水工程质量验收规范》（GB 50208—2011）附录 C 及附录 D 进行地下工程渗漏水调查与检测及防水卷材接缝粘接质量检验。

6.7　综合管廊渗漏问题及基本对策

6.7.1　常见渗漏水问题

综合管廊常见的渗漏部位有沉降缝（变形缝）、裂缝、施工缝、大面积蜂窝、孔洞、预埋件、穿墙管道、新旧结构接头等。

采用明挖法施工的综合管廊，混凝土及防水层的质量控制难度较工厂预制综合管廊大，个别部位的混凝土自防水能力较差，防水层有缺陷，不能形成密闭的防水层，混凝土自身结构容易产生渗流水问题；而采用预制法、盾构法及顶进法等工艺时，预制混凝土本身质量容易保证，抗渗质量较高，渗漏水问题一般出现在管节及管片的接缝处。

6.7.2　渗漏水处置基本对策

渗漏水治理是一个综合过程,由于采用不同工法施工完成的综合管廊结构形式相差较大,渗漏水的形式亦千变万化,因此在渗漏水治理时应根据工程的不同渗水情况采用"堵排结合,因地制宜,刚柔相济,综合治理"的原则。

1)明挖法

明挖法一般采用满堂红模板支撑体系,内外模板之间常采用对拉螺栓固定,模板对拉螺栓作为防水的薄弱部位容易出现渗漏问题。造成模板对拉螺栓及堵头位置渗漏的主要原因有:焊缝不密实,尽管设置了止水铁片,依然发生渗漏,且沿螺杆漏入;另外遇水膨胀橡胶止水圈过大或导致遇水膨胀止水条接头脱开,同样会发生渗漏。采取模板拉杆螺栓止水片必须满焊,保证焊接严密;或用紧固螺杆的遇水膨胀橡胶圈或橡胶腻子条止水;拆除堵头后应再用防水砂浆封头。若堵头位置出现渗漏,凿开后用专用防水砂浆封堵,必要时辅以注浆止水。

在明挖法防水结构施工中,需要采用外防外贴或外防内贴等形式为后期作业奠定基础,如图 6-35 所示。同时需依据工程的实际情况来编制施工方案,谨慎选择防水材料,科学设置管廊等级。对于外防外贴作业来说,可以通过空铺法进行施工。对于侧墙和顶板,可以采用满贴法进行施工。沿海地区尽量使用耐腐蚀材料,但若顶部有植物,则需要科学选择材料,同时其必须具有耐穿刺能力。

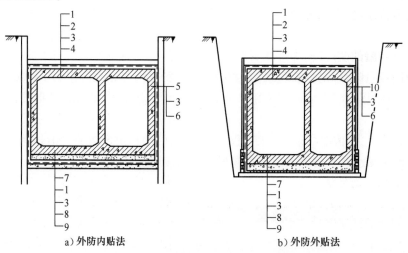

a)外防内贴法　　　　　　　　　b)外防外贴法

图 6-35　外防内贴法与外防外贴法示意图

1-细石混凝土保护层;2-隔离层;3-防水层;4-防水混凝土顶板;5-围护结构;6-防水混凝土侧墙;7-防水混凝土顶板;8-混凝土垫层;9-素土夯实;10-软质保护层

2)预制法

明挖预制装配式综合管廊按其结构特点可分为预制拼装混凝土结构和预制装配整体式混凝土结构两大类。两者最为显著的区别在于预制构件是否预留现浇混凝土湿作业连接的钢筋,前者没有预留连接钢筋,现场很少采用湿作业(变形缝部位除外),后者则普遍留有连接钢筋。这里主要介绍预制拼装综合管廊接头防水设计。

《城市综合管廊工程技术规范》(GB 50838—2015)第 8.5.9 条参考盾构法隧道管片弹性橡

胶密封垫断面设计尺寸计算公式,规定密封垫沟槽截面积为弹性橡胶密封垫截面积的 $1 \sim 1.5$ 倍,且弹性密封垫界面应力不应小于 1.5MPa。盾构法隧道管片之间接缝的密封主要依靠相邻管片侧面弹性橡胶密封垫彼此接触、受压回弹实现。而预制拼装综合管廊管节接缝中弹性橡胶密封垫的两侧均与混凝土接触,将产生无侧限受压变形,如果没有在管节端面上设置具有适当压缩强度的泡沫聚乙烯嵌缝板,在千斤顶的作用下,混凝土之间有可能直接接触,造成破坏。因此不能直接套用盾构法隧道管片弹性橡胶密封垫截面计算公式并规定截面应力。

对于预制装配式混凝土结构综合管廊,从国内现有的工程实例来看,虽然预制混凝土管节的质量高于现浇结构,但拼装工艺尚不能完全满足设计和使用需要。为满足综合管廊防水工程需要,降低运营期间渗漏水治理的费用,建议在结构迎水面至少设置一道全外包柔性防水层。

预制法中结构本身质量容易保证,因此渗漏水问题多出现在接缝处。

(1)变形缝注浆堵水渗水

渗漏水比较严重时,从缝两侧垂直钻孔至中埋式止水带两翼(橡胶或钢板上),设置压环式单向止逆注浆嘴,以中压压注优质油溶性聚氨酯浆液止水。它的特点是:浆液压入漏水的中埋式止水带与混凝土的间隙,进而注入中埋式止水带背侧的变形缝中,从渗漏的源头止水,堵水彻底,复漏率低;浆液固结体不因变形缝随温度收缩、张开变化而造成损害,把因变形缝伸缩、沉降变化而影响堵漏效果的可能性降到最低。一次堵漏未成功或一旦再漏,只需在漏点附近重新补孔再行压注即可,不必重新凿缝、封缝,改变了过去直接对变形缝压浆截水的多种弊端。

对于一般渗漏的变形缝,如果在变形缝处有少量湿渍,或伴有缓慢的滴漏,则可直接在变形缝内面用高模量的聚氨酯或聚硫密封胶嵌填,嵌缝宽度即为变形缝宽度,深度为 1cm。在嵌缝之前,应先在渗漏处引流,使变形缝两侧的混凝土嵌缝基面干燥,再施作嵌缝。

若变形缝失效,内装可卸式止水带渗漏通常不必拆卸、更换,只需采取常规的调整压紧措施。内装可卸式止水带的拆装,是改善内装可卸式止水带防水的重要措施。

(2)诱导缝、施工缝与裂缝注浆堵水的措施

对于渗漏水的诱导缝与施工缝应采用钻斜孔注浆,通过钻孔将浆液灌入混凝土裂缝、结构缝和接触缝的方法,即钻孔灌浆法。此时钻孔必须钻到距表面垂直距离不少于 20cm 处,将带有压环式注浆嘴的注浆管插入钻孔的 1/3 处,对于严重渗漏者宜将钻孔钻到止水带背后的变形缝处,这时宜用优质聚氨酯浆液注浆。在注浆止水的基础上,应在变形缝(如投料口等)内面用聚氨酯或聚硫密封胶嵌填,以适应之后变形时的止水。

3)顶管法

顶管法通常作为综合管廊的一种特殊施工工艺,用在直线下穿公路、铁路等特殊场合,其防水措施主要是对预制管节钢承插口进行密封。这方面亦有相关规范规定,不再赘述。如何克服管壁外周的摩阻力是解决长距离顶进箱涵顶力问题面临的主要问题。当顶进阻力(即顶进箱涵掘进迎面阻力和管壁外周摩擦阻力之和)超过主顶千斤顶的容许总顶力或管节容许的极限压力或工作井后靠土体极限反推力,无法一次达到顶进距离要求时,应采用中继接力顶进技术,分段实施,使每段管廊的顶力降低到允许顶力范围内。顶进箱涵中继环的行程小于 200mm 时,现场预制的中继环接缝中用常规 Ω 形橡胶止水带,作为顶进过程中产生的特大间

隙接缝防水措施。

4)盾构法

地铁区间隧道采用盾构法施工的工程实例很多,已运行的地铁工程渗漏水处置的经验方法相对较为丰富,综合管廊采用盾构法施工的渗漏水防治方法完全可以参考地铁领域的经验。在进行防水设计时,应强调支吊架系统固定件须在管片预制阶段预埋。最关键的设计环节为管片弹性橡胶密封垫和管片耐久性措施的设计,这方面的标准和资料很多,在此不再赘述。

综合管廊采用盾构法施工时,出发井、到达井以及连接通道(引出段)为处的细部节点均涉及盾构—明挖/矿山两种工艺转换时的防水系统衔接问题,常用的处置措施为遇水膨胀止水胶和预埋注浆管复合使用、封闭施工缝,并做好柔性防水层收头的固定。

(1)各渗漏部位的治理工艺及选材

与其他现浇或预制的混凝土管廊结构不同,采用盾构法施工时盾构管片结构与拼装施工决定了管廊渗漏水治理的独特性,因此,它的治理部位与措施应特别列出,盾构隧道各渗漏部位的治理工艺及选材见表6-12。该表给出了渗漏部位/渗漏现象与技术措施和材料之间的对应关系,通过查表中的●(宜选)、○(可选)和×(不宜选)等符号,可迅速根据现场调查结果选择主要治理措施。

各渗漏部位的治理工艺及选材 表 6-12

技术措施	渗漏部分				材　料
	管片环、纵及螺孔	隧道进出口洞口段	隧道与连接通道相交部位	道床以下管片接头	
注浆止水	●	●	●	●	聚氨酯灌浆材料、环氧灌浆材料等
壁后注浆	○	○	○	●	超细水泥灌浆材料、水泥—水玻璃灌浆材料、聚氨酯灌浆材料、丙烯酸盐灌浆材料等
快速封堵	○	×	×	×	速凝型聚合物砂浆或速凝型无机防水堵漏材料
嵌填密封	○	○	○	×	聚硫密封胶、聚氨酯密封胶等合成高分子密封材料

(2)管片接缝注浆堵水工艺与材料

在管片接缝中灌浆堵水最为困难,因为地下水已经逾过密封垫渗入内部结构,很难再赶"走"。在具体实施中,由于所有环、纵缝全部流通,所以浆液极难达到预想的位置。因此,如何截流最为困难。可借鉴上海地铁运营维修部门采用的纵缝截断方法,使浆液控制在截断区内,不从纵向逸出,具体方法可参考相关文献。

对道床范围以外环、纵缝渗漏位置,可先采用压入弹性环氧胶泥或其他亲水密封胶泥方式进行阻水封堵,即在十字缝处的纵缝部位骑缝钻孔(孔径10mm)压入弹性环氧胶泥形成阻断点,然后再进行环缝间整环嵌缝,变流动水为静水,同时结合亲水环氧注浆防水堵漏,嵌缝注浆施工应在环、纵缝阻水封堵施工完成并形成一定强度后再进行。

6.8 多脉冲智能电渗透系统(MPS)电防渗技术

6.8.1 MPS电渗透系统概况

MPS电渗透系统是当今世界上最先进的防渗、防潮、防霉技术(图6-36),该技术已经成熟应用了二十多年,主要用在地下工程、隧道、水库大坝、电站等工程中的防水、防渗、防潮和除湿领域,并在欧洲、美洲及我国香港等重要工程中取得了成功,证明了其卓越的防渗、防潮、防霉能力。

图6-36 高压电缆隧道和地下电梯井使用MPS电渗透系统

6.8.2 MPS电防渗技术性能及原理

MPS电防渗技术是根据水的电渗透原理,由特殊设计制造的控制装置产生的低压直流正、负及零脉冲电流,在混凝土构筑物部分周围分布均匀的低压电磁场的作用下,将结构(如砖石、混凝土)内毛细孔或缝隙中的水分子电离并排到结构外侧(即迎水面一侧)。同时,防止结构外侧的水进入内侧,并能抵抗600m以上水压侵入。只要系统保持工作状态,水分子就一直朝着负极方向移动,使结构内侧及表面保持永久干燥状态,同时能够有效地降低结构内部空气的湿度。MPS电防渗技术的核心是电脉冲发生器,它产生的电脉冲磁场既能起到引导水分子在混凝土中运动的作用,又能防止其他分子(如钠离子)腐蚀系统内设备。

6.8.3 MPS电渗透系统安装施工

1)工艺流程

施工准备→安装正极钛线→安装负极铜棒→安装连接线→安装控制盒→系统调试。

2）施工工艺

（1）施工准备

合理除去混凝土结构层（侧墙，底板和顶板）表面的污垢，如有渗漏水的部位，应先进行临时注浆堵漏处理。

（2）安装正极钛线

进行正极线布线，间距为800~1000mm，在放线部位做出标记，方便后续开槽施工。确定负极位置及数量，根据系统测试设置负极数量。在放线标记位置，采用切割机切槽，槽断面为矩形。清理槽内的灰尘后进行埋线。首先在槽内临时固定正极钛线，然后使用灰刀，把密封材料挤入槽内并抹平，密封槽养护7~10d。将所有正极钛线与连接线连接，确保接头密封防水后，将连接线连接至接线箱（图6-37、图6-38）。

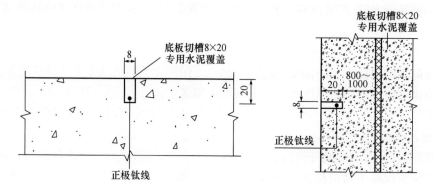

图6-37　MPS系统正极节点典型安装示意图（尺寸单位：mm）

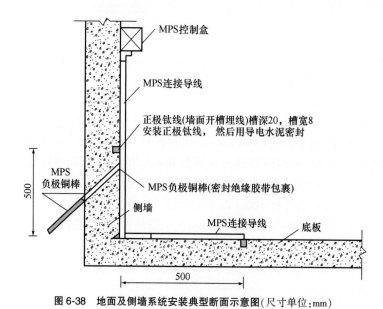

图6-38　地面及侧墙系统安装典型断面示意图（尺寸单位：mm）

（3）安装负极铜棒

将负极（镀铜棒）安装在室外土壤中或通过综合管廊侧墙打孔，把负极铜棒插入土壤中。

（4）安装连接线

采用连接线将负极铜棒连接至接线箱。

（5）安装控制装置、系统调试

安装电源及 MPS 控制装置，接通电源，进行系统调试，直至系统正常运行。

6.8.4　MPS 技术的优点

（1）提供永久性的防渗、防潮、防霉解决方案，综合造价低，效益高，可达到"一次投入，终身收益"。

（2）对新工程，不需要高等级的防水防渗混凝土以及其他防水材料，如防水卷材、涂料等，节约了防水材料的安装时间，并可节省工程的成本。

（3）安装灵活方便，可直接在结构渗水表面上安装，无需对现有的地下结构外围进行开挖处理。

（4）保护结构内侧墙体表面的装饰层，防止其剥落、发霉。

（5）降低结构内部空气的湿度，改善空气质量，保护设备和物品免遭潮湿的侵害。

（6）防止结构内部钢筋锈蚀和混凝土的风化和老化，减少混凝土开裂风险。

（7）运行成本低，如 $150 \sim 1500m^2$ 的防水面积，MPS 系统只需 $20 \sim 400W$，每天耗电 $0.2 \sim 3kW \cdot h$，而且随着结构逐渐排水和干燥，所需的电流强度会逐渐降低。

（8）系统运行后，不需要任何维护费用，而且系统安全可靠，人体可接触且触电危险。

（9）系统对混凝土结构没有任何破坏性的副作用，还可以改善和提高地下结构的绝缘保温性能。

6.8.5　MPS 电防渗技术应用前景

根据已经应用该技术的大连港东综合管廊数据显示，MPS 电防渗技术的防渗效果比较明显，并具有一定的防潮效果。完美解决了传统防水不易维修、老化严重等各种弊端。

目前，传统的防水施工工艺并不能完全阻挡混凝土毛细渗漏，随着建成时间的增加，传统防水材料有被破坏和失效的风险，一旦失效，维修代价巨大。MPS 电防渗技术可以防止混凝土毛细渗漏，并具有维修维护简便的特点，能延长地下混凝土构筑物的使用寿命，虽然投资较其他防水防渗工艺略高，但是长期计算综合成本较传统防水低。综合管廊作为区域内市政行业先进技术的代表、市政配套的重要设施，采用先进的新技术、新工艺是很有必要的。

参 考 文 献

[1] 住房和城乡建设部.城市综合管廊工程技术规范:GB 50838—2015[S].北京:中国计划出版社,2015.

[2] 住房和城乡建设部.火灾自动报警系统设计规范:GB 50116—2013[S].北京:中国计划出版社,2013.

[3] 住房和城乡建设部.20kV 及以下变电所设计规范:GB 50053—2013[S].北京:中国计划出版社,2013.

[4] 住房和城乡建设部.工程结构可靠性设计统一标准:GB 50153—2008[S].北京:中国计划出版社,2008.

[5] 住房和城乡建设部.建筑结构可靠度设计统一标准:GB 50068—2001[S].北京:中国建筑工业出版社,2001.

[6] 住房和城乡建设部.建筑工程抗震设防分类标准:GB 50223—2008[S].北京:中国建筑工业出版社,2008.

[7] 住房和城乡建设部.建筑结构荷载规范:GB 50009—2012[S].北京:中国建筑工业出版社,2012.

[8] 住房和城乡建设部.建筑设计防火规范:GB 50016—2014[S].北京:中国计划出版社,2014.

[9] 住房和城乡建设部.火力发电厂与变电站设计防火规范:GB 50229—2006[S].北京:中国计划出版社,2006.

[10] 建设部,国家质量监督检验检疫总局.建筑灭火器配置设计规范:GB 50140—2005[S].北京:中国计划出版社,2005.

[11] 住房和城乡建设部.工业建筑采暖通风与空气调节设计规范:GB 50019—2015[S].北京:中国计划出版社,2015.

[12] 住房和城乡建设部.公共建筑节能设计标准:GB 50189—2015[S].北京:中国建筑工业出版社,2015.

[13] 住房和城乡建设部.民用建筑供暖通风与空气调节设计规范:GB 50736—2012[S].北京:中国建筑工业出版社,2012.

[14] 住房和城乡建设部.供配电系统设计规范:GB 50052—2009[S].北京:中国计划出版社,2009.

[15] 住房和城乡建设部.城市工程管线综合规划规范:GB 50289—2016[S].北京:中国建筑工业出版社,2016.

[16] 住房和城乡建设部.城市地下综合管廊工程规划编制指引:GB 50068—2018[S].北京:中国建筑工业出版社,2018.

[17] 建设部.视频安防监控系统工程设计规范:GB 50395—2007[S].北京:中国计划出版社,2007.

[18] 住房和城乡建设部.城镇给水排水技术规范:GB 50788—2012[S].北京:中国建筑工业出版社,2012.

[19] 住房和城乡建设部.建筑给水排水设计规范:GB 50015—2019[S].北京:中国计划出版社,2019.

[20] 国家质量监督检验检疫总局.安全标志及其使用导则:GB 2894—2008[S].北京:中国标准出版社,2008.

[21] 国家技术监督局.消防安全标志设置要求:GB 15630—1995[S].北京:中国标准出版社,1995.

[22] 住房和城乡建设部.城市地下空间规划标准:GB/T 51358—2019[S].北京:中国计划出版社,2019.

[23] 住房和城乡建设部.城镇排水管道维护安全技术规程:CJJ 6—2009[S].北京:中国建筑工业出版社,2009.

[24] 住房和城乡建设部.民用建筑电气设计标准:GB 51348—2019[S].北京:中国建筑出版社,2019.

[25] 住房和城乡建设部.城市综合管廊工程技术规范:GB 50838—2015[S].北京:中国计划出版社,2015.

[26] 浙江省住房和城乡建设厅.城市地下综合管廊工程设计规范:DB 33/T 1148—2018[S].北京:中国建材工业出版社,2018.

[27] 国家能源局.电力电缆线路运行规程:DL/T 1253—2013[S].北京:中国电力出版社,2013.

[28] 国家能源局.电力电缆隧道设计规程:DL/T 5484—2013[S].北京:中国电力出版社,2013.

[29] 国家能源局.城市电力电缆线路设计技术规定:DL/T 5221—2016[S].北京:中国电力出版社,2016.

[30] 日本道路协会.共同沟设计指南[S].日本:1986.

[31] 国务院办公厅.关于推进城市地下综合管廊建设的指导意见[Z].2015.

[32] 财政部办公厅,住房城乡建设部办公厅.关于开展 2016 年中央财政支持地下综合管廊试点工作的通知[Z].2016.

[33] 王梦恕.中国隧道与地下工程修建技术[M].北京:人民交通出版社,2010.

[34] 王梦恕.地下工程浅埋暗挖技术通论[M].合肥:安徽教育出版社,2004.

[35] 王恒栋,薛伟辰.综合管廊工程理论与实践[M].北京:中国建筑工业出版社,2013.

[36] 刘国彬,王卫东.基坑工程手册[M].2 版.北京:中国建筑工业出版社,2009.

[37] 贺少辉,项彦勇,李兆平.高等学校教材地下工程[M].北京:清华大学出版社,2006.

[38] 佐藤秀一.共同沟[M].日本:森北出版株式会社,1981.

[39] 张凤祥,朱合华,傅德明.盾构隧道(精)[M].北京:人民交通出版社,2004.

[40] 唐海华,叶礼诚,刘涛.国内外市政共同沟建设的现状与趋势[J].建筑施工,2001,023(5):346-348.

[41] 苏雅,吴伟强.共同沟建设的属性与开发模式[J].现代物业,2011,10(7):73-77.

[42] 胡敏华,蒲宏.论市政共同沟的发展史及其意义[J].基建优化,2004(3):7-10.

[43] 王江波,戴慎志,苟爱萍.我国台湾地区共同管道规划建设法律制度研究[J].国际城市规

划,2011,26(1):87-94.

[44] 魏小林,孟悦祥.上海浦东新区张杨路地下共同沟[J].供用电,1997(4):6-7.

[45] 张红辉.上海市嘉定区安亭新镇共同沟工程设计[J].给水排水,2003(12):7-10.

[46] 丁晓敏,张季超,庞永师,等.广州大学城共同沟建设与管理探讨[J].地下空间与工程学报,2010,6(S1):1385-1389.

[47] 何瑶,刘应明,张华.深圳市共同沟建设和运营与管理问题研究[J].给水排水,2012,48(4):108-113.

[48] 彭芳乐,孙德新,袁大军,等.城市道路地下空间与共同沟[J].地下空间,2003(4):421-426.

[49] 邹静,龚解华,周俊,等.上海城市道路架空线整治初探[J].上海建设科技,2003(6):31-32.

[50] 王胜军,徐胜,靳俊伟,等.城市管网共同沟设计与管理问题探讨[J].给水排水,2006(7):96-98.

[51] 孙玉品,荣哲,王伟.城市综合管廊汽车荷载分析[J].城市地理,2014,(22):73-73.

[52] 汤爱平,李志强,冯瑞成,等.共同沟结构体系振动台模型试验与分析[J].哈尔滨工业大学学报,2009,41(6):1-5.

[53] 蒋群峰,朱弋宏.浅谈城市市政共同沟[J].有色冶金设计与研究,2001(03):46-53.

[54] 张帅军.盾构法在城市地下共同管沟施工中的运用前景分析[J].隧道建设,2011,31(S1):365-368.

[55] 姜曦,苏华友.微型TBM在城市共同沟施工中的运用[J].地下空间与工程学报,2005(3):428-431.

[56] 彭鹏.世博会园区预制综合管沟拼装施工技术[J].城市道桥与防洪,2010(01):98-99.

[57] 胡静文,罗婷.城市综合管廊特点及设计要点解析[J].城市道桥与防洪,2012(12):196-198.

[58] 胡啸,张伟民,缪小平.新建城区采用共同沟技术探讨[J].建筑节能,2009,37(7):72-77.

[59] 钱七虎,陈晓强.国内外地下综合管线廊道发展的现状、问题及对策[J].地下空间与工程学报,2007(2):191-194.

[60] 荣哲,孙玉品.城市综合管廊设计与计算[J].工业建筑,2013(S1):230-232.

[61] 张晓军.城市地下综合管廊规划和建设[J].深圳土木与建筑,2016(2):1-13.

[62] 油新华,何光尧,王强勋,等.我国城市地下空间利用现状及发展趋势[J].隧道建设(中英文),2019,39(02):173-188.

[63] 谢和平,许唯临,刘超,等.地下水利工程战略构想及关键技术展望[J].岩石力学与工程学报,2018,37(04):781-791.

[64] 朱合华,骆晓,彭芳乐,等.我国城市地下空间规划发展战略研究[J].中国工程科学,2017,19(06):12-17.

[65] 谭忠盛,王梦恕,王永红,等.我国城市地下停车场发展现状及修建技术研究[J].中国工程科学,2017,19(06):100-110.

[66] 城市地下空间开发利用"十三五"规划[J].城乡建设,2016(7):8-11.

［67］油新华.城市地下空间开发综述［J］.建筑技术开发,2015,42(3):7-12.

［68］柳昆,彭芳乐.城市中心区地下道路的规划设计模式［J］.上海交通大学学报,2012,46
(01):13-17.

［69］陈志龙,张平,郭东军,等.中国城市中心区地下道路建设探讨［J］.地下空间与工程学报,
2009,5(1):1-6.

［70］BESNER J,张播.总体规划或是一种控制方法——蒙特利尔城市地下空间开发案例［J］.
国际城市规划,2007(6):16-20.

［71］朱大明.城市地下空间开发利用的绿色生态建筑对策［J］.地下空间,2003(2):186-190.

［72］油新华.我国城市综合管廊建设发展现状与未来发展趋势［J］.隧道建设(中英文),2018,
38(10):1603-1611.

［73］李佳懿.我国城市综合管廊现存问题及应对措施［J］.建材与装饰,2018(04):155-156.

［74］油新华,薛伟辰,李术才,等.城市综合管廊叠合装配技术与实践［J］.施工技术,2017,46
(22):68-71.

［75］油新华.城市综合管廊绿色规划设计理念与要点［J］.中国建设信息化,2017(19):20-23.

［76］油新华.城市综合管廊现状与发展趋势［J］.城市住宅,2017,24(03):6-9.

［77］谭忠盛,陈雪莹,王秀英,等.城市地下综合管廊建设管理模式及关键技术［J］.隧道建设,
2016,36(10):1177-1189.

［78］焦军.PPP 在综合管廊中的应用［J］.混凝土世界,2016(4):14-17.

［79］揭海荣.城市综合管廊预制拼装施工技术［J］.低温建筑技术,2016,38(3):86-88.

［80］白海龙.城市综合管廊发展趋势研究［J］.中国市政工程,2015(6):78-81,95.

［81］钱七虎.城市可持续发展与地下空间开发利用［J］.地下空间,1998(2):69-74,126.

［82］油新华.中国大陆综合管廊数据［J］.隧道建设(中英文),2018,38(3):398.

［83］薛伟辰,王恒栋,油新华,等.我国预制拼装综合管廊结构体系发展现状与展望［J］.施工
技术,2018,47(12):6-9.

［84］黄剑.预制拼装综合管廊研究和建设进展［J］.特种结构,2018,35(01):1-11.

［85］胡翔,薛伟辰.预制预应力综合管廊受力性能试验研究［J］.土木工程学报,2010,43(05):
29-37.

［86］胡翔,薛伟辰,王恒栋,等.上海世博园区预制预应力综合管廊施工监测与分析［J］.特种
结构,2009,26(02):105-108.

［87］胡翔,薛伟辰,王恒栋.上海世博园区预制预应力综合管廊接头防水性能试验研究［J］.特
种结构,2009,26(1):109-113.

［88］薛伟辰,胡翔,王恒栋.上海世博园区预制预应力综合管廊力学性能试验研究［J］.特种结
构,2009,26(1):105-108.

［89］薛伟辰,胡翔,王恒栋.综合管沟的应用与研究进展［J］.特种结构,2007(01):96-99.

［90］王恒栋,王梅.综合管沟工程综述［J］.上海建设科技,2004(03):37-39.

［91］深圳市城市规划设计研究院,刘应明.城市地下综合管廊工程规划与管理［M］.北京:中
国建筑工业出版社,2016.

［92］油新华,申国奎,郑立宁.城市地下综合管廊建设成套技术［M］.北京:中国建筑工业出版

社,2018.

[93] 油新华,华东,王恒栋.综合管廊绿色建造的有效途径[J].隧道建设(中英文),2018,38 (09):1423-1427.

[94] 吴朴,孙挺翼,刘丰军.浅谈城市综合管廊的"绿色建造"理念[J].公路交通科技(应用技术版),2017,13(05):201-202.

[95] 王军,潘梁,陈光,等.城市地下综合管廊建设的困境与对策分析[J].建筑经济,2016,37 (07):15-18.

[96] 束昱.综合管廊创新发展的国际视野和中国战略[J].中国建设信息化,2017(19):12-15.

[97] 张翼.城市地下综合管廊的设计研究[J].工程技术研究,2019,4(08):171-172.

[98] 骆春雨,元绍建,杨正荣.城市地下综合管廊工程总体设计分析[J].城市道桥与防洪, 2016(10):158-160.

[99] 王恒栋.GB 50838—2015《城市综合管廊工程技术规范》解读[J].中国建筑防水,2016 (14):34-37.

[100] 王恒栋.我国城市地下综合管廊工程建设中的若干问题[J].隧道建设,2017,37(5): 523-528.

[101] 谢玮,曹二星.城市地下综合管廊工程总体设计[J].建材世界,2014,35(04):140-143.

[102] 崔琳琳.城市地下综合管廊断面设计研究[J].四川水泥,2018(4):86.

[103] 曾庆红.圆形截面综合管廊及节点设计[J].建设科技,2017(1):64-66.

[104] 范翔.城市综合管廊工程重要节点设计探讨[J].给水排水,2016,42(1):117-122.

[105] 季文献,蒋雄红.综合管廊智能监控系统设计[J].信息系统工程,2014(12):103-103.

[106] 张浩.智慧综合管廊监控与报警系统设计思路研究[J].现代建筑电气,2017(4):17.

[107] 方劲松.综合管廊电力设计要点分析[J].有色冶金设计与研究,2019(4):9.

[108] 唐志华.城市综合管廊通风系统设计[J].暖通空调,2018,48(3):45.

[109] 程洁群.综合管廊消防设计探讨[J].武警学院学报,2014,30(8):54-56.

[110] 马骥,方从启,雷超.明挖现浇法城市地下管廊施工技术[J].低温建筑技术,2017(1): 86-88.

[111] 刘丽红.浅谈市政工程沟槽开挖设计及工程质量技术措施[J].价值工程,2011(32): 104-104.

[112] 罗青生.浅析城市核心道路建设中共同沟节段施工工艺措施[J].福建建材,2013(09): 56-57.

[113] 张国兴.厦门市集美大道综合管廊的设计与施工要点[J].福建建材,2016(07):66-67.

[114] 张维国.浅谈盾构法施工工艺的发展[J].中国工程咨询,2012(1):46-47.

[115] 黄炜.地铁盾构法施工新技术浅析[J].中外建筑,2011(08):171-173.

[116] 李大勇,王晖,王腾.盾构机始发与到达端头土体加固分析[J].铁道工程学报,2006(2): 87-89.

[117] 宋克志,王梦恕.ECL技术在我国应用的可行性研究[J].建井技术,2004(10):31-35.

[118] 张洋.BT模式下的建筑工程管理及相关问题阐述[J].中国住宅设施,2019(07):38-39.

[119] 肖树炳.综合管廊PPP项目收费定价研究[J].广东土木与建筑,2019,26(10):51-56.

[120] 李平.综合管廊定价方法分析与比较[J].中华建设,2018(11):30-31.

[121] 乔柱,刘伊生,张宏,等.综合管廊有偿使用的收费定价研究[J].地下空间与工程学报,2018,14(02):306-314.

[122] 李平.综合管廊定价标准研究[J].现代经济信息,2016(23):338-340.

[123] 张子钰.城市地下综合管廊定价模型及实证研究[J].地下空间与工程学报,2018,14(2):299-305.

[124] 胡明远,刘颖,权金熙,等.我国地下综合管廊收费现状及对策研究[J].建筑与预算,2019(08):5-8.

[125] 刘光勇.PPP模式下地下综合管廊运营管理分析[J].城乡建设,2016(4):31-33.

[126] 薛长深.关于对PPP项目基金"远期实缴"运作模式的思考[J].区域治理,2019(49):33-35.

[127] 褚建中.工厂预制混凝土方涵生产工艺及装备的评析[J].混凝土世界,2014,(61):49-54.

[128] 陈彦君,张宏勇.城市综合管廊施工组织设计编制研究[J].黑龙江科技信息,2017(05):245-246.

[129] 王洪昌,林富明,李梅.二三维一体化城市综合管网系统设计与实现[J].测绘与空间地理信息,2016,39(1):82-84.

[130] 郭磊.国外城市地下空间开发与利用经验借鉴(七):日本地下空间开发与利用(7)[J].城市规划通讯,2016(11):17.

[131] 宁勇,赵世强.国内外城市综合管廊发展现状、问题及对策研究[J].价值工程,2018,37(03):103-105.

[132] 黄玲芳.浅谈城市市政综合管廊的建设[J].江西建材,2015(11):15-19.

[133] 饶传富,毛宇,熊小林,等.从城市地下综合管廊到新区地下市政综合体建设的思考[J].给水排水,2019,55(05):119-123.

[134] 王恒栋.市政综合管廊容纳管线辨析[J].城市道桥与防洪,2014(11):208-209.

[135] 汪胜.综合管廊断面型式选用分析[J].中国市政工程,2014(04):34-35.

[136] 王美娜,董淑秋,张义斌,等.综合管廊工程规划及管理中的重点问题解析[J].北京规划建设,2015(06):121-124.

[137] 赵春容,许宁.地下综合管廊结构工程防水技术探讨[J].中国建筑防水,2016(10):13-16.

[138] 王冲.大兴机场高速公路地下综合管廊的建设管理经验与启示[J].工程管理学报,2021,35(02):90-95.

[139] 高彪.北京大兴国际新机场高速公路综合管廊通风及消防系统设计研究[J].建筑技术,2021,52(01):87-90.

[140] 李群堂,宿宁.大型综合性市政工程的招标策划及管理——以北京大兴国际机场工作区配套市政道桥及管网工程为例[J].招标采购管理,2020(10):44-47.

[141] 刘京艳,王路兵,荆世龙,等.北京大兴国际机场智慧管廊设计与建设[J].智能建筑,2019(09):22-25.

[142] 张勇.综合管廊工程防水设计问题的探讨[J].隧道与轨道交通,2019(S1):48-51.

[143] 陈寿标.共同沟投资模式与费用分摊研究[D].上海:同济大学,2006.

[144] 陈明辉.城市综合管沟设计的相关问题研究[D].西安:西安建筑科技大学,2013.

[145] 刘晓倩.济南市城市地下管线综合管理研究[D].济南:山东大学,2015.

[146] 白洋.城市工程管线综合规划设计关键技术研究[D].西安:西安建筑科技大学,2012.

[147] 郭政伟.管廊内焊接环向肋板无补偿敷设供热管道性能分析[D].太原:太原理工大学,2019.

[148] 赵苗.复杂荷载作用下综合管廊波纹钢结构的极限承载力[D].济南:山东建筑大学,2019.

[149] 陈晓晖.城市地下综合管廊建设管理模式及其关键策略研究[D].西安:西安建筑科技大学,2018.

[150] 王琳烨.准经营性城市基础设施建设项目 PPP 模式研究[D].北京:华北电力大学(北京),2017.

[151] 于晗.中新广州知识城地下综合管廊收费定价研究[D].广州:华南理工大学,2019.

[152] 芦婧嫄.PPP 模式下综合管廊项目收费定价研究[D].兰州:兰州交通大学,2018.

[153] 张帅.城市地下综合管廊收费定价方法研究[D].青岛:青岛理工大学,2018.

[154] 刘武岩.PPP 模式下地下综合管廊入廊定价研究[D].西安:西安建筑科技大学,2017.

[155] 崔启明.PPP 模式下城市综合管廊收费定价研究[D].北京:北京建筑大学,2017.

[156] 陆启明.综合管廊 PPP 项目动态收费定价研究[D].广州:华南理工大学,2018.

[157] 蒋玄.综合管廊 PPP 项目定价机制研究[D].徐州:中国矿业大学,2018.

[158] 刘金凤.综合管廊 PPP 项目收费定价研究[D].大连:大连理工大学,2018.

[159] 杜雪洁.PPP 模式下城市综合管廊建设费用分摊研究[D].西安:长安大学,2018.

[160] 苏桐.地下综合管廊 PPP 项目模式选择研究[D].西安:西安建筑科技大学,2018.

[161] 王晓改.PPP 模式下地下综合管廊项目风险评价[D].吉林:东北财经大学,2016.

[162] 潘梁.城市地下综合管廊全生命周期投资回报研究[D].镇江:江苏大学,2017.

[163] 蒋承杰.城市地下综合管廊投融资模式与风险研究[D].北京:对外经济贸易大学,2017.

[164] 孙云章.城市地下管线综合管廊项目建设中的决策支持研究[D].上海:上海交通大学,2008.

[165] 冯彦妮.城市地下综合管廊横断面设计及其优化研究[D].西安:西安建筑科技大学,2017.

[166] 雷道树.城市三维综合地下管线信息管理系统的设计与实现[D].西安:长安大学,2018.

[167] 高小强.北京通州综合管廊智慧运营与安全管理研究[D].北京:中国矿业大学(北京),2019.

[168] 蒋涛.论地下综合管廊法律规制[D].成都:西南财经大学,2015.

[169] 焦永达.国内外共同沟建设进展[C]∥北京市市政工程总公司.北京市政第一届地铁与地下工程施工技术学术研讨会论文集.北京市市政工程总公司:中国市政工程协会,2005:22-25.

[170] 陈寿标.共同沟规划的基本思想及相关原则[C]∥上海市建设和管理委员会,中国土木

工程学会隧道及地下工程分会地下空间专业委员会,上海市土木工程学会土力学与岩土工程专业委员会.全国城市地下空间学术交流会论文集.上海市建设和管理委员会,中国土木工程学会隧道及地下工程分会地下空间专业委员会,上海市土木工程学会土力学与岩土工程专业委员:中国岩石力学与工程学会,2004:93-97.

[171] 刘自超,张建彬.地下综合管廊预制拼装施工技术[C]//中国建筑2016年技术交流会论文集.北京:中国建筑工业出版社,2016:301-306.

[172] 城市综合管廊规划设计及运行管理[DB/OL].2016-08-25,https://wenku.baidu.com/view/8716660daef8941ea66e0501.

[173] 综合管廊设计概述[DB/OL].2019-09-24,https://wenku.baidu.com/view/52bb9b1f760bf78a6529647d27284b73f34236d5.htnl.

[174] 综合管沟设计介绍[DB/OL].2012-11-09,https://wenku.baidu.com/view/a835304850e2524de5187ebb.

[175] 给水排水综合管廊重要节点设计大全[DB/OL].2016-04-13,https://wenku.baidu.com/view/ebb9d55bbdeb19e8b8f67c1cfad6195f302be81c.

[176] 城市综合管廊监控与报警系统解决方案[DB/OL]:2016-05-13,http://wenku.baidu.com/view/862a4a5054270722192e453610661ed9ad515527.

[177] 广州亚运城市政工程项目"道路(含综合管沟)、桥梁、排水工程"SZ7标排水工程专项施工方案[DB/OL]:2008-07-01,http://www.doczj.com/doc/bb415cac524de518964b7dec-5.